国家社会科学基金项目鉴定结项成果

空间异质性视角下企业碳信息披露动力机制研究

KONGJIAN YIZHIXING SHIJIAOXIA QIYE
TANXINXI PILU DONGLI JIZHI YANJIU

杨 洁 刘运材 著

中国财经出版传媒集团
经济科学出版社
Economic Science Press
北京

图书在版编目（CIP）数据

空间异质性视角下企业碳信息披露动力机制研究/
杨洁，刘运材著 . -- 北京：经济科学出版社，2024.1
ISBN 978 - 7 - 5218 - 5336 - 0

Ⅰ.①空⋯　Ⅱ.①杨⋯②刘⋯　Ⅲ.①企业 - 节能 -
信息管理 - 研究 - 中国　Ⅳ.①TK01②F279.23

中国国家版本馆 CIP 数据核字（2023）第 210385 号

责任编辑：何　宁
责任校对：隗立娜
责任印制：张佳裕

空间异质性视角下企业碳信息披露动力机制研究

杨　洁　刘运材　著

经济科学出版社出版、发行　新华书店经销

社址：北京市海淀区阜成路甲 28 号　邮编：100142

总编部电话：010 - 88191217　发行部电话：010 - 88191522

网址：www. esp. com. cn

电子邮箱：esp@ esp. com. cn

天猫网店：经济科学出版社旗舰店

网址：http：//jjkxcbs. tmall. com

北京季蜂印刷有限公司印装

710 × 1000　16 开　19.5 印张　290000 字

2024 年 1 月第 1 版　2024 年 1 月第 1 次印刷

ISBN 978 - 7 - 5218 - 5336 - 0　定价：82.00 元

（图书出现印装问题，本社负责调换。电话：010 - 88191545）

（版权所有　侵权必究　打击盗版　举报热线：010 - 88191661

QQ：2242791300　营销中心电话：010 - 88191537

电子邮箱：dbts@ esp. com. cn）

摘　　要

当前，我国正处于工业化发展的加速阶段，特别是重化工业大量消耗了资源和能源，导致碳排放量居世界第一。因此，降低碳排放成为我国未来经济发展的紧迫而艰巨的任务。企业作为碳排放的主体，其碳信息披露是控制碳排放的重要前提和基础。然而，目前我国企业的碳信息披露尚属自愿披露，并且受到各地区自然资源、经济发展水平和外部治理等因素不均衡的影响，导致企业对碳信息披露的意愿存在差异。因此，本书以空间异质性视角下的碳信息披露动力机制为研究对象，首先，剖析内部源动力机制，构建企业碳信息披露源动力循环系统，挖掘碳信息披露内在的动力；其次，从空间异质性角度分析碳信息披露的驱动力机制，为不同空间特征的企业提供碳信息披露动力机制的思路；最后，构建碳信息披露的综合动力机制，多角度全方位促进企业碳信息披露。以期为政府部门制定政策、利益相关者进行决策提供参考，同时为企业节能减排及战略管理提供理论指导和实践启示。

目　　录

第一章　导论 ……………………………………………………… 1

　第一节　问题提出 ……………………………………………… 1

　第二节　企业碳信息披露研究现状梳理 ……………………… 5

　第三节　研究内容、研究思路和研究创新 ………………… 15

第二章　理论基础 ……………………………………………… 23

　第一节　碳信息披露的相关理论 …………………………… 23

　第二节　自愿性碳信息披露及其动因 ……………………… 46

　第三节　本章小结 …………………………………………… 58

第三章　碳信息披露的国际经验 …………………………… 60

　第一节　碳信息披露项目 …………………………………… 60

　第二节　国际碳信息披露框架及其比较 …………………… 66

　第三节　本章小结 …………………………………………… 73

第四章　我国企业碳信息披露的现状分析 ……………… 74

　第一节　我国企业碳信息披露调查问卷 …………………… 74

　第二节　我国企业碳信息披露存在的问题 ………………… 90

　第三节　我国企业碳信息披露的影响因素 ………………… 101

　第四节　本章小结 …………………………………………… 108

第五章　碳信息披露源动力机制分析 …………………… 111

　第一节　碳信息披露源动力因素关联性与互动性分析 …… 111

第二节　企业碳信息披露源动力循环系统的构建 ················ 120

第三节　实证检验 ··· 126

第四节　本章小结 ··· 161

第六章　空间异质性下企业碳信息披露驱动机制分析 ············ 163

第一节　空间异质性对企业碳信息披露的作用机制 ··········· 163

第二节　空间异质性下企业碳信息披露案例研究 ············· 183

第三节　空间异质性下企业碳信息披露驱动机制的实证 ······· 201

第四节　本章小结 ··· 213

第七章　空间异质性下企业碳信息披露动力机制的实证研究 ······ 215

第一节　不同空间特征对企业碳信息披露影响的实证 ········· 215

第二节　空间异质性对碳信息披露的驱动效应及溢出效应 ····· 228

第三节　本章小结 ··· 248

第八章　空间异质性下企业碳信息披露综合动力机制的构建 ······ 250

第一节　国家层面：构建长效机制引导企业碳信息披露 ······· 251

第二节　区域层面：构建区域协调机制推动企业碳信息披露 ···· 261

第三节　企业层面：完善内控机制强化碳信息披露 ··········· 271

第四节　本章小结 ··· 280

第九章　研究结论与展望 ····································· 282

第一节　研究结论 ··· 282

第二节　不足与展望 ··· 284

参考文献 ·· 287

后记 ··· 305

第一章 导　　论

第一节　问 题 提 出

一、研究背景

随着世界经济的快速发展和人口的日益膨胀，全球资源能源消耗急剧增加，导致二氧化碳排放快速增长，由此引发的"温室效应"使得全球性极端气候频繁出现，对各国经济发展和人们生活造成了严重的威胁。世界气象组织（WMO）在 2022 年 11 月发布的《2022 年全球气候状况》临时报告指出，目前全球气温与 19 世纪末相比已经升温了 1.1 摄氏度，并且联合国政府间气候变化专门委员会（IPCC）2021 年 8 月 9 日发布了气候"红色警告"，即《气候变化 2021：自然科学基础》报告，报告称各国领导人在 2015 年制定的《巴黎协定》中提到将全球气温的升温幅度控制在 1.5 摄氏度以内的目标极有可能无法实现，气温上限很可能在 2030 年就被突破，比联合国政府间气候变化专门委员会 2018 年作出的预估提前了 10 年。而全球变暖所导致的海平面升高、冰川融化、干旱、洪涝、对于生态系统和生物多样性的破坏迫使人们正视到全球变暖的危害。对于全球变暖的原因，科学界认为主要是以二氧化碳为主的温室气体排放。因此，控制温室气体排放并积极应对其带来的不利影响已成为世界各国政府、环保组织、企业乃至个人亟待解决的重大现实问题。

作为世界上最大的发展中国家，当前我国正处在工业化发展的加速期，以重化工业为主导的工业化进程大量消耗资源和能源，使我国成为全球最大的碳排放经济体，年度碳排放量高达1000亿吨。为积极履行大国责任、展现大国风采，2009年11月25日国务院常务会议决定，到2020年中国单位国内生产总值二氧化碳排放比2005年下降40%~45%。2011年我国开始建设碳排放交易市场，并于2021年启动全国碳排放交易市场线上交易。出于共同但有区别的责任和可持续发展的考虑，为了实现节能减排，建设美丽中国，在2020年9月第75届联合国大会一般性辩论上，习近平主席向国际社会承诺，中国将提高国家自主贡献力度，采取更加有力的政策和措施，二氧化碳排放力争2030年前达到峰值，2060年实现碳中和。目前我国已将实现碳达峰、碳中和作为一场广泛而深刻的经济社会系统性变革，将"3060"计划纳入生态文明建设整体布局。

企业作为碳排放的当事主体，其碳信息披露是控制碳排放的前提和基础，碳信息披露作为碳管理的窗口，可以显示出企业对于节能减排、低碳经济的态度与行动，是企业践行"双碳"计划的重要环节。我国碳信息披露相较于西方发达国家而言起步较晚，并且我国仍处于自愿性披露阶段，企业披露意愿不足，有些企业回避或不愿披露碳信息，碳信息披露情况不容乐观。2014年修订的《中华人民共和国环境保护法》（以下简称《环境保护法》）早在2015年1月1日起就开始正式实施，其目的一方面是改善环境质量、保障人们身体健康；另一方面是能够降低碳全社会的碳排放。而碳排放的降低与企业碳信息披露的主动性密切相关。提高企业碳信息披露的积极性和披露质量，减少企业与社会利益相关者的信息不对称，对我国《环境保护法》的实施效果具有重要影响。从宏观上讲，全国碳信息披露质量总体不高，且在各行各业间存在明显的差异。从微观上讲，各企业在选择具体的碳信息披露方式时也存在很大差异，有的企业以货币的形式在社会责任报告上定量描述相应指标，有的则是以文字的形式定性阐述，有的则无任何描述。即使部分企业披露了碳信息，很大原因也是迫于外部压力。碳信息披露情况是公众了解和监督企业履行环境社会责任的重要途径，提高企业碳信息披露的主动性对于改善环境质量显得尤为重要。

　　企业是以营利为目的的市场主体，企业价值是影响企业碳信息披露的主要内因，目前学术界关于碳信息披露对企业价值影响的观点大概可以分为三种：第一种认为碳信息披露对企业价值的提升具有正向驱动作用，因为披露高质量碳排放信息可以防止股票价格波动和改善股票市场流动性，可以降低企业资本成本，对净资产收益率具有显著的正向影响作用；第二种认为碳信息披露与企业价值具有负相关关系，主要是由于披露碳信息会增加企业支出，从而减少企业利润，导致经济利益流入不能抵消成本；第三种认为碳信息披露与企业价值之间的关系可能存在不确定性。现有研究目前尚未形成统一结论，因此有必要从更为宽广的视野进行深入探讨。

　　由于我国幅员辽阔，不同省份之间的经济发展水平、自然资源、产业结构等存在着较大的差别，甚至于碳排放在不同省份之间也体现出了明显的差异性。李建豹等（2015）实证探究中国省份之间的碳排放差异及影响因素，结果表明我国二氧化碳排放在各个省份之间呈现出较为明显的空间异质性以及集聚特征，因此，我国的碳管理工作并不能形成千篇一律的状况，需要实事求是，因地制宜。而碳信息披露作为碳管理的重要环节也具有显著的空间异质性。杜湘红等（2016）针对长江经济带企业，利用多元回归模型，发现我国企业的碳信息披露水平在各省域之间存在由东至西递减的趋势，进一步证实了碳信息披露的空间异质性。

　　因此，提高企业碳信息披露的积极性可从空间异质性寻找突破口，梳理当前关于企业碳信息披露影响因素的相关文献，发现很少有学者从空间异质性视角探讨企业碳信息披露问题，未能从要素禀赋、经济发展等区域特征探究各省份之间企业碳信息披露水平差异的原因。基于此，本书根据我国区域发展非均衡性的特点，从空间异质性视角对企业碳信息披露的动力机制进行系统研究，以达到促进企业碳信息披露、减少碳排放的目标，从而实现我国经济绿色可持续发展。

二、研究意义

　　本书研究空间异质性视角下企业碳信息披露，研究意义主要表现在以下几个方面：

（一）理论意义

1. 拓展了企业低碳管理的研究视角

本书以当前企业碳信息披露最根本、最急需解决的环节——动力机制
为研究对象，基于空间异质性视角，全面分析企业碳信息披露的驱动机
制，研究成果对丰富和完善我国企业低碳管理、生态环境治理、区域经济
可持续发展等方面具有一定的学术价值。

2. 深化了碳信息披露的研究内涵

现有研究从不同角度分析了碳信息披露对企业产生的影响，产生了两
种对立的观点，尚未形成一致的研究结论。由于碳信息披露对企业产生的
影响不是孤立发生的，二者不一定是一种线性关系，本书将这些影响纳入
一个体系加以系统研究，综合分析源动力循环系统，弥补了以往的孤立研
究模式，有利于挖掘企业碳信息披露的本质规律，对于完善信息披露及低
碳经济理论内涵和分析方法具有一定的理论价值。

3. 为学术界提供新的理论成果

目前学术界关于碳信息披露动力机制的研究还处于摸索阶段，本书分
别从内部源动力机制、外部驱动力机制以及"三位一体"的综合动力机
制，从不同层面对碳信息披露进行了全面分析，研究成果将进一步拓展和
深化碳信息披露，从而进一步丰富环境经济学的相关理论。

（二）实践意义

**1. 为政府制定有关低碳管理、生态环境治理等政策以及监管制度
提供依据**

面对日益变暖的气候条件，相关部门已经把碳排放的治理提上议事议
程，碳信息披露作为反映企业碳排放水平的主要方式，如何提高企业碳信
息披露的积极性和主动性，对区域环境治理显得尤为重要。本书根据我国
区域发展非均衡性的特点，从空间异质性视角对企业碳信息披露动力机制
进行系统研究，提出一些新的建议，将为相关部门推进企业碳信息披露提

供具有科学性、针对性和可行性的决策参考。

2. 为企业节能减排、实现可持续发展提供理论指导和实践启示

企业是碳信息披露的主体，也是碳排放治理的主要当事主体，本书构建企业碳信息披露源动力循环系统，全面系统分析碳信息披露对企业产生的影响，有利于提高企业对碳信息披露的科学认识，促进碳信息披露，开展节能减排工作，具有积极的指导和启发意义。

3. 为区域经济绿色发展提供决策参考

本书基于地区差异分别对我国经济发达地区和次发达地区、不发达地区的碳信息披露影响因素进行实证检验，有助于廓清我国各地区碳信息披露的现状和问题，为不同空间特征下的企业碳信息披露动力机制提供参考与借鉴，为区域经济绿色发展提供决策参考。

第二节 企业碳信息披露研究现状梳理

碳排放信息是企业向利益相关者传递其碳管理和碳业绩的关键途径，同时也受到外部利益相关者的密切关注，随着我国生态文明建设的不断推进，企业碳信息披露逐渐成为各级政府部门的重要议题。当前有关碳信息披露现状的研究大多围绕碳披露项目（Carbon Disclosure Project，CDP）开展的。CDP 是由全球具有影响力的大型投资者共同发起的关注气候变化对商业影响的国际合作项目。CDP 是一项自愿性的合作，旨在为公司制定关于其与气候有关活动的标准化报告程序，并提供与投资者有关的由气候变化带来的商业风险的信息。国内外文关于碳信息披露的研究主要涉及以下几个方面：

一、企业碳信息披露方式研究

碳信息披露是企业参照国家相关政策法规通过自主确定披露内容和形式，向公众和外部利益相关者披露其碳排放相关信息的行为，碳信息披露是企业履行社会责任的重要内容。

依据企业披露碳信息自主意识的强弱，可将企业碳信息披露分为强制性披露与自愿性披露两种。而碳信息披露方式则包括表外披露、表内披露以及表内与表外结合披露三种。

第一种是表外披露。即通过参与 CDP 或披露社会责任报告（CSR）等方式进行。谢良安（2013）认为企业可以通过 CDP 问卷、CSR 及温室气体核算体系（GHG Protocol，GHGP）三种方式披露碳信息，并且认为企业可以综合运用这三种披露方式。但有学者研究发现大多数企业更愿意在董事会报告中披露碳信息（李艳华，2013）。

第二种是表内披露。一些学者认为企业在披露信息时，资产负债表中应该包括"环境资产"，以正确反映企业的财务状况（张薇等，2014）。如在当前的资产负债表中增加新的科目来对企业碳会计相关信息的增减变动进行披露（谭中明和刘杨，2017），或者用二级科目"碳排放权"的形式放在"环境资产"和"投资性环境资产"的报表增设项目下（刘会芹，2015）；还有学者提出应当采用在资产负债表增加补充项目与在报表附注中增加披露段落相结合的方法来对企业如低碳减排收益与成本、企业清洁发展机制等情况进行说明（闫明杰，2011；刘金芹和荣云松，2014）。

第三种是表内和表外相结合披露。随着研究的深入，有学者认为企业应以表外和表内披露相结合的办法进行碳信息披露，并在财务报表中披露与碳排放权相关的信息（李端生等，2014），具体而言，通过增加子科目"碳排放权"，分别在资产负债表、利润表和现金流量表中反映与"碳排放权"有关的信息。将解释和说明信息放在表外起到补充、辅助作用。总之，定量信息在表内披露，而定性信息在表外披露。此外，王芸和洪碧月（2016）提出了碳信息披露的新方式：将价值法和事项法相结合弥补价值法计量属性单一、披露主观性等问题，两者相结合，保证了会计信息质量、计量属性及报告的可读性。

从碳信息披露方式的研究可以看出，上述几种方式各有利弊，企业应从披露的成本与范围对碳信息披露方式进行综合选择，以期为信息使用者提供真实、准确和客观的信息。

二、企业碳信息披露的影响因素研究

关于碳信息披露的影响因素，学者们主要从内部影响因素和外部影响因素两个方面进行研究。

（一）内部影响因素

影响企业碳信息披露的内部因素方面，学者们主要从公司特征、财务表现、公司治理等方面进行了相关探讨。

在公司特征方面，斯坦尼和伊利（Stanny and Ely，2008）发现美国标准普尔500指数中的上市公司更支持CDP并更愿意向外界披露信息，主要原因是全球化的企业受到更多的环境监督和管理；之后，斯坦尼（2010）、普拉卡什等（Prakash et al.，2011）进一步证实公司特征与公司披露碳信息的意愿密切相关。国内学者项苗（2012）研究发现，金融行业、信息技术行业、公用事业等行业更愿意披露碳信息，而钢铁、石化和能源等污染密集型行业的披露较少，国有企业比民营企业的披露更充分。王攀娜（2014）也证实了国有企业比非国有企业碳信息披露的质量更高，尤其是在具体碳排放数据、碳减排管理措施和气候变化治理状况等方面，国有企业披露质量更为突出。然而，沈洪涛等（2014）认为环境表现略差的企业环境信息披露更积极，理由是企业会通过增加环境信息披露的数量来为自身"辩解"。

从公司财务表现来看，学者们发现，国外销售额占企业销售总额的比重与碳信息披露行为正相关，这说明全球化程度高的企业更有动力披露碳信息（Stanny and Ely，2008）。同时，企业财务杠杆也是影响碳信息披露的重要因素（Wegener，2013），在环境敏感行业，企业采取碳管理系统的决策与企业财务杠杆有关（Yunus et al.，2016）。国内学者也证实了资产负债率正向影响碳信息披露（项苗，2012），而且，企业规模、固定资产比率和财务风险都与碳信息披露呈正相关关系（陈华，2013），但资本成本、碳业绩会负向影响碳信息披露（何玉，2014），而在碳业绩较好的企业，资本成本与碳信息披露的负相关关系会变弱。

从公司治理方面来看，研究发现股权结构、控股股东持股比率、机构持股情况会对企业披露意愿产生显著影响（Reid and Toffel，2013；吴勋，2014），机构持股人比例越高的企业将披露更多的碳减排信息（Plumlee，2009）。另外，企业社会责任报告中碳信息披露的透明度与董事会的角色相关（Fuente，2017），若在董事会层面设立审计委员会和风险管理委员会将提高公司自愿披露碳信息水平（Krishnamurti，2018），董事长与总经理两职分离的程度越高，企业碳信息披露的积极性越高（吴勋，2014）。

（二）外部影响因素

随着各国学者对碳信息披露影响因素的深入研究，一些研究者发现企业的外部因素也会对企业碳信息披露的意愿产生影响。在外部因素方面，政府监管（环境规制）、媒体报道和社会压力、市场环境等均会影响企业碳信息披露水平。

环境规制方面，学者们认为，国家对温室效应和能源强度的相关法规会提高公司自愿性碳信息披露水平和数量，环境管制强度和环保法规是碳信息披露的重要影响因素，是除了企业规模变量外，最具有解释力的因素（Lee et al.，2013；Grauela et al.，2016）。国内学者通过研究也发现，碳信息披露的主要驱动力来自于公众和政府，强制性披露效果优于自愿性披露，完善的法律法规有助于企业碳信息披露质量的提升（刘叶容，2013；王志亮和郭琳玮，2015；唐勇军和赵梦雪，2018）。具体而言，差异化的碳披露规制会改变企业的决策，较之于强制性规制，在非强制性规制下，企业更愿意披露有利信息，导致监管者难以发现企业所存在的不当碳排放行为，此时企业面临环境处罚的概率相对更小。而在强制性规制下，企业必须全面披露碳信息，此时监管者一旦察觉其违法行为，企业必将面临处罚（苏慧等，2018）。

社会压力方面，研究表明，媒体报道会使企业主动披露与环境相关的信息（Molloy，2010），而且，社会公众的关注度及媒体监督的程度会对企业碳会计信息披露水平产生影响（Verrecchia，2015），媒体报道对碳信息披露具有直接的正面影响（Guenther，2016），媒体监督及社会公众关注度会促进企业的碳信息披露质量（李立，2016），因此，企业面临较大社会压力时会披露更多的碳排放信息（崔秀梅等，2016）。

市场环境方面，学者们发现宏观环境和金融市场是影响企业碳信息披露的关键因素（林银良，2011；Joseph et al.，2016），罗力（Luo L，2018）以全球 500 强企业为研究对象，探究社会政策、资本市场和整体经济环境是否会影响企业自愿参与 CDP 的意愿，结果显示国家整体经济环境会显著影响企业披露碳信息的意愿。同时，碳排放量和供应链信息共享程度也是影响企业碳信息披露水平的重要方面（方健和徐丽群，2012）。

三、企业碳信息披露的经济后果研究

大部分学者在研究企业碳信息披露的经济后果时，主要从碳信息披露对企业资本成本的影响、对企业财务绩效的影响，以及对企业价值的影响几个方面进行研究。

（一）碳信息披露对企业资本成本的影响

现有研究发现，碳信息披露质量与资本成本呈负相关关系（Dualiwal et al.，2011；何玉等，2014；马忠民等，2017；Fonseka et al.，2019），理由是碳信息披露可以有效降低企业与外界的信息不对称，从而提高企业的透明度，让债权人更深入地了解企业的碳业绩状况，从而降低融资成本（Lemma et al.，2019）。进一步研究发现，碳信息披露与资本成本的负向关系，在碳业绩差的公司表现更为显著，而对于那些碳业绩较好的公司，表现不显著（何玉等，2014）；而且碳信息披露负向影响资本成本这种关系主要存在于民营上市公司，在国有上市公司中其负向关系并不显著（马忠民等，2017）。

研究中，大部分学者主要从权益资本成本的视角探讨碳信息披露与资本成本的关系（崔秀梅等，2016；韩金红等，2018；李力等，2019），认为碳信息披露质量会负向影响权益资本成本。具体而言，高碳行业与低碳

行业的碳信息披露水平存在差异（崔秀梅等，2016），非国有企业的碳信息披露质量更容易降低权益资本成本（李力等，2019），在市场化进程较高且政府监管强度较大的地区，碳信息披露对股权融资成本的降低作用越强（韩金红等，2018），而且政府环境监管水平、媒体监督、再融资环保核查政策及其执行力度等区域因素可以显著提升环境信息披露对降低股权融资成本的积极作用（沈洪涛等，2010；叶陈刚等，2015）。

也有部分学者从债务融资成本角度对企业碳信息披露进行研究，发现碳信息透明度能有效降低债务融资成本（常莹莹等，2019），并且这种影响在污染行业中更为显著。还有学者发现碳风险与企业债务融资成本呈"U"形关系（周志芳等，2017），杨洁等（2020）以2013～2016年中国A股高碳行业为研究对象，进一步证实了企业碳信息披露与债务融资成本呈倒"U"形关系。

因此，企业碳信息披露质量与资本成本并不一定是简单的线性关系，纳贾（Najah，2012）以2009年全球500强企业为研究对象，认为碳信息披露与资本成本无显著相关关系，原因可能是投资者认为碳信息披露并不能提升企业的竞争优势或投资者不在意企业的环保行为。另外，可能企业规模的不同会差异化影响社会责任信息披露与资本成本的关系，由于外部不经济性，较之于规模大的企业，规模小的企业进行社会责任信息披露需支付较大的成本，其会面临更高的资本成本（孟晓俊等，2010）。

（二）企业碳信息披露对财务绩效的影响

学者们多以净资产收益率（ROE）和总资产收益率（ROA）为被解释变量来衡量企业的财务绩效，并以此来研究企业碳信息披露对于财务绩效的影响。绝大多数研究表明碳信息披露对企业财务绩效具有显著的正向促进作用。李秀云等（2016）将总资产收益率（ROA）作为被解释变量进行实证研究，发现企业在提升自己的碳信息披露质量之后，财务绩效也会得到提升。张静等（2018）发现碳信息披露与财务绩效之间存在相互促进作用，当期财务绩效会对下一会计年度碳信息披露质量产生正向促进作用；同时，碳信息披露质量也能提升其下一会计年度的盈利能力和运营能力；汤米·安德里安等（Tommy Andrian et al.，2019）实证检验了碳信息披露对财务绩效的正向促进作用。

然而，也有少数学者认为企业碳信息披露行为需要投入大量成本从而减少企业盈利（曾晓，2016），企业披露碳信息所带来的经济利益流入不能抵消成本（AWen-hsin，2013），企业披露碳信息可能会降低企业收益（何玉，2014），企业碳信息披露对企业财务绩效产生显著的负向影响（陈承等，2019）。

随着研究的深入，学者们发现碳信息披露与财务绩效的关系并不是单纯的正负影响关系，西迪克等（Siddique et al.，2021）发现碳信息披露会对短期财务绩效产生负面影响，对长期财务绩效产生积极影响。国内学者姚淙旭（2020）以2010～2017年我国A股上市公司中的重污染行业为研究对象，引入国际化变量，发现碳信息披露水平和财务绩效二者之间存在显著的负相关关系，但国际化经营强度会削弱碳信息披露对财务绩效的负向影响。马天一等（2021）以2015～2017年间参与润灵环球社会责任报告评级的上市企业为探索对象，发现碳信息披露与企业绩效呈倒"U"形关系，并且这种效应存在滞后性。

（三）碳信息披露对企业价值的影响

当前学术界关于碳信息披露与企业价值的关系尚未形成一致结论，主要有如下三种观点：（1）碳信息披露正向影响企业价值。（2）碳信息披露负向影响企业价值。（3）碳信息披露与企业价值无相关关系。首先，当前大多学者认为碳信息披露正向影响企业价值。披露高质量碳排放信息可以防止股票价格波动和改善股票市场流动性（Chandrasekhar and Krishnamurti，2018），降低企业资本成本（何玉，2014；吕牧，2017；马忠民等，2017），对净资产收益率具有显著的正向影响作用（Clarkson，2008）。普拉姆利等（Plumlee et al.，2015）以五个行业的500家企业作为样本做了实证研究，发现企业的环境信息披露质量越高，企业的预计未来现金流量越高，两者呈现出显著的正相关关系。国内学者分别以我国A股上市公司（张淑惠，2011）、社会责任股的90家企业

（王仲兵，2012）、世界五百强企业（章金霞，2013）、化工行业上市公司（游春晖，2014）、上证碳效率指数股（杜湘红等，2016）为样本，论证了企业碳信息披露质量越高企业价值越大这一结论。之后，杜子平等（2019），李雪婷等（2020）通过研究进一步发现，碳信息披露可以提升企业价值，且相对于碳密集行业，碳非密集型行业碳信息披露更有利于企业价值的提升。

其次，也有部分学者认为碳信息披露负向影响企业价值。普拉姆利等（2008）发现在对环境影响较轻的企业中，环境信息披露质量负向影响企业价值。查普尔等（Chapple et al.，2013）采用澳大利亚58家上市企业的数据进行实证分析，结果表明碳信息披露水平明显降低了企业的价值。

为了使研究结论更具科学性，学者们对研究进行细化分析，张玮（2008）从强制性和自愿性披露出发，发现强制性信息披露会负向影响企业价值，而自愿性信息披露会正向影响企业价值。曾晓和韩金红（2016）认为，较之于非重污染企业，重污染企业的碳信息披露与企业价值的负相关关系更加明显。王金月（2017）以2010～2015年沪市A股工业企业为研究对象，从短期和长期两个视角对企业碳信息披露的价值效应进行研究，发现企业碳信息披露的短期效应不明显，资本市场反映较弱，碳信息披露与企业价值显著负相关。

最后，还有部分学者发现碳信息披露与企业价值的关系不明显或不确定。默里（Murray，2006）将英国规模最大的100家企业作为研究样本，实证检验了企业10年的环境信息披露水平与股票收益的关系，回归结果表明二者之间并没有相关性。还有学者（Hsu，2012）在研究中也得到类似结论，他认为企业碳信息披露与财务成果、环保效益之间并没有明显相关性。国内学者王仲兵和靳晓超（2013）用内容分析法对沪市89家上市企业的社会责任报告进行实证分析，研究结果表明碳信息披露与企业价值无相关关系。李慧云等（2016）的研究发现，上市企业的企业价值与碳信息披露质量之间存在显著的"U"形关系，而且媒体关注度会影响两者的关系。此外，学者们在研究中发现碳信息披露的价值效应存在滞后性（马仙，2016；李慧云等，2016）。

四、空间异质性对企业碳信息披露的影响研究

空间异质性，是指每个空间区位上的事物有区别于其他区位上事物的特点（Anselin，1988）。概括为某空间单元观测值与其他单元空间观测值之间存在结构不稳定关系引起的观测值非同质现象。巴迪亚·马什胡德（Bardia Mashhoodi）指出一个国家若想发挥空间上的优势就必须发挥其空间异质性因素的高水平特征，点明了空间异质性研究的重要性。布朗斯顿等（Brunsdon et al.，1999）首次将空间异质性引入到区域经济研究当中，认为地理空间是缺乏均一性的，导致经济社会发展和企业行为存在较大空间上的不稳定性和差异性。彭薇等（2013）在综述关于经济学的空间异质性后，得出空间异质性的形成受到自然、经济以及制度的影响，这三种因素也是空间异质性的表现形式。在碳信息披露方面，学者们也认识到空间异质性对企业碳信息披露的影响。

地理位置方面：我国省域内的碳排放存在较为显著的空间异质性，各省份二氧化碳的排放存在显著差异，西部地区的排放量小且强度低，而东部地区恰恰相反，中东部地区的碳减排潜力相对较大且有向周围扩散的趋势（李霞，2013；李丹丹等，2013），而且地理位置负向影响碳信息选择性披露，即企业与政府监管的距离越远，碳披露的数量性、显著性与时间性越弱（姚圣等，2016）。杜湘红等（2016）研究发现长江经济带区域碳信息披露水平整体较低，自东向西梯度递减，碳信息披露水平较高省份集中在东、中部地区。杨惠贤等（2017）也证实了在不同区域，企业的碳信息披露意愿存在差异化，具体表现为由东向西梯度递减，且区域规制压力越大，碳信息披露水平越高。

经济发展水平方面：经济越发达的地区，为了获得政府支持，上市公司向公众展示其重视节能减排的意愿越强，从而更愿意充分披露碳信息以获取政府和投资者的认可（石泓，2015）；而且经济发达地区更能吸引管理人才、引进先进的节能减排技术，同时公民的环保意识更强、政府监管更严格，对碳信息披露的要求也更高，因此经济发达地区企业的碳信息披

露水平往往较高（罗云芳，2019）。

监管压力方面：国内外多数学者认为环境规制正向促进企业的碳信息披露质量，韦格纳（Wegener，2010）指出区域环境规制对企业碳信息披露有重要的影响作用，而且严格的监管机制和有效的实施是影响企业碳信息披露的关键因素。布希等（Busch et al.，2011）发现，由于各区域对企业的碳管理存在差异，导致碳信息披露的经济后果存在不同。国内学者也发现环境监管在碳信息披露与企业价值的关系中具有正向调节作用（符少燕、李慧云，2018），而且环境规制在碳信息披露与融资约束的关系中存在调节作用（刘东晓、彭晨宸，2018）。另外，除了环境规制外，媒体关注度、环保组织监督水平均可正向调节碳信息披露的价值效应（宋晓华等，2019）。

也有学者认为环境监管对企业碳信息披露的影响要分情况而言。如李强和冯波（2015）认为环境规制与碳信息披露质量存在区间效应，并非环境规制强度越大则碳信息披露质量越高。蔡海静等（2019）对2012～2017年社会责任成分股公司进行研究，发现政府环境规制强度和碳信息披露呈倒"U"形关系，且董事会独立性对该种关系起到正向调节作用，即政府对企业的环境规制强度要选择适当的区间范围才可以提高碳信息披露水平。李力和全齐（2016）认为媒体报道和环境监管对碳信息披露水平的影响具有周期性。

现有文献通过实证论证了空间异质性会影响企业碳信息披露，但影响程度及作用机制未进一步深入研究，尚未有文献从空间异质性视角对企业碳信息披露动力机制进行系统研究。

归纳起来，可以看出现有文献在企业碳信息披露方面已经进行了比较全面的分析，为本书的研究奠定了良好的理论基础。但在以下方面仍有所不足：（1）现有成果较多集中在碳信息披露对企业产生的影响及产生的经济后果，关于碳信息披露的动力机制文献较少，由于我国目前碳信息披露属于自愿性披露，因此碳信息披露动力机制的研究对于自愿性碳信息披露起着举足轻重的作用。（2）学者们从不同维度探究了碳信息披露的经济后果，且尚未达成一致意见。主要是由于对其产生的根源、机理及其关系，未能进一步深入研究，没有深入研究企业碳信息披露的影响过程和内在机理，没有形成系统的理论分析框架模型。（3）现有文献通过实证论证了空间异质会影响企业碳信息披露，但其影响程度及作用机制等未进一步研究。不同空间特征下企业碳信息披露的意愿不同，鲜有文献从空间异质性的视角研究动力机制。因此，本书在前人研究的基础上，探讨空间异质性视角的企业碳信息披露动力机制，以期为政府部门制定政策、利益相关者进行决策提供参考，为企业节能减排及战略管理提供理论指导和实践启示。

第三节 研究内容、研究思路和研究创新

由于我国各地自然资源、经济发展水平、外部治理等存在非均衡性，导致企业碳信息披露意愿程度不同，因此本书以空间异质性视角下碳信息披露动力机制为研究对象，首先分析企业内部源动力循环系统，挖掘企业内部潜在动力，内部源动力循环系统由于空间异质性可能导致实施效果不同，其次结合空间异质性分析外部驱动力，并进行实证分析，最后设计企业碳信息披露综合动力机制，以提高企业碳信息披露积极性。

一、研究内容

本书研究围绕企业碳信息披露动力机制的现状、机理、实证、对策展开，总体框架主要包括四大部分。

（一）企业碳信息披露国际经验及我国企业碳信息披露现状研究

1. 对企业碳信息披露的国际经验进行分析研究

主要对碳信息披露项目CDP、国际碳信息披露框架、碳信息披露国际框架的比较等方面进行了梳理，为研究我国企业碳信息披露提供相关经验和借鉴。

2. 对我国企业碳信息披露现状进行调查研究

首先，从披露的时间角度、行业角度、内容角度对我国上市公司进行 CDP 调查问卷和实地调研，了解企业碳信息披露情况、披露数量和占比方式等，分别从时间、行业和披露内容三个维度对回复情况和调查内容进行详细的数据解析。其次，对我国企业目前碳信息披露存在的问题进行分析。分别从国家层面、社会层面和企业层面总结出我国上市公司碳信息披露尚且存在的问题和不足。最后，对导致企业目前碳信息披露状况的影响因素进行研究。一方面从企业内部的公司规模、盈利能力、发展能力、控股股东持股比例、股权性质、行业特征等因素进行剖析；另一方面从企业外部的披露环境和利益相关方压力因素，如政策制度、政府监管、媒体监督、公司所处地区经济发展水平、审计机构规模等进行具体探讨。

（二）空间异质视角下企业碳信息披露动力机制设计

本部分主要从内部源动力机制和外部驱动力机制两个方面进行研究。其中，内部源动力机制是基础，在充分挖掘内部源动力的基础上，再结合外部驱动力进行分析，二者相互影响、相辅相成。

1. 企业碳信息披露内部源动力机制研究

首先，分析企业碳信息披露的内部源动力因素的关联性。分别从碳风险、资本成本和财务绩效、企业价值等方面探析碳信息披露的源动力机制的构成因素及其关联性，推导碳信息披露源动力循环系统运作的理论机制。

其次，分析企业碳信息披露的内部源动力因素的互动性。并进一步详细分析内部源动力循环系统各模块之间的传导性和互动性，从而构建"碳信息披露→规避碳风险→降低资本成本→提高财务绩效→提升企业价值→进一步推动碳信息披露"的循环系统。

最后，以实证佐证碳信息披露源动力循环系统设计的科学性和可行性。本书以我国上市公司 19 类重污染行业，以 2015 ~ 2019 年沪、深两市 A 股上市公司为研究对象，实证分析碳信息披露与碳风险、资本成本和财务绩效的关系。结果表明碳信息披露质量的提升有利于降低碳风险和资本成本、提升财务绩效。此部分实证结果和前面的理论分析完全一致。另外，实证分析资本成本在碳信息披露对企业价值正向影响中的中介效应，佐证了内部源动力循环系统各模块的互动性分析。此外，通过实证分析企业价值对碳信息披露的正向影响，佐证了碳信息披露的关联性。综上所述，我国上市公司的经验证据进一步证实了碳信息披露源动力循环系统的科学性与可行性。

2. 空间异质性对企业碳信息披露的外部驱动机制研究

通过前面碳信息披露内部源动力实证研究中的异质性分析发现，在不同地区其实证结果的显著性会有所不同，即企业源动力循环系统在不同区域的企业实施效果会有所不同，本部分从空间异质视角设置资源禀赋、经济发展水平及监管力度三类一级空间异质指标，并根据其特征进一步具体划分为自然资源、地理位置、产业聚集、市场化程度、政府管制、媒体监督六类二级空间异质指标，分析企业碳信息披露的外部驱动力机制。

首先，研究空间异质性对企业碳信息披露的作用机制。分别从自然禀赋、经济发展水平和监管力度三个角度来研究其对企业碳信息披露的作用机制，分析每一个因素对碳信息披露的影响路径和驱动作用。

其次，选取具有典型性和代表性的企业进行案例分析。以典型的高污染行业钢铁行业具有代表性的 B 公司作为研究对象，一方面从行业情况分析钢铁制造业的行业分布特征与行业发展影响要素；另一方面具体分析自然禀赋、经济发展水平、监管压力等空间异质性对 B 公司碳信息披露的驱动力，并对其碳信息披露效果作出评价。

最后，选择碳排放较高的重污染行业进行实证分析。基于重污染行业上市公司的经验数据，运用实证分析方法从碳信息披露的空间异质性特征探究企业碳信息披露的驱动因素。结果显示，企业的外部环境，如自然禀赋、市场化进程和监管力度均会对企业的碳信息披露产生显著的正向影响，即当企业所处的地区自然禀赋丰裕、市场化程度较高，并且当地政府所制定的环境政策较为严格对企业进行监管的力度较大时，企业会更为积极地对外披露更多高质量的碳排放信息。进一步证实前面分析的动力机制。

（三）空间异质视角下企业碳信息披露动力机制实证研究

1. 不同空间特征下企业碳信息披露水平实证研究

选取 2016～2019 年在我国沪深两市上市的 A 股上市企业作为研究样本，并采用双向固定效应模型对其进行处理。探究政府监管空间异质性与地理位置对企业自愿碳信息披露的影响。结果表明，政府监管力度与企业碳信息披露之间存在显著的正向促进关系，即政府监管力度大的区域，企业的碳信息披露质量越高。此外，以企业与政府监管部门之间的距离长短作为地理位置变量，发现两者之间的距离与企业碳信息披露之间存在显著的负向关系，即企业与政府监管部门之间的距离越远，企业的碳信息披露质量水平越低。

2. 空间异质性对碳信息披露的驱动效应和溢出效应研究

基于我国 31 个省份 2010～2019 年的面板数据，根据空间异质特征研究各区域经济发展水平、环境规制的程度对于企业碳信息披露的影响，并采用 Moran 指数进行空间相关性检验，探究碳信息披露的驱动效应和溢出效应。研究表明，经济发展水平与环境规制对于省域碳信息披露水平存在显著的空间溢出效应。区域分析结果表明，在全国范围内，各省份的企业碳信息披露的整体水平普遍不高，但不同地区之间企业的碳信息披露具有较大的差异，具体表现为东部地区企业碳信息披露的数量和质量明显高于中部地区，而中部地区又明显高于西部地区，呈现出一种东、中、西逐级递减的趋势。

（四）提升企业碳信息披露动力的对策研究

本部分对策研究主要是构建国家引导、区域推动、企业主导三位一体的综合动力机制。基本思路为：以企业碳信息披露为核心，以国家和区域为两翼，从政府机制、区域机制、企业内控机制三个维度，构建国家引导、企业主导、区域推动的综合动力机制。

1. 国家层面：构建引导企业碳信息披露的长效机制

首先，通过制定相关政策法规，构建规范的碳信息披露标准和框架，增强企业碳信息披露的可比性，从而完善企业碳信息披露制度的总体设计。其次，通过建立监管机制和奖惩机制，在法律的保障下给予低碳企业政策补贴，严惩超额碳排放企业，从而提升政府对碳信息披露的监管作用。最后，政府应加强培养碳会计专业人才，以规范企业碳信息披露行为，助推企业低碳转型。

2. 区域层面：建立协调发展机制以推动企业碳信息披露

一方面，通过建立区域资源协调分配机制和区域间的分工协作来优化低碳产业协同管理，共同推进企业碳信息披露；另一方面，从资本、人力和技术三个方面发力，构建区域低碳经济一体化发展体系，促进企业主动披露碳信息。此外，根据目前我国不同地区碳信息披露存在较大差异的现状，通过建立区域协调发展基金和地方政府工作绩效评价机制，完善区域间低碳管理的利益分配机制和竞争机制，激励区域间形成既竞争又合作的低碳发展局面。

3. 企业层面：构建完善企业碳信息披露的内部控制机制

第一，通过完善内部治理制度，加强碳风险的评估管理以规避来自行业和企业层面的碳风险。第二，运用计算机技术建立碳排放数据管理系统来控制企业各生产环节的碳排放活动，从而降低生产成本。第三，在及时获取外部消息的同时有效利用内部信息，促进信息沟通的全方位管理，从而提升企业绩效。第四，设置专门的低碳管理部门，使低碳文化融入企业文化中，优化企业内部管理，形成企业独特的竞争优势，以此提升企业价值，从而进一步完善企业碳信息披露。

二、研究思路

本书具体的技术线路如图 1 - 1 所示。

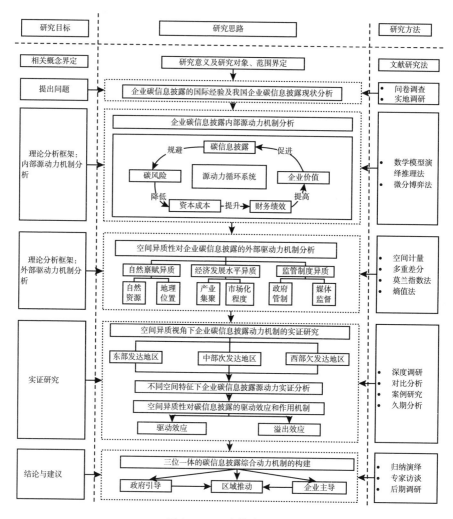

图 1-1　研究技术路线

三、研究方法

本书的研究方法主要有以下几种。

（1）内部源动力机制分析中，采用归类比较和理论推演法，分析碳信息披露对企业产生的各种影响及其传导机制，并运用协同理论、博弈论等方法，分析各种影响之间的关联性和互动性，利用微分博弈法和数学模型演绎推理法建立动力机制模型，形成企业碳信息披露的源动力循环系统。

（2）外部驱动力机制分析中，采用理论分析、典型案例分析、实证分析相结合的方法，分析空间异质特征下自然禀赋、经济发展水平、监管压力等空间异质性对 B 公司碳信息披露的驱动机制，并利用 PEST 分析、关键内部因素（IFE 矩阵）分析、外部关键因素（EFE 矩阵）分析评价其效果。

（3）在实证研究中，运用面板门槛回归模型实证探讨不同空间区域条件下企业碳信息披露的源动力，采用空间计量、双向固定效应模型等当前经济学研究中的新方法，探究政府监管空间异质性与地理位置对企业自愿碳信息披露的影响。根据空间异质特征研究各区域经济发展水平、环境规制的程度对于企业碳信息披露的影响，采用 Moran 指数进行空间相关性检验，研究碳信息披露的驱动效应和溢出效应。

四、研究创新

（一）学术思想上的创新

从查阅文献来看，目前关于碳信息披露的动力机制文献较少，而动力机制的研究对自愿性碳信息披露起着举足轻重的作用。另外，由于各地自然资源、经济发展水平、监管制度等存在非均衡性，导致企业披露碳信息的意愿程度不同，而现有研究鲜有从空间异质性视角研究动力机制，本书从空间异质性视角研究企业碳信息披露的动力机制，具有一定的创新价值。

（二）学术观点的创新

企业价值是影响企业碳信息披露的主要内因，现有文献尚未形成一致的研究结论，本书将碳信息披露对企业产生的影响纳入一个体系加以系统研究，分析源动力循环系统，弥补以往研究中割裂孤立研究模式。在此基础上分析空间异质性对企业碳信息披露产生的驱动效应和作用机制，构建政府机制、区域机制、企业内控机制相互协调的综合动力机制，从多角度全方位研究企业碳信息披露的动力机制，也是本书存在的创新之处。

（三）研究方法运用上的创新

本书将前沿方法引入新的研究领域，如采用空间计量、双向固定效应模型等当前经济学研究中的新方法，探究政府监管空间异质性与地理位置对企业自愿碳信息披露的影响。根据空间异质特征研究各区域经济发展水平、环境规制的程度对于企业碳信息披露的影响，采用 Moran 指数进行空间相关性检验，采用当前经济学研究中的新方法探究碳信息披露的驱动效应和溢出效应等。

第二章　理 论 基 础

第一节　碳信息披露的相关理论

一、低碳经济视角下的企业碳信息披露

低碳经济的发展能够有效提高能源利用效率，帮助解决能源结构不合理的问题，而低碳经济工作的顺利开展离不开能源与制度的创新。一方面，随着世界各国越来越重视生态环境的保护发展，低碳经济也受到越来越多的关注，在此背景下，很多企业为了更好地践行低碳经济，开始重视碳信息披露，自觉挑起保护环境、维护生态平衡、承担社会责任的重担。同时，企业通过披露碳信息，能够发现自身在环境治理方面的不足之处，进而主动控制碳排放量并治理碳污染，这也是对实施低碳经济的积极响应。另一方面，低碳经济的不断发展也促进了碳信息披露体系的完善以及政府相关部门对企业环境管理制度的建立健全。此外，在技术发展与变革方面的推进工作也使得更多先进的技术投入环境治理中，从而更加有效地配置社会环境资源，推动可持续发展，这是遵循经济繁荣与环境改善共赢战略的重要体现。

企业在发展过程中为获得更大的经济利益，通常会选择降低经营管理成本，尤其是治理和控制环境的成本。但企业如果采用简单粗暴的手法，直接将废气污染物排放到环境中，导致环境污染生态破坏，外部环境成本

自然而然就会上升。具体来讲，企业在生产加工时并未对环境支付任何成本，但环境却由于企业的一系列经济活动而遭到破坏，属于外部不经济性。鉴于空气属于公共资源，政府等监管部门又不能将增加的社会成本分摊至各个企业，因此导致了市场失灵，那么企业污染环境所造成的代价只能由全社会承担。

秉承"谁污染谁治理"这一原则，经济学家们提供了以下三种思路，试图将外部社会成本转化为企业自身的成本。第一种是庇古提出的"庇古税"法，该方法强调市场机制的作用，通过向污染环境的企业征收税赋的方式将社会成本内部化；第二种是由新经济学鼻祖罗纳德·哈里·科斯（Ronald H. Coase）提出的"产权管理思路"，这种思路同样也是强调市场机制的作用，通过政府明细产权来降低交易成本，在各利益相关者利益协调的基础上实现外部成本内部化；第三种是"国家干预思路"，此方法强调政府等监管部门的职能作用，在市场管制中对环境资源充分发挥干预作用。在经济外部性理论下，企业在运营本公司时应顾及对外部环境的影响，应主动承担起保护环境、维系生态平衡的社会责任，对环境信息进行披露。政府也应当充分发挥本职权利，建立完善的法律制度体系，对企业的行为进行干预和监督。

任何一项管理活动都存在着效益问题，它们的核心目标就是在有效发挥管理职能的同时充分利用企业资源。在低碳经济背景下，环境效益是根据人类活动引起环境变化的评价，产生好的经济效益应是以尽量少的资金成本获得较多的经济后果，两者共同作用对环境经济后果进行衡量，即良好的经济效益应是由环境效益和经济效益共同组成，这也符合环境经济学观点。企业在经营发展过程中常常因为一味追求经济利益而忽略其行为对环境造成的影响，当企业面临各种环境问题以及社会各界压力时，就需要兼顾经济与环境共同发展，两者相互促进才能更好地提升企业价值，实现环境效益和经济效益最大化。另外，环境效益是环境信息披露的内容，提高环境效益是进行环境信息披露的直接原因，所以在披露信息时，要同时控制企业成本和环境污染，做到经济效益和环境效益相协调。

　　一般来讲，信息披露的内容分为宏观和微观两个层面，宏观层面的可持续发展理论对环境信息披露的主要内容与目标进行了阐明；微观层面则对信息披露的内容和目标做出了更加具体的要求。高质量的信息披露能对环境经济效益的实现起到积极的作用，应用于碳信息披露中，碳信息需求者可以根据企业提供的碳信息披露报告判断出企业对社会的贡献程度，并相应地做出不同的反应。首先，政府可以根据各企业对碳信息的披露程度制定出适时的法律规章制度，更好地管制企业对环境的行为举措，促进低碳经济发展；其次，一些更加关注企业对环境贡献度的出资者，也可以通过企业披露的碳信息情况进行判断，决定是否有必要对企业进行投资以及投资的企业在未来是否对自己有利，这些决策将对企业今后的财务状况与经营成果产生重要的影响，关乎企业的生存发展；最后，对于那些碳信息披露状况良好的企业，公众对其的评价度会很高，企业在社会上的形象和信誉自然也会很高。

　　经济社会的高速发展在改善人民的生活水平的同时，也导致经济发展与环境保护之间的矛盾愈演愈烈。自工业革命开始，人类不顾生态平衡和自然资源的使用状况，一味地追求经济的发展，大肆破坏生态环境，许多环境问题日益凸显。基于这些压力，人类开始反思自己的行为，意识到大自然对经济和社会的重要性，各国相继实行环保措施逐步对环境进行控制。发展到 20 世纪 60 年代，西方国家相继开始成立环境保护组织，为响应号召，我国也成立了"三废"办公室。1962 年，科斯在其著作中谈到农药的滥用最终会危及人类，由这一观点推论出经济与环境的关系。而在这一时期，人们对于环境与经济的关系的认知还是处于先污染后治理的被动处理状态。直至 1972 年，各国在联合国召开人类环境会议上，针对环境保护与经济发展的关系问题进行讨论，总结出多项共同原则，强调人类不能再是先创造经济价值后治理环境，应考虑到未来社会和经济发展的污染控制。这次会议是人类史上首次传达了可持续发展的思想观念。而可持续发展的理念第一次得到明确的定义是在 1980 年《世界自然资源保护大纲》的发表。1987 年第八次世界环境与发展委员会通过了《我们共同的未来》的报告，指出可持续发展是"既能满足当代人的需要，又不会危害后代人发展需求的能力"。这一阐述较为系统全面，现被广泛接受和使用。1992年联合国召开环境与发展大会并通过了《21世纪议程》《里约环境与发展宣言》等重要文件，在环境问题上明确了各国要以可持续发展为核心，共同努力协调经济与环境发展问题，自此国际上将可持续发展战略作为各国的基本发展战略，世界真正走上可持续发展道路。在国际趋势的影响下，我国结合国情于1992年颁布了《中国21世纪议程》，明确实施可持续发展战略。又于1996年将可持续发展战略作为我国经济发展的基本战略。在党的十九大报告中，更是将可持续发展战略明确规定为决胜全面建成小康社会的战略之一。

随着可持续发展观的成熟，可持续发展战略逐渐被运用到会计领域。埃尔金顿（Elkington，1993）将环境与会计相结合，提出可持续发展会计的概念，杰夫·兰伯顿（Geoff Lamberton，2002）依据传统会计理论构建出可持续发展会计理论体系。赵迎春（2007）从生态持续观、经济持续观和社会持续观三个角度对可持续发展理论进行了研究，并指出可持续发展会计是一个多元化的信息系统，由环境会计、企业会计和社会责任会计共同组成，缺一不可（蹇瑾洁，2015）。温素彬（2005）针对国际上对可持续发展的定义进行整理和归纳，具体汇总如表2-1所示。

表2-1　　　　　　　　　　　　可持续发展定义

分类	分类标准	观点
国外	生态层面	可持续发展要求在生态环境负担范围之内提升人类的生活质量（世界自然保护联盟，1991）
		可持续发展是指人类的生存环境得以持续发展，这就需要一种既能维持生态完整性、又能实现人类社会发展的最佳生态系统
		1991年，在国际生态学联合会与国际生物科学联合会共同举办的研讨会议上，可持续发展被定义为："保护和加强环境系数的生产和更新能力"，此次研讨突出了可持续发展概念的自然属性

续表

分类	分类标准	观点
国外	社会层面	1991 年，在野生动物基金会、国际自然资源保护同盟与联合国环境规划署一起发布的《保护地球——可持续生存战略》中，可持续发展被定义为："在生态系统调节能力的涵盖范围之内改善人类的生活品质"，强调要保护好地球的生命力与生物的多样性，不能使人类的生产生活超出地球承载力的范围，同时提出人类维持生存的九条基本原则以及可持续发展的 130 个行动方案，只有改善生活环境，提高人类的生活质量才能真正地落脚于可持续发展
		布朗认为要想实现可持续发展必须要从各个方面做起：稳定人口增长速度与人口规模、高效利用可再生能源、持续发展交通运输系统、实现集约高效的新型农业等，最终达到经济持续增长、政治局势稳定、社会井然有序的和谐统一
	经济层面	最大程度实现经济利益的前提是要保证自然资源的质量与其提供的服务（巴贝尔，1985）
		当下资源的开采利用不应以人类社会未来的发展为代价，应该在保证自然资源可持续供应的基础上发展经济（皮尔斯，1989）
		在发展经济的同时，保证保护自然资源与环境质量不被破坏（美国世界资源所，1993）
		可持续发展就是赋予子孙后代同样甚至更多进行投资或消费的机会（Tisdell，1994）
国内	刘培哲	将可持续发展定义为能动的调控自然－经济－社会的一个三维复合系统，该系统以人为中心，既涵盖经济社会的发展，也包括生态环境的可持续，即人类在不超越资源与环境承载能力的前提下，促进经济发展，保护资源永续并提高生活质量
	张坤民	可持续发展并不意味着否定经济增长，但是如何在兼顾发展与环境的前提下实现经济增长，将生活质量提升与社会进步相协调，这是一个值得思考的问题；可持续发展是以自然资源为基础的，因而在产品和服务的价格中体现出自然资源所具备的经济价值是十分有参考意义的。而且，要想顺利实现可持续发展就必须借助政策和法律方面的支持，在完善法律法规的同时，应该积极呼吁公众参与其中，多方考虑，综合决策
	叶文虎	可持续发展要求人类当下的发展不应该牺牲人类未来发展的利益，一个国家或地区的发展不应该以损害其他国家或地区的需求为前提，应该把当下与未来、一个部分与其他部分之间看作一个有机整体

分类	分类标准	观点
国内	曹利军	可持续发展实际上是一个系统全面演化的过程，在不断演化的过程中，实现组织结构优化、经济环境运行均衡合理
	曾珍香	可持续发展的目标是实现经济社会与生态环境的和谐统一发展，保证不同国家与地区之间资源开采利用，财富划分与环境保护之间的合理性，是人类追求的一种理想发展状态
	温素彬	可持续发展是一种维持当代人之间、当代人与子孙后代之间均衡利益关系的永续发展模式，该模式需要法律政策加以规范，这样才能保证经济、社会、环境三者相互依存、共同促进、和谐共生

可持续发展的本质源于利益关系问题。愈发频繁的极端气候不仅严重威胁到了人类的生存发展，也对生态系统造成了不可忽视的影响，并随之产生了一系列问题，如水资源匮乏、动植物营养不良、温室效应等。可持续发展战略的出现对全球气候问题起着缓解的作用，在充分考虑人与自然、当代人与当代人、当代人与后代人这些关系的前提下，对经济、生态、社会三者之间的作用机制进行统一协调，这样才能实现可持续的长期发展。

由于可持续发展理论要求兼顾环境与发展，所以极大程度上推动了环境信息披露的产生与发展。企业在践行可持续发展战略时，需要通过一系列措施方案对环境进行保护和治理，并且向外界传达本企业对环境治理和保护的信息，以此将其与未披露相关信息的企业的区分开来，这种信息披露行为就是回应可持续发展理论最直观的体现。此外，环境信息披露也将反作用于可持续发展战略，推动可持续发展战略的实施与发展，应用于碳信息层面，碳信息披露是低碳经济发展的基础，低碳经济又是坚持可持续发展的体现。因此，在倡导绿色发展、低碳经济的社会大背景下，可持续发展是企业长远发展的不二之选，考虑到企业受到来自政府监管、资源受限、社会公众要求高等各方面的众多压力，因而披露碳信息将更有利于企业可持续性发展目标的实现。

二、利益相关者理论下的碳信息披露

（一）利益相关者的含义

1. 利益相关者理论的源起

"利益相关者"一词最早出现在 1963 年，由斯坦福研究院（SRI）提出，在其内部文件中他们将利益相关者概括为股东，即在管理上需要响应的群体。SRI 的研究人员认为，只有高管了解这些股东的需求，并相应地制定出公司目标，股东才会为公司的持续生存提供必要的支持。因此，最初对利益相关者的定义为"如果没有这些群体的支持，该组织将不复存在"。但这个定义是有一定的局限性的，因为企业在经营活动中受到的影响不单单来自股东的影响，还有其他利益相关者，然而当时的人们都很难去明确区分利益相关者和股东这两个概念。

20 世纪 60～70 年代，罗素·安索夫（Russell L. Ansoff）正式使用"利益相关者"一词，并首次将其引入管理学和经济学中，他认为企业与利益相关者是相互作用的，制定企业目标时应协调与其直接相关的集团利益冲突与矛盾，以公平的方式满足这些集团的需要，同时利益相关者受到企业的作用而去满足个人目标。1984 年，罗伯特·爱德华·弗里曼（Robert Edward Freeman）在他的著作《战略管理——一个利益相关者方法》中一改传统理念中的"股东至上"，他认为，利益相关者和股东都与企业有着投入成本或是承担风险的关系，所以企业的所有权应属于有关联的全体成员，不仅是公司的股东。此外，该书从利益相关者理论的起源和发展入手，详细地阐述了从 SRI 开始到 20 世纪 80 年代这期间利益相关者理论的发展历程。基于企业的目标与影响机制，里面详细阐述了利益相关者理论是如何影响到战略管理、财务、会计、管理、营销、法律、卫生保健、公共政策和环境等多个领域的，并指出利益相关者关注的是价值创造和公司运营问题。撰写此书期间弗里曼曾与安索夫一同研究，将利益相关者定义为"any group or individual that can affect or is affected by the achievement

of a corporation's purpose"中国学者将其译为"利益相关者可以是一个群体或者个人，他们能够影响或受公司目标实现影响"。虽然这一定义在随后的几年中引起了许多争论，但该定义概括得较为合理全面，至今被广泛接受和采纳。

2. 利益相关者理论的发展

自 1984 年弗里曼对"利益相关者"进行了明确的阐释后，国际上的利益相关者理论也逐渐开始完善与发展，这一时期许多学者对利益相关者这一群体进行了深入的研究，涌现出大量关于利益相关者理论的学术成果。

如吉尔斯·斯林格、尤哈·纳西、李·普雷斯顿等（Giles Slinger, Juha Näsi, Lee Preston et al.），他们在 SRI 和弗里曼的理论基础之上进行了添加与修改。斯林格（Slinger）是将利益相关者思想的早期发展与所发展的人际关系方法联系起来；纳西将公司描述为利益相关者发挥决定性作用的社会和技术体系，他更强调利益相关者对公司的贡献程度以及利益相关者对公司的要求；普雷斯顿和萨皮恩扎（Preston and Sapienza，1990）是站在管理者的实践角度分析利益相关者而不是局限于术语本身。阿格莱、鲍伊、威克斯和伍德等（Agle，Bowie，Wicks and Wood et al.）则追随弗里曼的脚步，认同利益相关者与企业的运营存在着相互权衡的关系；查卡姆（Charkham，1992）认为企业与利益相关者都是根据一些合同来维持关系的；米歇尔、阿格莱和伍德（Mitchell，Agle and Wood，1997）从公司有用性的角度研究利益相关者理论考察了 27 种学术界对利益相关者下的定义后，从广义与狭义方面将利益相关者的定义分为宽口径、窄口径以及中间口径三大类。惠勒（Wheeler，1998）认为不同社会性质的利益相关者对企业的作用影响不同；布莱尔（Blair，1999）认为雇员、客户、供应商等为企业提供特殊的人力资本也应被考虑；阿克曼和费什金（Ackerman and Fischkin，2004）以及坎德拉（Candela，2006）认为"利益相关者"一词已经跨越了公司治理的边界，现在经常被政治分析家使用；梅利莎·席林（Melissa Schilling，2000）及哈里森（Harrison，2007）等更注重高管在权衡利益相关者关系间所起的作用；奥德尔（Audier，2012）认为在新自由主义的背景下，将利益相关者纳入行动框架的形式是一种相关的、可采取行动的理论。

我国的一些学者对利益相关者理论也进行了研究，杨瑞龙和周业安（1998）突破"股东至上"的传统理念，以国有制企业为例，提出企业经营应该是以"经济民主化"为核心的利益相关者共同合作治理的思想。贾生华和陈宏辉（2003）同样认为企业应该考虑到其经营和发展投入资金或是承担风险的各种利益相关者的利益，而不仅仅是某个主体的利益。万建华（1998）与李心合（2001）等认为利益相关者和企业之间存在影响与被影响的关系，这种影响可能是合作又可能是威胁。这些学者的观点都与克拉克森（Clarkson）相类似，关注于利益相关者和企业组织关系及专用性投资，认为企业的生存与发展离不开企业与各方利益相关者之间的联系。陈之武（2008）从广义和狭义两个方面对利益相关者进行定义，他认为广义的利益相关者是所有对企业最终施加影响的个体或团体，狭义的利益相关者是在此基础之上具有合法性的个体或团体。

利益相关者理论发展至今，已经演变为企业的一个战略指导理论，企业要想持续发展下去，就要全方位地考虑问题。早期绝大多数的企业为谋求最大化利益而忽视了环境因素，造成了现在温室气体排放量急剧上升进而导致了一系列的气候问题，随着时代的发展，各利益相关者越来越重视企业对环境和气候问题的处理与应对措施，基于各方压力，企业开始响应利益相关者的诉求，积极承担起保护环境治理污染的社会责任，对外进行碳等环境信息的披露，逐步走向低碳运营模式。

（二）利益相关者的分类

斯塔里克（Starick，1993）指出，利益相关者不仅包括股东、债权人、消费者等，还应包括自然环境、人类后代，以及非人类生命物种；雅各布斯（Jacabs，1997）认为我们无法知道环境和后人的感受，常常会忽略其与企业间的影响，正因如此，企业应该将他们也考虑到利益相关者群体中，并建议企业应当成立专门负责公司对环境和后人影响的部门或组织机构；惠勒（1998）将利益相关者划分为社会性利益相关者和非社会性利益相关者，其中自然环境、子孙后代、其他生命物种等不通过具体的人与企业产生关系，属于非社会性利益相关者；付俊文和赵红（2006）从当下生存环境与未来生存环境两方面考虑，认为环境应是企业特别是重污染行业企业的主要利益相关者。温素彬和方苑（2008）从多元资本共生的角度出发，将更关注生态资源环境对企业价值影响的利益相关者定位为生态型利益相关者；陈华等（2013）认为不同的碳信息需求者由于经济、社会利益诉求的不同，所以碳信息披露的内容也会有所差异。

1. 多维细分法

国际上应用最广的利益相关者分类方法是米切尔评分法与多维细分法。其中多维细分法是根据不同维度划分利益相关者，一些具有代表性的学者的划分结果如表2－2所示。

表2－2　　　　　　　　　　利益相关者的多维细分法

学者	划分依据	分类方法
弗里曼（Freeman，1984）	基于利益相关者所拥有的不同企业资源进行划分	（1）所有权利益相关者：持有公司股票的相关群体，如董事会成员、经理人员等； （2）经济依赖性利益相关者：与公司有经济往来的相关群体，如公司员工、债权人、内部服务机构、消费者等； （3）特殊利益相关者：与公司在社会利益上有关系的利益相关者，如政府机关、媒体等
弗雷德里克（Frederick，1988）	基于与企业发生的市场与非市场关系进行划分	（1）直接型利益相关者：即与企业发生市场交易关系的利益相关者，如公司股东、雇员、债权人、供应商等； （2）间接的利益相关者：即与企业发生非市场关系的利益相关者，如政府、社会团体、媒体公众等
查卡姆（1992）	基于相关群体是否与企业存在合同关系进行划分	（1）公众型利益相关者：与企业不存在合同关系，如消费者、监管者、政府部门、社会团体等； （2）契约型利益相关者：与企业存在合同关系，如股东、员工、顾客、供应商、贷款人等

续表

学者	划分依据	分类方法
克拉克森 （1994）	基于是否在企业中承担了某种风险的进行划分	（1）自愿利益相关者：主动进行物质与人力资本投资的个人和群体，自觉承担企业经营活动给自己带来的风险； （2）非自愿利益相关者：由于企业活动而被动地承担了风险的个人和群体
	基于相关者群体与企业联系的紧密性划分	（1）首要利益相关者：指直接影响企业的运作或者受到企业运作直接影响的个人或者群体组织，参与企业交易，对企业的生存起着根本性的作用，如股东、投资者、雇员、顾客、供应商等； （2）次要利益相关者：个人或群体间接地影响企业的运作或者受到企业运作的间接影响，但他们并不与企业交易，也没有对企业的生存发展起到根本性的作用，如媒体和一般公众等
瑟吉 （Sirgy，2002）	基于利益相关者理论与关系营销理论的结合进行划分	（1）内部利益相关者：为了合理有效地实现自我运营与管理，公司将其划分为不同部门、区域和职能单元的内部利益相关者； （2）外部利益相关者：公司的生存与发展取决于公司与外部利益相关者价值交换的效率，持有公司股票或债券的个人或群体、批发商、供应商、债权人、大众媒体以及环境因素等都包括在内； （3）远侧利益相关者：通过对外部利益相关者施加影响间接地影响企业的生存与发展，如消费者、环境保护群体、政府媒介、工会、审计师、行业领导者、专家、贸易联合体等
迪根 （Deegan，2006）	基于人性和理性的角度进行划分	（1）伦理分支：无论利益相关者对组织的影响力如何，组织都应平等地兼顾所有利益相关者的利益； （2）管理分支：组织是被不同利益相关者环绕着的一个中心，这些利益相关者对组织产生不同的影响力并具有不同的利益需求，组织为了实现持续经营目的应准确地识别和管理那些对组织有重大影响的利益相关者
万建华 （1998）	基于利益相关者与企业的关系进行划分	（1）第一级利益相关者：第一级利益相关者被认为是与企业之间拥有正式的、官方的或契约的关系，包括财务资本所有者、人力资本所有者、政府、供应商和顾客等； （2）第二级利益相关者：除第一级相关者外其他所有利益相关者都属于第二级利益相关者，包括社会公众、环境保护组织、消费者权益保护组织、所在社区、市场中介组织、新闻媒体等
贾生华和 陈宏辉 （2002）	基于利益相关者与企业间的相互作用程度不同进行划分	（1）核心利益相关者：与企业之间的相互作用程度较强，如企业的股东、债权人、雇员、消费者、供应商等交易伙伴； （2）潜在利益相关者：与企业存在一定的相互关系，如政府部门、本地居民、当地社区、媒体、环境保护主义者等压力集团； （3）边缘利益相关者：与企业间的相互作用较弱，如自然环境、人类后代、非人物种等受到企业经营活动直接或间接影响的客体

2. 米切尔评分法

米切尔评分法最早由米契尔（Mitchel）与伍德在 1997 年提出，他们认为利益相关者至少需要具备紧迫性、合法性及影响力其中一种特性，并根据具备的特性的数量不同进行分类，其中具备一种特性的利益相关者被划分为潜在型利益相关者；具备两种特性的利益相关者被划分为预期型利益相关者，如投资者、雇员和政府部门等；同时具备三种特性的利益相关者被划分为确定型利益相关者，即权利利益相关者，如股东、顾客等。在此基础上进一步将利益相关者分为以下七类，具体如图 2-1 所示。

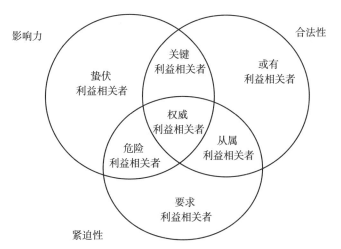

图 2-1　米切尔评分法基础上利益相关者的分类

（三）利益相关者的具体对象

学术界目前对利益相关者的分类各有考虑，尚未形成统一的标准，但学者们普遍认为具体利益相关者一般包括：股东、债权人、政府、管理者、供应商、经销商、消费者、竞争者、员工、媒体等。

在企业的发展中，股东和债权人提供的资金是企业正常运营的重要保障；管理者统管整个企业，指导和制定企业的发展战略和运营模式；消费者为满足自身需求所购买的产品或劳务，需向企业支付货币资金；供应商作为企业的上游公司，为企业提供货源；经销商作为企业的下游公司，为企业销售产品；内部员工为企业提供劳动服务并创造价值；政府、媒体以及社会公众是企业的外部监管机制，以自己群体的特有方式形成公众压力监督企业行为；而企业要与同行业竞争者挤占市场，得到配额等。这些个人或群体与企业形成了相互作用的关系，在为企业提供服务的同时也享受企业带来的利益，由此成为企业的利益相关者。

（四）利益相关者理论下的碳信息披露

根据利益相关者理论，如果企业面临来自利益相关者的压力或是为了维持其现存的利益相关者，会迎合利益相关者对碳信息内容的需求，以期为企业增加更多的利益（王芳，2016）。也就是说当对企业具有重大影响的利益相关者重视碳信息披露时，企业就会积极地进行碳信息披露，以满足利益相关者的需求。

1. 碳信息利益相关者的信息需求

陈华（2013）基于惠勒（1998）对利益相关者的社会维度分类方法，对我国的碳信息利益相关者的信息需求内容和目的进行了整理和总结，结果如表 2 - 3 所示。

表 2 - 3　　　　　　　　　碳信息利益相关者及其信息需求

碳信息利益相关者		碳信息需求内容描述	需求目的
主要社会性利益关系方	出资者	碳风险对企业偿债能力和盈利能力的影响，碳减排成本与绩效、碳排放交易状况等	投融资决策的依据
	企业管理者	企业应对碳风险的举措与战略、企业碳排放量及碳交易损益情况、碳信息的审计鉴证等	降低碳管制风险、制定低碳战略、进行低碳管理决策的依据
	政府及监管部门	企业碳排放量、碳治理及碳交易的相关信息	制定低碳发展内政外交政策的依据
	中间机构	企业面临的碳风险、碳活动对企业经营的财务及社会影响、碳审计鉴证等	降低经营风险、拓展业务范围

碳信息利益相关者		碳信息需求内容描述	需求目的
次要社会性利益关系方	消费者、消费者保护组织及社会公众	企业碳排放量、碳减排措施与战略等	在消费市场、资本市场做出消费、投资决策的依据

2. 利益相关者理论在碳信息披露中的应用

碳信息披露是企业向外界传达本公司碳管理的一种方式，利益相关者会根据企业的一系列披露行为做出相应的判断，是否进行碳信息披露以及对碳信息披露的质量会直接影响企业的利益相关者对公司的印象。由于政府及广大群众对气候和环境问题越来越重视，碳信息披露作为企业承担社会责任的表达方式，其披露的程度也日益被重视，股东、债权人等利益相关者对其要求也日益增加，他们希望能更多地了解企业在碳管理方面的整体情况，最终对企业做出全面的评估。罗力于 2012 年将来自 15 个不同国家、不同行业的 2045 家企业的 2009 年 CDP 的数据进行归纳分析，研究表明，当利益相关者重视碳信息披露时，企业会更积极地进行碳信息披露，即企业碳信息披露行为会受到利益相关者的影响。

（1）股东对企业碳信息披露的影响。

股东是最重要的利益相关者之一，他们作为企业的投资者不仅给企业提供资金上的支持，还参与企业的经营管理，在享受企业利益的同时也需要对企业承担一定的责任，目前许多公司已将股东价值最大化作为企业的目标。

随着时代的进步与发展，人们对于环境的保护意识逐渐增强，对于投资者来说，要想更好地实现投资收益，那么必须要关注企业碳行为与碳信息披露状况，例如，企业投入用于治理环境、研发节能减排技术、购置低碳设备等导致的成本和费用是否合理，开销是否会影响到股东的股息和红利，等等，影响不同股东情绪也会不同。施坦（Stein，1996）将投资者情绪定义为是投资者对企业未来预期表现出的乐观或悲观情绪；格里芬（Griffin，2010）认为碳信息披露会影响投资者情绪；达利瓦尔（Dhaliwal，2011）

指出碳信息披露的质量越高，投资者就越倾向于乐观的情绪，从而使上市公司取得资本的成本得以降低。企业如果实施碳信息披露或是提升碳信息披露的质量，可以让股东更加了解公司的状况，从而树立起良好的企业形象，这样股东对公司未来发展就会有良好的预期，认为投资公司有低的风险，因此产生乐观的情绪，对公司更加信任；同时也能吸引更多人的青睐和投资，最终目的是为企业增添更多的资金。此外，宋晓华（2019）等认为企业披露碳信息可以降低信息不对称，有助于投资者充分了解企业碳行为，从而将碳管理措施融入股价中，当投资者情绪倾向于乐观时，会激发股东的投资意识，为企业筹集更多的资金。

（2）债权人对企业碳信息披露的影响。

债权人在企业的发展中向企业提供了资金支持，或是存货、设备等实物支持。他们期望以较低的财务风险获得高额的收益，且他们最关心的是能否及时收回本金并获取相应的利息。而随着可持续发展观念的深入，债权人逐渐将环境因素纳为投资决策的评判依据，同时也更加注重企业的环保行为。

债权人与企业之间的相互作用是通过资产负债率等偿债能力指标表现出来的，债权人往往更关注企业碳信息披露行为对其偿债能力的影响。由于治理环境需要大量资金的支持，如果企业在解决内部污染问题中投入过多，企业的治理成本就会增加，这属于公司的一项费用支出，而费用支出的增多必然导致利润的缩减，相应地，偿债能力就会受到一定的影响，此时债权人在向企业借款时会产生一定的顾虑，他们会担心企业对于碳的支出是否会影响到本金的偿还以及他们的利息收支情况。一般银行是企业最主要的债权人，为了避免此类事情发生，2012年银监会发布《银监会关于印发绿色信贷指引的通知》，要求银行在给企业借款时要重点关注碳信息披露的情况，以达到监督企业进行环境保护的效果，而企业迫于压力，会披露更多有关企业碳管理以及碳治理等相关信息。

（3）管理者对企业碳信息披露的影响。

企业的管理者是企业最重要的碳信息使用者，他们直接负责企业的日常运营和经营管理活动。管理层可以结合披露的碳信息进行分析，了解企业在环境治理方面的具体成效如何，并结合未来发展目标做出相应的规划，制定企业今后的发展战略。在企业的发展中，由于经营权与所有权的分离，企业管理者与投资者之间形成了一种委托代理关系。其中管理层为了更好地管理企业必须要掌握企业的全部信息，而出资者因为不参与企业的日常经营管理所以缺乏对企业信息的了解，这样就使得二者之间的信息传递与交流变得十分重要，如果信息披露不当就会产生信息不对称问题。管理层在委托代理关系中作为委托方，有责任和义务披露真实客观的企业信息，但如果高管为谋求更多的自身利益做出一些违反道德伦理的行为，将会对企业造成不好的影响，例如，掩盖信息或是披露虚假的碳信息，会极大地降低出资者对企业的信任，甚至会导致资金链断裂。为了解决这个问题，可以将管理层的绩效与股权挂钩，让管理层成为股东中的一员，使他们自身的利益与企业利益捆绑在一起。这样一来，不仅可以有效地避免由于代理关系产生的道德问题，而且管理层为了获取更大的利益不得不维持良好的企业形象，从而更积极地在披露碳信息的同时治理环境、控制碳排放。

（4）消费者对企业碳信息披露的影响。

随着社会的进步和生活质量的提高，低碳生活的理念越来越被大家所认同并在日常生活中践行。宋晓华等（2019）指出，从消费者角度考虑，企业通过披露高质量的碳信息可以充分体现本公司的环保意识和责任担当从而拉动消费。我们作为消费者在选购商品和服务时会关注产品的含碳量是否符合标准等问题，而企业基于消费者的消费关注点转变的压力，会积极应对碳治理和碳排放，以此来迎合消费者的需求。与此同时，企业会加大碳信息的披露力度以提升自身的环保形象，例如，越来越多的企业将碳足迹标识到产品上，以满足消费者对商品的低碳标准。

（5）经销商和供应商对企业碳信息披露的影响。

经销商位于企业生产链的下游，供应商位于企业生产链的上游，两者在企业的生产经营过程中缺一不可，他们对企业碳信息披露行为也极具影响。经销商掌握着最新的产品市场销售信息，可以及时地将市场对碳信息的需求情况反馈给企业，企业再根据经销商提供的信息有针对性地制定碳治理的方案并落实到生产链上。供应商依据企业碳排放的数据和碳信息的状况，帮助企业获取节能减排的资源，为企业提供低碳型的原材料，有效地从源头处管控碳排放。三者的相互配合极大地降低了企业的治理成本，减少了能源消耗，提高了资源的利用效率。

（6）竞争者对企业碳信息披露的影响。

强劲的竞争对手在企业低碳运营中充当着助推器的角色。在有限的市场资源下，企业要想从中分得一杯羹，必须比同行业企业更具备竞争优势，这促使企业在自身薄弱的各个方面采取行动。如果强劲的竞争对手披露了高质量的碳信息，那么企业为了与其争夺市场资源，也会倾向于披露更多的碳信息。此外，市场对碳信息披露的要求越高，企业就越会在符合市场标准的同时积极地响应国家号召，自愿披露高质量的碳信息，控制碳的排放量并对企业造成的碳污染进行相应的治理。

（7）政府等监管部门对企业碳信息披露的影响。

政府作为国家机关，参与国家治理与社会管理，对环境资源拥有管理和分配的权力，在企业披露碳信息的过程中，政府起着制约和监督的作用。随着国家对环境治理工作的日渐重视，与环境治理有关的法律法规也得到了进一步完善，这些政策法规将更好的规范企业节能减排的行为，并监督其落实到位。例如，政府制定的碳排放权交易机制，是通过给不同企业分配定额的温室气体排放量，进而达到控制碳污染的目的。企业作为追求经济利益的主体，如果在行政上没有一定的制约，他们就会不计后果地追求自身利益最大化，最终导致环境被破坏。迫于政府部门的监管压力，企业在经营活动中会时时注意自己的行为以防触犯法律。如果企业污染环境或是在披露过程中有不规范的行为，政府会对其进行相应的处罚，而企业的利润和信誉也会因此受损。此外，为了避免或降低相关监管部门的处罚，在监管部门眼中树立良好的企业形象，企业往往会选择更积极主动地披露碳信息状况。

此外，对于其他利益相关者而言，政府等监管部门要求企业进行碳信息披露，使得企业在运营过程中更加透明化，从而维护了众多利益相关者的权利，减少了各方的损失，也使得企业在经济发展的同时保护好环境，实现经济与环境相互协调、绿色发展。沈洪涛等（2012）经过研究认为通过舆论监督和政府监管可以使企业环境信息披露水平得到提升，而企业在公众施加的外部压力下改善环境信息披露质量可以使企业价值得到提升。

（8）新闻媒体对企业碳信息披露的影响。

新闻媒体在企业发展过程中也同样起着约束和监督的作用，不同于政府的强制手段，新闻媒体作为将企业和其他社会公众连接的媒介，发挥着传播信息、制造舆论的中介作用。媒体将企业的信息公布于众，消费者基于这些信息作出是否购买的选择，并对基于一定的媒介对产品进行评价与反馈。另外，政府可以根据信息公布后所带来的舆论导向，有针对性地出台环境方面的方针政策，对企业施加相应的管控压力。企业管理层迫于媒体关注的压力，为维护企业声誉和形象，在管理企业时会更加约束和规范自己的披露行为。可见媒体的运作不仅可以维护利益相关者的利益，也监督促使企业提高其治理水平（醋卫华，2012）。新闻媒体对企业的影响是双向的。企业如果能合理地利用新闻媒体的中介职能，可以大大地提高公众对企业的关注度，提升企业自身的形象和价值。但如果运用不当，容易受到全社会的谴责导致企业价值下跌，例如，报道的信息越多，企业获得的关注就越多，导致企业被约束的压力也越大，其需要披露的碳信息质量也就越高。

总之，利益相关者是企业碳信息的主要使用者，他们与企业存在着各种各样的关系，而由于利益相关者所处的环境和社会地位不同、代表的群体不同，对碳信息的关注点、需求以及影响方式也就不同，或起着推动的作用，或起着制约的作用。利益相关者对企业形成的压力不仅可以促使企业自觉披露碳信息，也可以与各利益相关者群体建立长期良好的合作关系，相互协调发展，从而助推企业可持续发展战略的实现。

三、合法性理论下的碳信息披露

合法性是关于一个企业的行动如何被社会现存系统的规范、价值、信仰等认为是合理的、合适的、广泛满足人们意愿的理论，是一般化的感知或假设。从广义上讲，合法性可以被定义为对共享规则的接受和辩护（Bernstein，2011）。它包括行动者认识到需要一个期望的行动，然后基于行动者的信念和能力或群体或社会规范的支持达成一致意见或予以支持（Suchman，1995）。这表明每一个行为、结构、程序或规则，如果其接受程度是由机构行动者评估的，那么它的合法性就会受到一些平行的评估（Deephouse and Suchman，1995）。

"合法性"的感知和支撑源于它对社会规范和法律的服从，换而言之，企业的经营发展要满足所在社会文化认知、行为规范、法律体系的"合法性"标准。合法性理论认为组织是基于"社会契约"的规范进行运营的，这种社会契约不仅包括明确的法律条款和规章制度，还包括非法定的社会期望、共同信念、行为逻辑等，从内部和外部共同向企业施加合法性压力（Luckmika Pereraa et al.，2019）。其中组织合法性的本质是企业符合利益相关方的期望程度如何，那么组织合法性的来源实际上就是确定掌握组织生存发展所需的资源主体是谁（陈扬，2012）。此外，组织合法性要求组织主体的价值体系与社会价值体系一致，当两者存在一定的差距时，合法性压力就会迫使企业管理者采取一些补救措施和战略行动，以消除这种差异，确保企业正常运用与发展。如果一个组织被认为违反了社会契约，那么这个组织的生存和发展将受到威胁，企业的经营权将会被撤销，例如，消费者减少对企业产品的购买，投资者和债权人不再对公司提供资金支持等，切断企业资金链。因此，合法性被认为是一个组织赖以生存的资源（Dowling and Pfeffer，1975）。

在企业社会责任时代，社会对企业所采取的行动的接受程度尤为重要。从一个具有社会责任的公司的角度来看，正当化是指在合理的前提下，对行为的正当性的授权。对于行动合法性的强调某种程度上可以促进内外部环境的公平发展（Beata Zyznarska-Dworczak，2018）。合法性理论将企业的社会和环境绩效以及信息的披露作为履行组织社会契约的一种方式，以实现其目标的识别。从信息披露角度来看，企业可以利用合法性理论影响外界的认知，其信息披露政策被认为是一种寻求企业价值观趋向社会价值观的正当性手段。

"合法性基础"实际上阐明了"为什么组织要满足利益相关方的期望"（陈扬，2012）。通过借鉴斯科特（Scott，1995）和陈扬（2012）对合法性基础的研究，综合汇总将合法性基础进行划分，如表2-4所示。

表 2 - 4 合法性基础的划分

划分依据	类型	代表人物	内容
环境中的外生性合法压力	建立在强制性奖励与惩罚基础上的合法性	韦伯、诺思（Weber、North）	由于国家机构具有强制性权利，其合法性建立在强制性奖惩基础上，评价其合法性的标准主要表现为政策和法令。法律制度的实施与运行，以确保违反规则与法令会付出沉重的代价，以及受到严厉的惩罚。为了免予惩罚，企业会自觉满足相关方的期望以获取合法性
	建立在对价值观和规范遵从基础上的合法性	斯蒂恩伯格（Stinchocmbe）	区别于建立在强制性奖惩基础上合法性，建立在对价值观和规范遵从基础上的合法性是将组织的相关内容一并列入考量的范畴。在这个系统中的所有成员都遵循相同的价值观念，系统状态得以保持稳定
组织内生性的合法性动力	建立在共同理解基础上的合法性	梅耶、迪马吉奥、普尔蒂（Meyer、DiMaggio、Purdy）	个体与组织在受到外部各种思想和文化的制约的同时又将逐渐将其内化于个体和组织，然后通过构建一种关于"正当的"组织行为方式脚本，并获得组织的认同，使此类合法性的基础得到加强巩固

（一）组织合法性的特征

组织与外部之间的组织合法性是双向的（见图2-2）。组织外部的社会群体通过企业的种种表现和行为授予其合法性，而组织本身影响着这些群体的认知与判断。例如，企业不严格遵守法律规范，违背合法性，社会群体会认定该企业不具有组织上的合法性，而迫于外部施加的这种合法性压力，存在组织合法性问题的企业就会寻求合法化途径，并展开合法化进程，逐渐规范自身行为，外部社会群体也会慢慢改善对企业的看法。所以说，企业与外部利益相关者之间的合法性是一种动的相互作用，彼此之间传递信息。

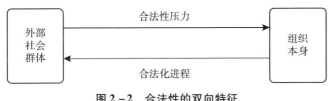

图 2 - 2　合法性的双向特征

（二）组织合法性分类

关于组织合法性的分类研究最为著名的是 1995 年萨奇曼和斯科特分别对组织合法性的划分。他们基于奥德里奇和菲奥尔（Aldrich and Fiol，1994）对合法性维度的研究，更进一步地拓展到组织当中。奥德里奇和菲奥尔从社会政治与认知两个角度研究新型企业的合法性，这里的社会政治合法性是指在一定环境和法律下，社会对新型企业的接受程度；认知合法性则是对新型企业的宣传程度。斯科特在奥德里奇和菲奥尔的研究基础上把社会政治合法性又分为规制合法性和规范合法性。其中，规制合法性源于政府等监管部门颁布的法令条款，是对组织行为的强制约束；而规范合法性则是对道德规范和社会价值观的遵循程度，是公众以自觉性判断企业是否在做合乎常理的事情。不同于斯科特，萨奇曼则是依据企业内外部的受益情况将社会合法性分为实用合法性和道德合法性，实用合法性是从外部相关者的利益出发获取合法性，而道德合法性是从企业自身利益出发，尽可能地符合社会道德规范。此外，萨奇曼还将实用合法性分为交换合法性、影响合法性和属性合法性，把道德合法性细分为结果合法性、过程合法性和结构合法性。此外，他们将认知合法性定义为组织自身或其行为是可被理解的或是理所当然的，它更加强调被社会公众所"理解和普遍接受"。萨奇曼对组织合法性的分类除了在命名上的不同，内容大体与斯科特的相似。二人对组织合法性维度的研究被广大学者认可，一直为之后的合法性理论研究所沿用。具体的组织合法性分类如表 2 - 5 所示。

表 2-5   组织合法性分类

文献来源	分类	
奥德里奇和菲奥尔 （1994）	社会政治合法性	
	认知合法性	
斯科特（1995）	规制合法性	
	规范合法性	
	认知合法性	
萨奇曼（1995）	实用合法性	交换合法性
		影响合法性
		属性合法性
	道德合法性	结果合法性
		过程合法性
		结构合法性
	认知合法性	—

但要想增强和维持一个组织的各类合法性，就需要企业对外披露真实可靠准确的内部信息。信息作为一种传递媒介，其对外披露对于企业与外部利益相关者之间的关系起着至关重要的作用，管理层可以用它来影响外界对于企业合法性的认知，让政府机构、社会公众、内部工作人员有理可依，极大地发挥组织合法性的作用，提高企业在社会和资本市场中的认可度。

（三）组织合法性理论下的碳信息披露

随着碳污染、温室效应等环境问题被逐渐放大，全球对气候和环境的管控越来越严格和规范，公众对企业的合法性要求不仅仅限于公司的财务和治理方面，环境因素逐渐成为公众评判组织合法性的重要指标，"低碳"也成为一种社会价值观和道德规范。借助组织合法性理论，派腾（Patten，1992）认为企业的合法性并不是受到市场的监控，而是受到来自公共政策领域的监控，所以企业环境信息披露应当更多地考虑公共压力因素的影响。陈华等（2013）认为合法性理论对企业信息披露的影响主要表现在两个方面：合法性压力和合法性管理。即在不同的立场和社会环境以及面对不同的经济利益下，利益相关者会根据企业履行碳减排、碳治理的不同责任而施加不同程度的合法性压力，而企业会对外进行信息披露并采取一系列战略措施调整披露的内容、质量和水平来缓解这些合法性压力，这称之为合法性管理。

依据组织合法性理论，由于组织与社会之间存在的社会契约，牵制着企业在环境保护和治理方面的行为举措，所以要求企业在一定程度上符合社会价值观和社会公众的期望。而其中股东、债权人、政府及监管机关、消费者、媒体大众等利益相关方因为身份不同，对碳信息需求也不相同，所以企业在面临不同需求下的披露压力时，难以实现多方群体的利益满足。但合法性是社会公众对企业运营的最基础要求，如果企业在碳信息披露与治理行动上表现消极，说明外部社会群体向企业施加的合法性压力并没有对企业产生效果，企业价值观偏离了社会价值体系，利益相关者可能会通过拒绝为其提供资金或放弃对企业的支持等一系列打压企业的方式来削减其生存或继续经营的能力，让企业为自己的行为付出一定的代价。因此，企业采取自愿披露碳信息的行为，是其在低碳背景下为了应对合法性压力、实现自身合法性目标、完成企业合法性进程而进行的自我管理（陈华，2013）。

自愿性披露碳信息是企业向外界传递的一种信号，这种信号可以将其与未披露的企业进行区分，不仅能够有效地提升企业自身形象，还可以在企业面临严重合法性挑战时及时修复公司合法性的治理战略。但自愿性碳信息披露存在着一定的局限性：一方面自愿性披露来源于管理层的主观判断，且披露的内容出自公司内部，披露的内容可能存在一定的失真；另一方面由于相关的社会公众一般无法直接接触或获取到企业的碳减排信息，所以对于企业自愿披露的碳信息披露，其内容的真实性和可靠性一定程度上将受到质疑（李朝芳，2010）。当然，合法性离不开制度框架，而制度性离不开合法理念。为此，政府及监管机关应实施强制性披露的管制措施，引导企业遵守环境规则。企业在政府的管制下向外界提供真实可靠的碳信息，也维护了企业的组织合法性。

第二节　自愿性碳信息披露及其动因

不同的企业有着不同的经营理念。现阶段，我国的碳信息披露体系和规章制度还未健全，进行披露的企业多数都是秉着自愿的原则，如果想要增强企业的责任意识，使更多的企业承担起环境保护与信息披露的社会责任，就需要在自愿披露的基础上通过法律等手段进行强制要求，以自愿与强制相结合的原则促使更多的企业承担保护环境的责任。

一、自愿性信息披露概述

米克等（Meek et al.）在1995年的研究表明，自愿性信息披露是上市公司自发性地对外披露法律规定之外的内部信息，企业可根据自身情况自由选择部分公司经营状况信息进行披露。2001年，美国财务会计准则委员会（FASB）对自愿性信息披露进行了更明确的界定，他们指出上市公司可以主动披露财务报告之外没有被公认会计准则和证券监管部门明确要求的企业信息（FASB，2001）。2003年自愿性信息披露的概念首次传入中国，上市公司在披露法律法规要求的信息基础上可自愿披露规定以外的公司信息。

自愿性信息披露作为一种自发性的披露行为，无论是在披露的内容或是在方式上其本质都是自觉主动性，具体特征如下：

第一，自主选择性。自主选择性是与强制性信息披露区分的最大特性，也是自愿披露的本质属性。不同于强制性信息披露，企业管理者可根据成本和效益的权重以及企业其他多方面因素选择性地披露有益于企业经营发展的信息，创造更大的价值收益。

第二，内容多样性。企业必须披露的信息内容法律法规都有明文规定，由于自愿性披露的自主性，所以不会像强制性披露一样受到限制和规定，企业可根据自身意愿披露有关信息。其披露的内容从空间维度上可划分为企业内部微观信息和外部宏观信息，从时间维度上可分为记录过去的历史信息和勘测及展望未来的信息。

第三，形式多样性。披露内容的多样化决定了披露形式的多样化，企业可选择合适的索引指南进行披露，也可根据本公司的情况决定披露形式，例如，定性描述、定量描述、文字和图表相结合等形式。

第四，不确定性。正是因为企业可以自主选择披露的内容、形式、时间等，考虑到主观性的影响，所以企业披露的信息存在较多不确定性。

二、自愿性碳信息披露的理论基础及其逻辑关系

企业在内部治理过程中常会遇到交易双方信息不完全的问题，导致多方利益相关者的利益受侵害，而企业积极披露相关信息就会减轻此类问题的严重性，所以企业的自愿性信息披露行为在经营发展过程中显得尤为重要。自愿性信息披露的理论依据源于多种理论研究，究其根本是为解决企业与各利益相关方之间的信息接收问题，由于企业通常是基于对自身利益和价值取向的考虑而主动对外披露碳信息，所以本节通过有效市场假说理论、信息不对称理论、信号传递理论、委托代理理论来解释说明自愿披露碳信息的必要性。

（一）有效市场假说理论

有效市场理论创立于 20 世纪初，经过多重变革与发展，目前广为接受的理论解释是 1970 年尤金·砝码（Eugene Fama）提出的有效市场假说（EMH）。他指出股票价格能够充分反映投资者所获取的信息程度，披露信息的多少将直接影响着股票价格的波动，所以只有管理者充分并及时地进行信息披露才能进一步提高市场的有效性。然而，有效市场的存在需要具备一定的假设条件，一是有效市场中的投资者为理性投资者，也就是说他们都会为了追求利益最大化而积极地参与市场竞争；二是有效市场中的每一个人都能轻易获取投资信息，并无须为获取信息而支出任何费用。从

本质上讲，关于证券市场有效性主要研究的是股票价格对信息的反应速度和程度（龙小波和吴敏文，1999）。如果市场是有效的，股票价格会根据企业信息的数量、种类、价值做出相应的变动。根据价格对信息的反应速度和程度不同，可以将有效市场分为弱式有效市场、半强式有效市场和强式有效市场，如表2－6所示。

表2－6　　　　　　　　　　有效市场类型

市场形式	可利用信息		
	已公开信息		未公开信息
	过去历史的证券价格信息	当前证券价格信息	
弱式有效市场	√		
半强式有效市场	√	√	
强式有效市场	√	√	√

　　由此可见，有效市场理论的核心思想是鼓励企业主动、充分地披露公司信息，实现市场的有效性。有效市场理论认为，有效市场中的证券交易实质上是一种信息交换，如果提供的信息可信度足够高，那么就更利于投资者进行决策，进而把社会资金引向生产效率较高、效益较好的企业，最终实现生产者之间资源最佳有效配置（孙峥，1997）。当信息在交易市场上被完全、准确、充分披露，使得市场更加透明化，社会资源就会达到合理有效的配置，根据有效市场理论，价格在受到真实可靠的信息影响后，表现出"真正"的价值，证券价格越趋近于它本身的价值，投资者的疑心就会逐渐消除。减少了投资决策时的出错概率，出资者则更愿意投资该公司。碳信息作为企业治理环境污染、维系生态平衡的重要信息，它的披露同样也影响着证券价格，尤其是高污染、高碳排的企业，他们对碳排放量的控制和碳污染的治理效果体现出企业对社会责任的重视程度以及治理环境的投入成本，这些信息间接地隐含在股票价值中。此外，企业主动披露强制要求以外的非公开碳信息，有助于推动证券市场向强式有效市场转变的进程，提升自身的企业价值和社会地位，受到企业价值影响的股价同样

也会上涨。当市场参与者对企业环境投入越重视，碳信息的披露对证券价格的影响程度也就越大。然而，我国证券交易市场目前处于弱式有效性，市场中的企业还需进一步加强对信息的披露，提高市场效率，合理均衡股价，降低企业筹资成本。

（二）信息不对称理论

信息不对称理论作为信息经济学的核心内容，最早起源于20世纪70年代，美国经济学家乔治·阿克尔洛夫（George Akerlof）对旧汽车市场交易进行研究时发现，买卖双方由于对车况的了解程度不同会导致成交价格存在偏差。阿克尔洛夫对商品交易市场的研究推进了迈克尔·斯彭斯（Michael Spence）和约瑟夫·斯蒂格利茨（Joseph Stiglitz）对劳动力和金融市场的拓展性研究。尽管三位经济学家的研究领域不同，但殊途同归，他们认为，市场交易过程中，不同的经济个体对交易信息的内容和质量掌握程度不同，掌握的信息越多，交易中支付的信息成本就越少，就越有利于把握主动权使自身处于有利地位。信息不对称的产生不仅受个人获取信息能力的影响，也受劳动分工和员工专业化等社会因素的影响，这些主观或客观因素会造成信息获取的差异（辛琳，2001）。依据信息不对称在双方协议达成中发生的时间不同，可以分为事前信息不对称与事后信息不对称，而逆向选择和道德风险正是基于此产生。对于逆向选择，一般是指因为信息有利方隐瞒信息，使得信息不利方缺乏对市场信息的了解，造成事前信息不对称而做出错误的选择；道德风险是信息有利方利用可获取的信息优势在为自身取得更多利益的同时损害他人利益，是一种事后信息不对称。信息不对称理论的诞生推翻了关于"经济人"完全掌握市场信息的假设，让交易双方正确地认识到市场信息的重要性，警示人们从多种渠道获取信息以此提升熟悉度，有效地防范因信息不完全而引发的风险，实现社会资源的有效配置。

随着信息不对称理论的成熟与发展，该理论已运用到多个研究领域，同样也适用于碳信息披露的研究。目前我国碳信息披露仍处于自愿阶段，所以企业作为经营者和碳信息供给者，更加了解企业自身的碳排放量和环境治理信息，相比于企业外部利益相关者在信息获取方面更具有优势。外部利益相关者往往更关注企业的经营状况和盈利能力，以此为基础进行投资决策，如果企业不主动披露碳管理、碳减排等信息，只披露对自身有利的碳信息或是故意隐瞒不利信息，那么企业在碳治理方面的成本投入小，利润自然会显得高些，而他们也正利用了外部利益相关者对碳信息的不了解这一点误导其做出不当的决策，造成碳投入与收益呈反向变动，最终引发逆向选择。相反，对于那些积极披露碳信息、实施低碳运营措施的企业，由于环境投资和治理成本的增加导致短期收益降低，从而没有得到企业外部利益相关者有力的支持，承担社会责任意志逐渐被消磨，对碳信息的披露也会懈怠，造成逆向选择的恶性循环。所以企业应当积极自觉地进行碳信息披露，以降低信息不对称风险，在增加企业信息透明度的同时提升企业社会地位和知名度，让出资者对企业未来发展前景更有信心，增强企业在同行间的竞争力。

（三）信号传递理论

迈克尔·斯彭斯1973年在研究信息不对称和逆向选择时认为，信号传递理论是在信息不对称理论的基础上解决逆向选择问题。他发现在劳动力市场中应聘者的能力大小被量化为文凭的高低，雇主通过应聘者的文凭来选择公司所需要的人才。在雇佣关系中，雇主是信息接受者，应聘者是信息传递者，文凭就是在二者之间起信息传递作用的"信号"，雇主与应聘者通过文凭这一信号可有效地降低聘用时的信息不对称问题。企业不主动披露强制信息以外有价值的信息，出资者就无法得到有效的投资依据，此时个人主观判断会主导出资者对各投资项目的风险和价值的评估，难免会做出不正确的投资决策。为避免因企业披露信息不充分而导致出资者做出逆向选择的情况发生，就需要企业主动积极地披露内部信息，向外部投资者传递更多有利的信息。

信号传递理论强调即使没有强制性要求，企业也要主动地对外披露信息，由于资本市场的资金稀缺性，主动披露会计信息更容易获得投资者的青睐，从而增加企业在市场竞争中成功的概率（齐萱，2009）。若想有效实现信号传递需具备以下两个条件：一是传递的信号具有可选择性，强制披露的信息是普遍知晓的，不具有交换的价值，对于信息接收者来讲他们更需要不为多数人所了解的信息；二是不易模仿性，传递的信号需要具备不被其他企业轻易盗取模仿的特性，以此来证明信号的价值。对于企业经营者来说，自觉进行碳信息披露，向相关利益者传递真实可靠准确的信息，有利于降低资本成本，一定程度上影响企业的价值。另外，积极自愿披露信息的行为对市场上其他同类企业起到激励和督促的作用，可以以此来区分不同质量的企业，并获取投资者的青睐与信任。而投资者和债权人作为信号的接收方，在掌握了高质量的信息后能够更准确地对投资企业的价值做出估值，规避了因未来不确定性而产生的投资风险。此外，信息获取成本的降低也会对企业的期望报酬率产生影响，最终降低企业的负担。

当下气候变化和温室效应备受关注，企业对外信息传递更需要承载碳减排、碳治理措施等信息，因为披露碳信息已逐渐成为衡量企业遵守"绿色发展、低碳经济"价值规范的重要标签之一（王金月，2017）。企业通过对外如实披露本公司碳信息，既向外界传达了绿色发展的信号，反映了企业在绿色竞争中的专业化，又树立了积极承担社会责任、极力响应节能减排政策、保护生态平衡、治理环境污染的良好企业形象，同时也会极大地提升企业声誉与社会地位。而外部利益相关者通过企业披露碳信息的情况，对投资更加明晰。不仅只考虑财务信息，结合非财务信息，多种因素综合考量降低了投资风险，减少不必要的损失。虽然碳信息不能作为投资者做出投资决策最关键的因素，但随着公众对生态环境和社会责任的逐渐重视，市场也开始对企业披露碳信息情况进行质量划分。高质量的碳信息披露有助于企业经营绩效的提升，信号传递理论合理地解释了企业绩效与碳信息披露之间的相关性（樊霞，2016）。

（四）委托代理理论

随着市场化进程不断加快，现代企业规模逐步扩大，到19世纪中期，企业的管理掌控权从最开始的企业主导即经营者转变为所有权和经营权相分离的状态，由此产生了委托代理关系。委托代理关系实际上是一种契约关系，委托人通过这一契约授予代理人一定权利，并要求代理人运用权力为其谋取利益，其中，委托人为这层契约关系所支付的必要费用即为代理成本。依照詹森和麦克林（Jensen and Meckling，1976）对代理成本的定义，代理成本可以分为监督成本、约束成本以及剩余损失。委托代理冲突主要是指委托人与代理人之间的利益冲突，主要可以分为股东与经营者的利益冲突、债权人与股东的利益冲突以及大股东与中小股东的利益冲突。对于企业的股东而言，他们既是委托人又是代理人。在与管理层的这段关系中，由于股东很少参与企业的生产经营活动，再加上外界诸多的不确定性以及所处环境的不同，使得投资者与管理层接收的信息存在差异，无法判断管理者是否为满足股东的利益而工作，可能造成股东利益受损。对于企业的债权人而言，由于股东与债权人对风险和收益的偏好不同，股东更愿意选择高风险高收益的投资项目，但亏损却需要由债权人承担，所以债权人需要通过代理成本监督约束股东行为以此避免损失。另外，由于中小股东持股比例小且分散，大股东常会以占股多的优势侵占中小股东的利益，以达到自身利益最大化，因此产生大小股东之间的矛盾。此外，冯根福（2004）在总结前人研究的基础上进一步对代理成本进行划分，他认为股东和管理层之间的成本为第一类代理成本，大股东和中小股东之间的成本为第二类代理成本。此后一些学者又将上述第一类和第二类代理成本归集为权益代理成本，将股东与债权人之间的代理成本归为债权代理成本（张艺琼，2016）。

委托代理理论的核心内容是研究当存在信息不对称以及利益冲突的情况下，委托人将如何最有效的激励代理人为其获取利益、避免代理冲突（刘有贵和蒋年云，2006）。当代理人不能完全实现委托人的期望时，会产生逆向选择和道德风险，进而加剧企业的非效率损失（陈敏，2006）。因此，委托人与代理人之间的代理问题也是导致出现违规披露信息，低效披露信息等现象的重要原因。而委托代理理论就是用来解决激励问题和信息不对称等代理问题的，当非效率损失小于代理成本时，委托代理契约才有效。

根据委托代理理论可知，信息不对称会导致一系列代理问题，而提高信息披露质量可有效缓解代理冲突，有利于企业的日常经营和投资决策，实现企业所有者与管理层之间的利益平衡（王金月，2017）。随着低碳理念逐渐深入人心，真实有效地披露碳信息成为企业管理层承担受托责任的重要体现，碳信息披露水平的高低是评判企业履行受托责任效果的主要方式（张艺琼，2016）。在企业经营发展过程中管理人员难免会出现自利的行为，特别是在低碳经济盛行的背景下，代理人可能为了获取更多的利益，只对外披露有利于企业的碳信息，从而降低企业碳信息披露的真实性，那么就会使委托人的信息接收出现偏差，即出现信息不对称现象。这样难免加剧企业的代理冲突，为解决代理冲突所耗费的资金越多，企业的负担就会越重。如果企业具有良好的内部治理机制，对碳信息披露内容和质量有严格要求，且管理层认真履行披露职责，对外如实披露企业节能减排战略、措施及方针政策等信息，在自己的能力范围内减少信息不对称，这样委托人会更加清晰地了解到投资公司保护环境、承担社会责任的具体情况，由此对代理人的信任度增强，从而有效地减少委托代理关系中的利益冲突。

以上内容分别从有效市场理论、信息不对称理论、信号传递理论、委托代理理论的角度对自愿性信息披露进行了具体的分析。从理论本身出发并将理论与信息披露结合，详细阐明了自愿碳信息披露的原因和目的。由此得出，这四种理论在构成自愿性碳信息披露的理论基础时，具有内在的逻辑关系，具体关系如图2-3所示。

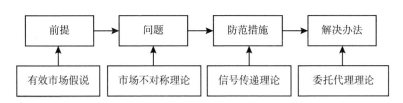

图2-3 自愿性碳信息披露理论逻辑关系

三、自愿性碳信息披露动因

在强制披露信息为主的制度下，仍有企业自愿主动地披露法律制度规定以外的非公开信息，这必然是有某些利益因素驱使着他们，本书通过以上对自愿性信息披露理论的分析，将信息披露的驱动因素总结为五点：降低企业资本成本、提升企业价值、增强筹资能力、提高企业声誉、规避诉讼风险。

（一）降低企业资本成本

依据信息不对称理论和信号传递理论可知，当企业对外隐瞒或是虚假公布信息时，投资者就不能准确地对投资对象的未来发展和前景预测做出评估，由此会产生极大的不确定性，从而影响投资决策。投资者为降低不确定性带来的风险，将会向企业要求更高的投资成本来抵御投资风险，以确保自身的利益不被损害，相应地，企业的资本成本就会增加。此外，投资报酬率在主观概率分布期望值的影响下也具有不确定性，同样会刺激到企业的资本成本。如果企业自愿充分地披露信息，便可以减少主观因素对投资报酬率的影响，从而使不确定性风险降低。也就是说，企业主动披露内部信息，可有效化解信息不对称问题，证券市场中专业人员也会对其做出准确的投资预估，当投资者掌握了更多对投资决策有用的信息时，对融资成本的要求自然也会降低，从而降低了企业资本成本。

（二）提升企业价值

企业的市场价值是通过股票价格来体现的，而依照有效市场假说理论，股票价格是投资者所持有该证券全部信息的综合反映，受到信息披露程度和速度的影响。如果市场中有信息不对称的现象，股票价格和其真实价格将不对等，业绩良好的企业市场价值可能会被低估，业绩较差的企业市场价值反而会被高估，作用于投资者会表现为逆向选择等非效率损失的发生。经营状况良好的企业为避免市值被低估，会主动积极地披露公司信息，增加企业外部利益相关者对本公司的认知，使其市场价值更接近于企业真实价值。这种自愿披露行为不仅可以向外界传递企业经营状况良好的信号，增加消费者和出资者的信任度，间接提升企业价值，而且通过这种自主行为，能有效地将市场上不同质量的公司进行划分，成功地在竞争中占取优势，展现强势竞争力的同时揭露企业真实的内在价值。

（三）增强筹资能力

在资本稀缺的市场上，当资本供给不能满足市场上所有企业的需求时，资本市场更像是供不应求的买方市场，企业需要一定的手段吸引投资者才能筹集到资金，以确保企业的正常运营。投资者作为买方市场的优势方，当然是要收集到充足的信息整理汇总后，经过多番对比再做论断，选出最优的投资项目。而企业要想增强筹资能力，就需要披露市场上没有的信息，加强与投资者之间的信息联系，赋予信息价值的同时增强吸引力，取得相比于竞争对手更具优势的核心竞争力，从而提升企业的筹资能力，以达到筹集更多资金的目的。

（四）提高企业声誉

企业如实披露信息是对社会责任的承担，也是对企业外部相关利益者的尊重，尤其是在绿色发展的社会背景下披露节能减排、治理污染等环境信息，表明企业具有积极参与社会治理、改善企业公共关系的责任精神。如果资本市场上存在健全的评价声誉体系或机制，那些信誉不好的企业就会受到惩罚，严重者将被驱逐出市场（向凯，2004）。反之，如果企业具有良好的形象和声誉，那么相应的企业的社会地位就会受到肯定，进而吸引更多投资者进行投资。因此，信誉好的企业为了维持企业在投资者心中的良好形象，会主动地披露公司信息。

（五）规避诉讼风险

企业作为信息有利方，如果在交易达成后对投资者隐瞒信息造成非效率损失（道德风险），企业可能会遭到被起诉的风险，无论是胜诉还是败诉，公司声誉都将受到一定程度的影响。而在信息化时代下的今天，人们更易获取此类信息，再加上媒体的舆论作用，公众极易受舆论的引导，这将对企业产生严重的负面影响。企业不仅损失的是诉讼成本，资本成本也会增加，尤其是市场上的大公司，外部利益相关者对这些规模较大且有一定名气的公司会更加关注。如果存在诉讼的风险，投资者会放弃投资转而投向他们的竞争者，如此一来，不仅增加了企业筹资的难度，还助长了竞争者的威风。所以为避免因信息不对称引起的非效率损失，企业愿意主动地披露信息来防范诉讼风险。

四、自愿性信息披露与强制性信息披露对比

信息披露一般分为自愿性信息披露和强制性信息披露，这两种披露行为从某种程度上讲具有一定的互补性和相对性。其中，强制性信息披露是借助政府制度对企业和市场的干预从而实现规范化的信息披露。在这种披露制度下，如果上市公司不依据规定进行披露就会将受到处罚。但大部分企业在披露信息时只做到了充分性，对某些信息虽是披露了，却也是泛泛而谈，且企业为满足自身利益有时会披露虚假信息，因此披露内容在真实性和实质重于形式方面还有所欠缺。相对地，自愿性信息披露是一种不被法律规章所要求的信息传递方式，也可理解为是对强制性信息披露内容的补充。一方面是对强制披露内容的补充和深化，保证了信息的真实性、可靠性；另一方面也是对强制披露的延伸和扩充，更进一步地完善强制性信息披露制度。

自愿披露与强制披露既有一些联系，也存在着一定的区别，所以两种披露制度各有特点，相辅相成，共同配合，促进企业发展。

（一）自愿性信息披露与强制性信息披露的区别

根据相关概念与定义，本部分将自愿性信息披露和强制性信息披露的不同进行了整理与归纳，认为主要存在以下五点不同。

一是披露的载体不同。强制性披露一般是通过如上市公告书、公司年报、季报等定期财务报告或临时报告进行披露。而随着技术的发展，企业还可通过公司官网、宣传手册、新闻媒体等手段披露信息（黄珊珊，2012）。

二是披露的目的不同。企业遵循强制性信息披露是为维护信息需求者最基本的知情权，保障市场正常运营，配合市场监管者工作，是站在宏观

的角度维护市场机制。而自愿性信息披露是站在微观的角度，根据企业内部利益所作出的一系列以降低资本成本、提升企业价值、增加企业利润、缓解与投资者之间的关系为目的的自主性行为。

三是披露的理论基础不同。强制性信息披露是以信息不对称理论、市场失灵理论等为基础，遵循会计信息的公用性质，促使市场更加公开、透明。而根据上文分析，自愿性信息披露的理论基础更多的是以信号传递理论、委托代理理论和有效市场假说理论为基础。

四是披露的时间不同。强制性信息披露的披露时间是有严格限制的，必须在公司年报、半年报、季报等规定的时间范围内对外披露社会责任报告或是可持续发展报告。而对于自愿性信息披露而言，其披露时间较为随意，不受市场规定的限制，企业可根据自身情况适时地进行披露。

五是披露的内容不同。强制性披露的内容包括公司概况、财务数据、股东及股权变更事项、重大关联交易信息等基本信息。自愿性披露的内容是披露那些在强制性披露中没有涉及的信息，包括公司战略、预测性信息、企业并购情况、社会责任信息、投资项目分析等。

归纳结果如表 2 - 7 所示。

表 2 - 7　　　　　强制性信息披露与自愿性信息披露的区别

区别	强制性信息披露	自愿性信息披露
载体	通过定期财务报告或临时报告进行披露	定期财务报告、临时报告、公司官网、宣传手册、新闻媒体等手段披露信息
目的	站在宏观的角度维护市场机制	站在微观的角度降低资本成本、提升企业价值、增加企业利润、缓解与投资者之间的关系
理论基础	信息不对称理论、市场失灵理论等	信号传递理论、委托代理理论、有效市场假说理论等
时间	有严格的限制	不受市场规定的限制
内容	公司概况、财务数据、股东及股权变更事项、重大关联交易信息等	公司战略、预测性信息、企业并购情况、社会责任信息、投资项目分析等

（二）自愿性信息披露与强制性信息披露的联系

两个事物不可能总是处于对立面，强制性信息披露与自愿性信息披露之间也存在着一定的关系，具体如下：

一是两者都是企业对外传递信息的方式。两种披露途径均以提高信息水平和质量为目的，在提升企业价值的同时维护资本市场平衡，保障信息需求者的知情权，促使出资者作出有用的投资决策。

二是两者相辅相成，具有一定的互补性。强制性信息披露只是披露企业的基本信息，并做不到对所有信息的披露，为了让投资者得到更多有价值的信息，企业需要结合自愿性披露进行补充，使信息更加完整、真实、可靠。另外，信息披露方式并不能作为判断信息价值性的依据，因为信息需求者需要的是有利于自身利益的信息，与披露方式无关，因此并不存在一种信息披露制度替代另一种的现象，而是需要两种方式互补互惠，共同构成企业的核心竞争力。

三是两者在一定的条件下可互相转换。一个国家在不同社会阶段，对信息的要求、关注点以及价值取向会发生变化，相应地，信息以何种方式披露的界定也随之转变，所以强制要求披露的信息并不是绝对的。此外，受到宏观环境、文化背景、法治建设等因素的影响，可能不同地域对某些信息的披露方式也会不同，强制性信息披露与自愿性信息披露在一定的条件下可互相转换。

第三节　本章小结

本章主要介绍与碳信息披露有关的概念与理论基础，共分为三个小节。第一节基于低碳经济视角介绍碳信息披露；第二节介绍自愿性碳信息披露及其动因；第三节为本章小结。

随着低碳经济深入人心，碳信息披露也越来越多地受到社会各界的重视。一方面，碳信息披露成为低碳经济发展的基础；另一方面，低碳经济的发展也促进了碳信息披露体系的逐步完善，因此，为了践行低碳经济实现可持续发展，必须要重视碳信息披露。

基于利益相关者理论进行分析，企业为了迎合股东、债权人、社会公众等利益相关者的需求，会积极主动地披露高质量的碳信息，以便与利益相关者建立长期友好关系，获得更多的利益。此外，基于合法性理论进行分析，当"低碳"逐渐成为一种社会价值观和道德规范时，企业为了缓解合法性压力，树立良好的企业形象，也会自愿进行碳信息披露与管理。

由于我国碳信息披露起步较晚，相关规章体系和制度尚未健全，大多企业都秉持自愿的原则进行披露，这种自愿性一般是出于降低资本成本、提升企业价值与声誉、规避诉讼风险等考虑。但是为了使碳信息披露形成更加规范有序的体系，需要政府部门加强管制与要求，以自愿与强制相结合的方式共同促进企业承担环境保护的责任，这样才能最终实现企业的可持续发展。

综上所述，本章首先基于低碳经济的发展，介绍了碳信息披露兴起的背景，其次结合利益相关者理论与合法性理论对碳信息披露背后的逻辑与原因进行了思考，最后结合我国自愿性碳信息披露的现状，对碳信息披露的动因进行了全面具体的分析。本章节的阐述为进一步了解碳信息披露奠定了理论与逻辑基础。

第三章　碳信息披露的国际经验

碳信息披露的组织性、规范性活动肇始于 20 世纪 60 年代，最早是由西方一些国家间的组织开展的。相关组织对于企业运营活动中产生的"碳足迹"，以及造成的全球气候变化领域进行初步研究，并形成了若干法规制度，要求企业披露所排放的温室气体方面的信息。但不同组织使用的碳信息披露标准存在明显差异，使得一方面企业在披露碳信息时存在着较大的困难，另一方面这些差异又导致潜在信息使用者对披露的可读性、真实性存有疑问，也难以使用和分析这些信息。为了方便企业披露碳信息，使投资者能更好地利用这些信息便捷有效地分析气候变化对企业经营所产生的影响，一些非政府组织在不同的时间制定了各自的企业碳信息披露框架。

第一节　碳信息披露项目

一、碳信息披露项目基本情况介绍

碳信息披露项目（Carbon Disclosure Project，CDP），是一家国际性的民间非营利性组织，前身为碳披露项目，是全球商业气候联盟（We Mean Business Coalition）的创始成员，成立于 2000 年，总部位于英国伦敦。其成立的最初目的是鼓励企业披露更多其与气候变化相关的信息。要求企业不仅要测量和披露其自身的温室气体排放量以及其广泛的供应链中的排放量，还要向调查企业询问关于在气候变化风险、战略和行动方面的设想与行动。其使命是：我们希望看到一个为人类和地球服务的长期繁荣的经济。我们关注投资者、公司和城市，采取措施通过衡量和了解其对环境的影响来构建真正的可持续经济。

CDP 除碳信息外，还将其范围扩大到覆盖水、森林、土地保护。CDP 在 50 个国家/地区设有地区办事处和本地合作伙伴。现在，每年有 90 多个国家/地区的公司、城市、州和地区通过 CDP 进行披露。截至 2018 年，有 650 家机构投资者和 115 家采购机构等数千家企业参与 CDP，其拥有 87 万亿美元的管理资产和 3.3 万亿美元的采购金额。其中，全球最大上市公司前 500 强中，有 366 家公司答复了 CDP 的调查。

CDP 每年都会为数千家公司、城市、州和地区提供支持，以衡量和管理其在气候变化、水安全和森林砍伐方面的风险和机遇。其为了回应投资者、购买者和城市利益相关者的要求而进行相关活动。每年，CDP 都会获取公司年度报告流程中提供的信息，并根据公司和城市通过披露和迈向环境领导地位的过程来对它们进行评分。通过独立的评分方法，衡量公司和城市的进展情况，并鼓励采取行动应对气候变化、森林和水安全。

CDP 项目通过让被考察企业填写调查问卷的方式来分析其碳信息披露状况，但被考察企业也具备同意和拒绝调查的权力。尽管 CDP 成立于 2000 年，但它在 2002 年才向《金融时报》（FT）500 强全球指数公司的主管发出了第一封信，并在 2003 年发布了基于 221 份回复的第一份报告。

CDP 会在年度评分过程中辨识出具有高质量披露信息的公司，而顶级公司则被列入 CDP 的 A 名单。评价得分是根据标准化方法计算得出的，该方法可以衡量公司是否回答问题以及对每个问题的回答程度。公司要经历四个主要步骤：一是披露其当前情况；二是关于提高披露意识的情况，以了解公司是否意识到其对环境的影响；三是相关的管理；四是与披露关联的领导情况。CDP 得分高通常表示公司具有较高的环保意识，先进的可持续发展治理和应对气候变化的领导能力。

二、CDP 调查情况

2018 年 CDP 代表 656 家投资机构以及 115 家采购机构收集问卷，并收到全球共 7000 余家企业回复。2018 年 CDP 气候变化、水安全及森林问卷依循气候相关财务披露工作组（Task Force on Climate-related Financial Disclosures，TCFD）建议架构——按照公司治理、战略、风险管理、指标及目标等要素依序展开，以协助企业顺应气候相关披露纳入主流财务报表的市场趋势。根据 TCFD 所识别出的高影响力产业，CDP 将逐年导入产业类别目录，以提供投资人更具比较性或可供识别产业低碳转型进程的数据。2018 年 CDP 已开发了农业、能源、材料、交通运输四种产业类别问卷。2019 年森林问卷出现金属及矿业的产业类别问卷。2020 年气候变化问卷将出现针对金融业、资本市场及房地产的产业类别问卷。CDP 报告中会公布公开的评分结果，同时在彭博数据终端，谷歌金融和德意志交易所网站也可以查看。

通过 2018 年的 CDP 考察报告可以看出，在世界 500 强的企业中，参与调查的企业高达 80%。全球范围内，共有 6900 多家通过回复 CDP 报告披露了碳排放信息，从 2008 年开始，CDP 就开始向中国前 100 家上市企业发放调查问卷，回应总体上呈逐年上升的趋势。

2019 年 1 月 22 日，碳披露项目（CDP）公布了其最新年度排名的结果。自 2000 年以来，CDP 就以综合方法为基础，用来评估气候变化、水安全和森林砍伐领域环境绩效的领先提供商。通过对 A 级（最佳）到 D 级（最差）的企业进行评分，CDP 旨在提高企业透明度和性能。

通过对 2018 年评价情况的分析，主要存在以下发现：

（1）参与排名的公司数量创历史新高。在 2018 年，CDP 对超过 6800 家公司进行了评估，向 CDP 报告的公司数量不断增加。这一记录数量实际上是与近年来在全球范围内可见的日益增长的公司非财务披露的总体发展趋势是一致的。

（2）进入 A 级名单的公司单方面表现优秀。共有 174 家公司（2017

年为 171 家）入围 2018 年 A 级名单，以表彰其环保行动。其中有 136 家进入了气候变化 A 级名单，其中 31 家因其在水安全方面的行动而受到认可，只有 7 家公司因其在解决森林砍伐方面的表现而被评为 A 级。但是，只有极少数的公司可以在两个甚至三个领域展示出色的业绩。

（3）原材料行业公司表现落后。

从行业水平视角观察 2018 年 CDP 评出的不同环境绩效可以发现：大多数 A 级公司来自金融、信息技术和电信行业，但名单中没有代表从事碳排放强度更高的煤炭、水泥或农产品交易的公司。

（4）与 TCFD 建议保持一致，调查更加详细。在 2018 年，CDP 进一步努力将 TCFD 的建议纳入 CDP 排名系统。因此，新的气候变化调查表包括更多有关前瞻性指标，具体措施（如每种温室气体的确切排放量代替二氧化碳当量），基于情景的预测以及与气候变化有关的风险和机遇分析的更多问题。

（5）评价方法和内容更加具体。评分方法的重大变化是通过引入行业特定的调查表而发生的。自 2017 年以来，CDP 已经为公司提供了针对各自行业的问卷，这将成为最终得分的新基础。这种基于行业部门的方法将提供更好的基准化机会，并将其与其他可持续性排名和评级结果进行比较，后者通常也是特定于行业的，例如，RobecoSAM 的道琼斯可持续发展指数。

三、CDP 在中国

CDP 于 2012 年正式进入中国，为中国企业提供一个统一的报告平台，推动中国绿色金融和低碳供应链管理的发展，识别在环境方面表现优秀的企业，并与全球应对气候变化的领袖企业在整体绩效方面进行科学的基准测试，因此也受到中国企业的认可与欢迎。截至 2018 年，CDP 服务及合作过超过 1000 家中国企业，覆盖样本企业市值约占 H 股和 A 股总市值的 37%。

CDP 每年都会对我国的 A 股和 H 股上市企业进行市值排序，在删除完重复上市的企业后，向排名前 100 的企业发放调查问卷。CDP 中国样本选择基于富时中国 600 指数与富时全球亚太指数相结合的样本中前一年 11 月 21 日样本采集日当日市值前 100 名的中国企业。由于 CDP 选取被考察企业的根据是市值排名，因此，每年被考查的企业并不一致。

2018 年，中国样本中共有 29 家企业通过 CDP 向投资者披露相关情况，较之于 2017 年的 25 家企业，有 10 家新增企业且有 6 家企业选择不再向投资者披露或只向客户披露（见表 3-1）。具体参与披露的企业如表 3-2 所示，同意调查并进行信息披露的企业占总样本的 9%，市值约占 19.10%。

表 3-1 　　　　　　2008~2018 年 CDP 中国 100 回复情况统计　　　　　单位：家

年份	填写问卷	提供信息	没有回复	拒绝参与
2008	5	20	58	17
2009	13	26	41	30
2010	13	26	41	20
2011	11	35	39	15
2012	23	—	—	—
2013	32	—	—	—
2014	45	—	—	—
2015	19	—	—	—
2016	21	—	—	—
2017	25	—	—	—
2018	29	—	—	—

注：2012 年起 CDP 中国报告只公布填写问卷的公司名称，不再公布其他情况的公司数量和名称。

资料来源：CDP 中国官方网站，https：//china. cdp. net/research。

表 3-2 　　　　　2018 年应投资者对 CDP 调查回复的中国企业名单

公司名称	所属行业
交通银行股份有限公司	服务业
比亚迪股份有限公司	制造业

公司名称	所属行业
常熟市联创化学有限公司	制造业
中信银行股份有限公司	服务业
中国建设银行股份有限公司	服务业
中国光大国际有限公司	发电业
招商局港口控股有限公司	运输服务
中国移动有限公司	服务业
中国石油化工股份有限公司	化石燃料
中国建筑国际集团有限公司	基础设施
中国电信集团有限公司	服务业
万科企业股份有限公司	基础设施
海尔电器集团有限公司	服务业
恒安国际集团有限公司	制造业
华泰证券股份有限公司	服务业
江西黑猫炭黑股份有限公司	制造业
联想集团有限公司	制造业
立讯精密工业股份有限公司	制造业
美的集团股份有限公司	制造业
月辉集团有限公司	制造业
中国人民保险集团股份有限公司	服务业
中国石油天然气股份有限公司	化石燃料
中国邮政储蓄银行股份有限公司	服务业
上海电气集团股份有限公司	制造业
中国外运股份有限公司	运输服务
苏州乐轩科技有限公司	制造业

公司名称	所属行业
深圳环球国际科技有限公司	制造业
潍柴动力股份有限公司	制造业
浙江南都电源动力股份有限公司	基础设施

资料来源：CDP 中国官方网站，https：//china.cdp.net/research。

第二节 国际碳信息披露框架及其比较

在所有碳信息披露的国家中，美国、加拿大和日本是比较具有代表性的国家。美国是全世界最先开展企业碳信息披露的国家之一，主要采取强制措施和道德监督两种方式进行碳信息披露。加拿大对碳会计的研究在全世界处于领先地位，对于碳信息的披露方法也有两种：一种是强制披露；另一种是自愿披露。日本的碳信息披露方式为自愿披露。以上三个国家的碳信息披露都有一个共同点，即重视政府的政策。

目前国际碳信息披露框架主要有以下几种：气候变化报告框架草案（Climate Change Reporting Framework，CCRF）、可持续发展报告指南（Sustainability Reporting Guidelines，SRG）、全球气候风险披露框架（Global Framework for Climate Risk Disclosure）。

一、国际碳信息披露框架的内容

（一）气候变化报告框架草案

气候变化报告框架草案（Climate Change Reporting Framework，CCRF）是由气候披露标准委员会（Climate Disclosure Standards Board，CDSB）发布的，CDSB 是由商业和环境非政府组织组成的国际财团，致力于推进和调整全球主流公司报告模型，以使自然资产与金融资产得到同等重视。

　　为实现这一目的，CDSB 为公司提供与财务信息一样严格的环境信息报告框架。帮助公众公司通过主流公司报告为投资者提供对决策有用的环境信息，从而提高了资本的有效配置。监管机构还可以从符合法规要求的材料中受益。认识到有关自然资本和金融资本的信息对于理解公司绩效同样至关重要，建立信任和提高信息透明度，以培养具有韧性的资本市场。其目的是为可持续的经济，社会和环境体系作出贡献。

　　CDP 为 CDSB 提供秘书处。CDSB 成立于 2007 年世界经济论坛年会上，以 CDSB 理事会成员的活动为支撑。CDSB 秘书处由技术工作组和企业代表、气候变化和企业非政府组织、投资者团体、学术界、全球会计师事务所及其会员机构提供支持。

　　CDSB 合并全球范围内使用最广泛的调查问卷和测试报告，以此通过更科学的问题来制定标准化的调查问卷。因此，CDSB 框架是根据财务报告的目标和其他组织提供的报告方法，以提供一种将与气候变化相关的信息，作为主流报告的补充。

　　CCRF 最初是作为对外公布草案和结论基础文档发布的，于 2009 年 5 月在世界气候变化商业峰会上征询公众意见。CDSB 于 2010 年 9 月发布了 CCRF 的 1.0 版本。2012 年 10 月发布的 CCRF 的 1.1 版本反映了对国际会计准则理事会（IASB）某些声明和标准的更新，并合并了第 4.22～4.27 段的内容，旨在阐明 CDSB 的组织边界设置方法，并支持通过广泛采用温室气体（GHG）协议而建立的长期实践。2013 年 CDSB 董事会同意扩大框架包含内容，超越气候变化和 GHG 排放的范围，并涵盖环境信息和自然资本的内容。

（二）《可持续发展报告指南》

　　《可持续发展报告指南》（Sustainability Reporting Guidelines，以下简称《指南》）由全球报告倡议组织（Global Reporting Initiative，GRI）发布。GRI 是一个成立于 1997 年的国际性网络化结构独立组织，旗下包含一个联合国环境规划署合作中心，提供有关可持续性报告的框架和指南。《指南》涉及的主题包括气候变化、人权、治理和社会福祉。《指南》最初以投资者为目标，但现在面向的是多方利益相关者。《指南》的主要输出是GRI可持续发展报告标准，且标准在20年来不断发展。2015年1月，GRI的治理结构发生了变化，为达到增强GRI的标准方面的治理和管理的独立性工作，并满足公共标准制定者的期望要求，进而建立了双重治理结构，全球可持续发展标准委员会（GSSB）负责管理GRI的标准制定活动，董事会负责组织所有其他活动。

2013年5月，GRI推出了其第四代可持续性报告指南（G4可持续性报告指南）。最新的一轮指南花了两年半多的时间来制定，征询专家工作组和公众两方面广泛的利益相关者意见。

G4可持续性报告指南旨在提供服务作为公认的报告框架，用以衡量组织的经济、环境和社会表现。且适用于不同规模、不同领域、不同地理位置的企业，考虑了各种各样组织面临的现实情况——从小型企业到具有广泛业务且地理位置分散的集团公司。

G4可持续性报告指南遵循定义报告的原则，进而形成内容并确保报告的质量信息。它还包括标准披露绩效指标和其他披露项目，以及有关特定技术主题的指南报告。腐败和温室气体排放是所有最受关注的可持续发展问题中的两个，公众对此项议题的关注决定了可持续发展报告中更新反腐败措施和温室气体（GHG）排放量的决定。两者均在2011年举行的公开呼吁发布新的可持续发展报告主题中得到了强调。

考虑到所报告排放量的方法、范围和边界的变化会限制可比性，并增加组织的成本，G4可持续性报告指南的有关修订旨在支持并与世界资源研究所和世界可持续发展商业理事会共同发布的GHG协议以及ISO14064标准保持一致。GRI的披露项目没有重新制定规范，而是使其与其他框架更加一致，进而通过允许进行更详细的报告来提高可比性。

（三）《气候风险披露的全球框架》

《气候风险披露的全球框架》（Global Framework for Climate Risk Disclosure）是由气候风险披露倡议（Climate Risk Disclosure Initiative，CRDI）

发布。2005 年 5 月，全球主要的投资者和其他组织发起了一项新的工作，即"气候风险披露倡议"，以改善企业对全球气候变化带来的风险和机遇的披露。2006 年 10 月这项工作形成了《全球气候风险披露框架》，该框架清楚地表达了投资者对成功的公司气候风险披露属性的期望。投资者需要此信息，以便分析公司因气候变化而产生的业务风险和机遇，以及公司为应对这些风险和机遇所作的努力。该框架鼓励标准化的气候风险披露，以使公司易于提供相关信息，投资者也可以轻松地分析和比较公司。由 14 个投资者和其他组织组成的小组领导了气候风险披露倡议（CRDI）。CRDI 指导委员会制定了《全球气候风险披露框架》草案，并分发给投资者、公司、金融分析师和其他专家进行审查。超过 50 位评论者对此草案发表了评论。指导委员会在很大程度上根据专家的意见对其初稿进行了修改。

该框架的主要内容包括：（1）企业发展各个阶段的 GHG 排放信息。披露 GHG 的排放有助于投资者对企业未来面临的气候变化管制风险作出合理估计。（2）排放与气候风险战略管理分析。以期投资者能更精准地分析企业将面临的与气候变化相关的机遇与风险。（3）企业为应对气候变化而作出的安排。（4）与 GHG 管制有关的风险分析。政府加强对 GHG 排放的管制不可避免地会影响企业的财务状况和经营成果。

CRDI 鼓励公司通过现有报告机制来应用此新框架，将继续讨论通过现有的关注气候变化的投资者团体（气候变化机构投资者小组，IIGCC；气候风险投资者网络，INCR 和投资者小组）的交流网络来加强气候风险披露的活动。关于气候变化，CRDI 还将继续与两个合作组织（碳信息披露项目和全球报告倡议组织）进行讨论。

CRDI 呼吁：公司应使用现有的披露机制来提供满足投资者期望并提供满足其分析需求的信息；证券监管机构和政府应确保财务报表中的公司气候风险披露符合该框架；其他投资者和金融分析师应坚持要求公司披露框架中要求的信息，并将其纳入他们的分析中。

根据国际碳信息披露框架的内容进行梳理，具体内容如表 3 - 3 所示。

表 3 – 3　　　　　　　　　各类碳信息披露框架的主要内容

制定机构	模块	具体内容	有无量化评分体系	侧重	共同点	联系
碳信息披露项目（CDP）	管理	具体包括企业内负责气候变化事宜的组织架构设置与职责分工，气候变化绩效管理机制，围绕气候变化开展的风险管理工作，制定的商业战略与参与政策制定的程度，节能减排的目标与举措，气候变化及温室气体排放相关信息的披露情况	有	实践性最强，侧重于企业在应对气候变化方面的行为	共同关注：①企业应对气候变化的治理与战略；②对气候变化相关风险与机遇的识别；③温室气体的核算	①企业可以参照 GRI 报告指南编制非财务报告，遵循 CDSB 的格式框架，将其整合进主流报告中；②CDP 作为 CDSB 的秘书处负责推广 CDSB 数据
	风险与机遇	具体包括识别除了潜在对企业业务经营、收入或支出可能产生影响的风险与机遇，政策变化驱动的风险与机遇，物理参数变化造成的风险与机遇，其他气候变化相关的风险与机遇				
	排放	具体包括排放核算方法及数据披露情况，经外部验证或审计的结果，参与碳排放交易机制的情况				
气候披露标准委员会（CDSB）	指导原则	3 个角度：披露信息的选取、准备与报告	无	侧重非财务信息的报告框架与格式，重点关注环境信息与自然资本相关信息		
	报告要求	7 条原则：全面、完整、中立、准确、有一致性、可比性、可靠性				

制定机构	模块	具体内容		有无量化评分体系	侧重	共同点	联系
全球报告倡议组织（GRI）	报告原则	报告内容：利益相关方包容性；可持续性；重要性；完整性		无	包含范围最广，包含CSR可持续发展能力	共同关注：①企业应对气候变化的治理与战略；②对气候变化相关风险与机遇的识别；③温室气体的核算	①企业可以参照GRI报告指南编制非财务报告，遵循CDSB的格式框架，将其整合进主流报告中；②CDP作为CDSB的秘书处负责推广CDSB数据
	标准披露	一般标准披露	适用于编制可持续发展报告的所有机构，内容分为7部分：战略和分析、机构情况、确定的实质性方案与边界、利益相关方参与、报告概况、治理、商业伦理与诚信				
		具体标准披露	具体标准披露分为三大类别：经济、环境和社会。社会类别细分为四个子类别：劳工时间与体面工作、人权、社会和产品责任				
气候风险披露倡议（CRDI）	披露内容	历史、现在和预计的GHG排放信息		无	披露适用性最广，可以采取单一披露要求，也可以合并披露		
		气候风险与排放管理战略分析					
		应对气候变化的公司治理安排					
		政府对GHG排放的管制将给企业财务状况和经营成果带来重大的影响					

二、碳信息披露国际框架的归类比较

各框架基于规范企业碳披露目的建立了各自的碳信息披露框架，但比较后可以发现，这些框架之间还是存在显著差异，将以上几种框架主要的内容进行综合辨析，划归为以下三类：

第一类为信息披露框架。该类主要侧重于披露公司治理、公司碳环保行动等难以量化或者量化后可比性差的内容，气候披露标准委员会所建立的框架就归属于这一种。其要求企业披露与所排放温室气体相关的信息，但信息披露主要是涉及碳信息对企业经营等方面所产生的各种风险而展开，主要考虑的是公司治理方面的披露涉及，因此可以划归为碳信息披露框架。

第二类为量化披露框架。该类主要侧重于向信息使用者提供公司在废物排放、可持续利用等方面的量化数据，以便直观地对其进行评价，全球报告倡议组织建立的框架就归属于这一种。其要求披露本单位所排放的各种温室气体以及排放所产生的影响等方面的信息，设定的指标不少都是可以以数值进行表示的，因此可以归为量化披露框架。

第三类为综合型披露框架。CDP 和 CRDI 作为独立的非政府组织的碳披露项目，综合了温室气体排放的公司治理、碳排放风险和机遇等多个方面，提出了较全面的披露要求，项目中包含了文字性披露表述，也囊括了使用数值披露的内容，因此，这两个框架可以被视为综合信息披露框架。

尽管上述框架在形式和具体项目方面存在一定差距，但通过整合分析，可以得出一个完善的碳信息披露框架应当包含以下内容：

首先是企业应对气候变化和碳信息约束的整体战略。包括公司的披露机构设置、人员构成、资金来源、机构管理，也包括与财务相关的披露管理制度变更和业务流程变动、业绩设定、绩效考评。

其次是碳气体排放和有效控排信息。该部分要求企业披露的主要项目是：企业活动中形成的 GHG 排放量和分布情况、排放种类，以及企业为减少和控制其产生所采取的实际活动和目前取得的效果。

最后是碳排放的利弊度量和未来规划，包括政府处罚、市场声誉下降、销售账款无法及时收回等预期弊端，及其可能潜在的产品改进、培育新消费需求等未来的机遇，以及企业应对这些风险机遇的鉴别与评估，未来有什么可行性规划，这些风险和机遇将对企业经营产生何种影响，等等。

与国际碳信息披露框架对比，可以看出，我国碳信息披露与国际相比存在一定的差距。我国尚未制定有关碳会计方面的准则，披露方法也尚待完善。

第三节　本 章 小 结

关于碳信息披露的国际经验，本章主要从碳信息披露项目 CDP、国际碳信息披露框架以及碳信息披露国际框架的比较为切入点展开论述。第一节指出 CDP 前身为碳信息披露项目，通过对 CDP 情况的介绍，基本了解这一国际性的民间非营利组织，进而陈述 2018 年 CDP 在国际层面的调查情况，最后对 CDP 在中国的活动情况进行概述。第二节首先对国际上的主要碳信息披露框架包括《气候变化报告框架草案》《可持续发展报告指南》和《全球气候风险披露框架》进行概述，这三个主要国际碳信息披露框架分别由气候披露标准委员会（CDSB）、全球报告倡议组织（GRI）以及气候风险披露倡议（CRDI）发布，在本节内容中首先介绍其由来与发展情况，为我国碳信息披露提供借鉴。其次对碳信息披露国际框架进行比较，先梳理各类碳信息披露框架的主要内容，然后在比较主要内容的基础上，将各框架进行归类整理，求"同"存"异"，"同"则是这些框架都体现了碳信息披露的基本诉求，"异"则综合不同框架的差异性与侧重点，得到一个完整的碳信息披露框架应当涵盖的内容。最后，通过碳信息披露国际经验的学习，从国际视野看碳信息披露，了解国际上的重要碳信息披露相关组织、国际碳信息披露框架等，并归纳碳信息披露国际框架之间的不同点。

第四章　我国企业碳信息
披露的现状分析

当前我国上市公司进行碳信息披露主要有以下两种方式：一是参与全球碳信息披露项目（CDP）调查；二是以企业年报、社会责任报告或可持续发展报告为载体对碳信息进行披露。因此，本章从上述两方面入手，系统全面地分析我国上市企业碳信息披露现状，并深入分析其所存在的问题。本章第一节将基于我国上市企业回复 CDP 调查问卷情况展开，分析碳信息的披露情况；第二节则基于上市企业的年报、社会责任报告和可持续发展报告分析我国企业碳信息披露现状，并揭露其所存在的问题；第三节对现有关于我国碳信息披露的文献进行梳理，总结出我国目前影响碳信息披露的因素。第四节为本章小结，通过以上三节内容对我国上市企业碳信息披露情况的现状进行分析，为想要改善现状、极力做好碳信息披露工作的上市企业提供解决问题的着手点。

第一节　我国企业碳信息披露调查问卷

从 2008 年开始，CDP 项目组先后委托北京商道纵横信息科技有限责任公司和安永会计师事务所，向富时中国指数中流通市值最大的 100 家上市企业发放调查问卷。根据这 100 家中国企业关于温室气体排放情况和应对全球气候变化措施的信息回复情况，分析中国对气候变化的认识与行动。

CDP 选取富时中国百强企业作为调查样本，虽然样本量不大，但样本公司从低碳排到高碳排覆盖了十几种行业类别，其中包括房地产、金融保险、信息技术、电信服务、医疗保健和消费者必需品等低排放行业，以及部分高排放行业如工业、能源、基础材料和消费者非必需品等。同时考虑到目前我国碳信息披露仍处于自愿披露阶段，且尚未普及，因此选取各行各业的龙头企业，这样不仅在数据结果上具有一定的代表性，而且还可通过百强企业的回复情况，为我国全行业碳信息披露发展起到推动性的作用，促进中国企业积极践行保护环境、治理大气的社会责任。

为更直观地透过 CDP 中国报告分析出我国上市企业碳信息披露现状，下面我们将以 2008～2019 年《CDP 中国企业披露情况报告》（以下简称"CDP 中国报告"）中披露的数据进行研究，统计并汇总 CDP 中国报告中各部分重要指标数据，从披露的时间角度、行业角度、内容角度分析我国上市公司关于 CDP 调查问卷的回复情况。

一、从披露时间角度分析

在 CDP 中国报告中，上市企业对调查问卷的回复形式分为填写问卷、提供信息、没有回复和拒绝参与。其中，没有回复和拒绝参与直接表明样本企业对碳信息披露工作的不积极。而以提供信息的方式参与 CDP，虽然对 CDP 作出回应，但未填写问卷并不能提供更为全面具体的信息，可从侧面表明企业应对气候变化问题的积极性不足，因此信息的可用性和针对性不强。因此选取从 CDP 中国报告发布年开始到 2019 年的回应数据为披露时间角度的研究对象，以定量的方式分析我国的碳信息披露现状。

表 4－1 是对 2008～2019 年 CDP 中国报告回复情况的数量和占比统计。根据表中填写问卷的统计数据可以看出，我国 100 家最具代表性的上市企业从 2008 年的仅有 5 家企业填写问卷，25 家企业做出回复，到 2019 年上升至 42 家企业填写问卷，可见在这 12 年的发展过程中，虽然我国企业一开始对气候变化的关注度较低，100 家样本企业中回复问卷率只占 25％，但随着气候问题日渐严峻，人们对温室气体的排放提出了更高

的要求，企业对气候变化的认知度也随之增加。此外，2014 年的填写率
最高为 45%，达到峰值，这与当年全国碳交易市场试点城市正式启动息
息相关。

表 4 - 1　　　　　　　2008 ~ 2019 年 CDP 中国报告企业回应情况

年份	填写问卷		提供信息		回复率	总数（家）
	数量（家）	占比（%）	数量（家）	占比（%）	占比（%）	
2008	5	5	20	20	25	100
2009	11	11	18	18	29	100
2010	13	13	26	26	39	100
2011	11	11	35	35	46	100
2012	23	23	—	—	—	100
2013	32	32	—	—	—	100
2014	45	45	—	—	—	100
2015	13	13	—	—	—	100
2016	21	21	—	—	—	100
2017	25	25	—	—	—	100
2018	29	29	—	—	—	100
2019	42	42	—	—	—	100

资料来源：CDP 中国报告；2012 ~ 2019 年报告只公布了填写问卷的上市企业数量。

　　结合图 4 - 1 的趋势统计可以看出，2008 ~ 2011 年企业参与回复的
数量普遍偏低，且上升速度较为平缓，可能是企业对气候变化的关注度
还尚且不够。2012 ~ 2014 年企业参与回复的数量有了明显上升，一方面
原因是起步较晚后的快速追赶，另一方面是得益于国内政策的推进，同
时说明企业对气候变化和低碳经济的认知在逐渐加深，对 CDP 的认可度
也有一定的提高。随着提供信息的企业数量的增加，总体回复数量也相
应增加。

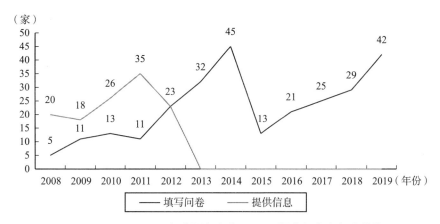

图 4 - 1　2008 ~ 2019 年中国上市公司 CDP 调查问卷参与度趋势

　　根据图 4 - 1 中各线段的走势情况，对填写调查问卷参与 CDP 的企业数量进行分析，可以看出从 2008 年的 5 家企业上升到 2012 年的 23 家企业，再到 2014 年的 45 家企业，7 年间填写问卷的企业数量呈上升趋势。其中，2011 年 CDP 提供信息的企业数量显著上升，这与我国在 2011 年发布了节能减排相关政策有关，对企业披露碳信息工作有一定的指引作用。2011 年我国在"十二五"规划中，将减碳指标分配到各个省、自治区和直辖市，首次将"节能减排"目标量化；同年 10 月，《国家发展改革委关于开展碳排放权交易试点工作的通知》发布，明确指出要逐步建立碳排放交易市场，将节能减排目标通过资本市场进一步深入到企业工作中。这些政策性的信号促进了企业碳信息披露的积极性。之后以 2014 年为拐点，2015 年填写问卷的企业数下降至 13 家企业，这是由于 2014 年我国碳交易试点市场全面启动，试点城市先后建立起了碳排放交易场所，各大上市企业受政策影响，对碳信息的关注度有所提升，且多数积极回复的企业被纳入碳交易试点中，因此在披露行为上有一定的变化；但试点政策在全国范围内仅是将几个城市作为试点进行初步的测试，可能导致没有被纳入试点的企业有所懈怠，感觉参与调查问卷并未影响到企业本身，所以暂且将碳信息披露工作搁置。随后到 2018 年填写问卷的企业数量增长至 29 家，2015 ~ 2018 年呈缓慢增长趋势，直到 2019 年填写问卷率再一次突破

40%，具体为 42 家企业。这极可能与当年生态环境部为规范碳排放权交易，加强对温室气体排放的控制和管理，推进生态文明建设，起草发布《碳排放权交易管理暂行条例（征求意见稿）》有一定的联系，同时这也是全国碳市场建设，碳交易立法的重要节点。

根据填写提供信息参与 CDP 的企业数量分析可知，在 2008～2011 年不填写问卷但向 CDP 项目组提供相关信息的企业数量是逐年上升的，且每年提供信息的企业数量都多于填写问卷的企业数，可见当时大部分上市公司在披露碳信息方面只做到有对气候变化的认识，但很少将这种意识带到实际工作中，有效实行节能减排的积极性不够。2011 年后以提供信息的方式参与 CDP 的企业并不多，近几年诸多企业已逐步建立起碳信息披露框架，已经没有企业通过提供信息的方式参与到 CDP 中，更倾向于直接回复调查问卷。

综上所述，直至 2019 年有越来越多的上市企业参与到 CDP 的调查中，主动向 CDP 项目组作出碳信息答复，同时向直接填写问卷的披露形式转变。可见为积极应对全球气候变化，有更多的企业加入到了碳信息披露工作中。此外，这些数据从侧面反映出我国上市公司碳信息披露呈现良好的发展趋势，企业的披露意识不断加强。

二、从披露行业角度分析

根据各年 CDP 中国报告对行业的分类，从时间上可分为 2008～2011 年和 2012～2019 年两个阶段的低排放行业和高排放行业。图 4－2 是对 2008～2019 年高排放行业和低排放行业回复 CDP 调查问卷的统计情况。

根据图 4－2 高排放和低排放行业上市企业回复调查问卷情况的统计可以看出，低排放行业中以回复调查问卷的形式参加 CDP 的企业数量普遍高于高排放行业，说明高碳排放行业对碳信息披露比较谨慎，但随着节能减排压力的逐渐增大及低碳经济利润空间的显现，高碳排放行业主动披露碳信息的企业数量也在逐年增加，在以 2014 年为分水岭的两个阶段（2008～2014 年和 2015～2019 年）均呈现上升的趋势，但总体来看，除

2013~2014 年及 2018~2019 年高碳排放行业的回复数量高于低排放行业之外，其余年份均低于低碳行业的回复数量。企业回复问卷在不同时间点表现出不同的行业特征，可能是在不同时间段由于有关节能减排新政策的出现，对不同行业上市企业碳信息披露带来了差异性的冲击效果。

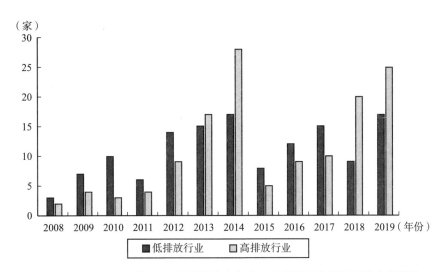

图 4－2　2008~2019 年 CDP 中国报告各年高、低排放行业回复问卷企业数量

政策对高碳行业的第一次冲击是从 2011 年末国家发展改革委办公厅印发《国家发展改革委办公厅关于开展碳排放权交易试点工作的通知》，到 2013 年 "两省五市" 碳排放权交易试点全面启动，再到 2014 年发改委正式下发《碳排放权交易管理暂行办法》，此次冲击使得 2013~2014 年高碳排企业回复问卷数超过低碳排企业。高碳排企业回复问卷数第二次超过低碳排企业是 2018~2019 年，这是因为 2017 年 12 月《国家发展改革委关于印发〈全国碳排放权交易市场建设方案（发电行业）〉的通知》全国统一的碳排放交易体系正式启动。之后中央及地方政府为规范碳交易市场，2018 年相继出台节能减排政策。

国家通过颁布并实施节能减碳的相关政策，相较于低碳行业，高碳行业在减少温室气体排放方面承受的压力越来越大。对于高排放行业而言，其单位能耗和排放量数据较高且实行减排措施会有较大的变动幅度，披露具体的碳排放数据会产生一定风险，进而影响投资者的利益。因此，高碳行业企业在披露相关数据时会显得更为谨慎，更倾向于不对外披露碳信息，规避筹资难和声誉损失等风险。而对于低碳行业企业，由于碳排放量较小使得外部利益相关方对其碳排数据并不敏感，披露的风险也相应较低，因此低碳行业的企业更有意愿对外披露碳信息。

表4-2是对2008~2011年CDP中国报告各行业企业不同回应方式的整理和汇总，可以观察到，相较于填写问卷的方式披露碳信息，高排放行业企业更倾向于以提供信息的方式参与CDP，表明高排放行业对碳信息披露的积极性不足，且明显低于低排放行业。

表4-2　　　　　**2008~2011年CDP分行业回复企业数量**　　　　单位：家

行业		2008年			2009年			2010年			2011年			回复总数合计
		填写问卷	提供信息	回复总数	填写问卷	提供信息	回复总数	填写问卷	提供信息	回复总数	填写问卷	提供信息	回复总数	
低排放行业	房地产	0	3	3	0	2	2	1	1	2	0	2	2	9
	银行金融保险	1	2	3	4	4	8	5	7	12	4	9	13	36
	信息技术及电信	1	2	3	1	1	2	4	1	5	1	1	2	15
	汽车及汽车零配件	1	0	1	0	1	1	0	1	1	1	0	1	4
	零售贸易	0	0	0	0	0	0	0	3	3	0	2	2	5
	食品饮料	0	0	0	0	0	0	0	2	2	0	4	4	6
	小计	3	7	10	7	9	16	10	15	25	6	18	24	75
高排放行业	煤炭与钢铁	1	1	2	0	0	0	1	3	4	1	3	4	10
	建筑及建筑材料	1	1	2	1	1	2	0	2	2	1	3	4	10
	运输交通基础设施	0	4	4	1	1	2	1	2	3	1	3	4	13
	石油、天然气	0	1	1	0	1	1	1	1	2	1	1	2	8
	电力	0	2	2	0	1	1	0	2	2	0	1	1	6
	化学制品和制药	0	1	1	0	1	1	0	0	0	0	3	3	5
	纺织品和奢侈品	0	1	1	0	0	0	0	0	0	0	1	1	2
	金属与采矿	0	1	1	1	2	3	0	1	1	0	0	0	5
	机械与电气设备	0	0	0	1	2	2	0	0	0	0	3	3	5
	小计	2	13	15	4	12	13	3	11	14	4	18	22	64
合计		5	20	25	11	18	29	13	26	39	10	36	46	139

在 2009～2011 年这 3 年间银行金融保险业企业回复数量是各行业中最高的，分别为 8 家、12 家、13 家。这是因为银行金融保险业企业的碳排放主要来源于办公电力、供热方面，没有节能减排的压力。而对于高排放企业和低排放生产型企业而言，这些企业会面临需要提供一些低碳产品和服务的节能减排的压力。而随着绿色信贷的不断深化，银行金融保险业逐渐重视上市企业的碳信息，同时也意识到节能减排、披露碳信息的重要性，因此更有意愿填写 CDP 调查问卷。相比之下信息技术及电信、汽车及汽车零配件等行业表现较为平庸，但每年也有上市企业填写调查问卷。而像零售贸易、食品饮料及全部高排放行业只在部分年份参与 CDP，且回复量也相对较少，这些行业对碳信息披露表现得不积极，不利于利益相关者了解其应对气候变化情况。

表 4－3 是对 2012～2019 年 CDP 中国报告分行业的整理和汇总，可以看出，上市企业对 CDP 的参与度明显提高。在 2012～2017 年的发展过程中，电信服务业、工业和消费者非必需品行业中每年都有上市企业主动参与碳信息披露工作，表明这些行业的上市企业比较注重自身声誉和社会形象的树立。其中，工业作为高排放行业在 2018～2019 年回复数量位居全行业首位，说明工业行业中的上市企业为不断发展自身实力，极力抓住市场化进程的发展机遇，努力维护全行业实施节能减排、低碳工业的环保形象。此外，能源行业除 2015 年未对 CDP 作出回应外，其他各年呈现出较高的回复率，2013 年、2014 年均为样本企业中回复最高的行业，一方面是由于国家对能源燃料等高排放行业制定了严格的碳排放信息披露标准；另一方面是能源行业意识到了积极披露碳信息所带来的机遇，披露的信息也更准确、全面、系统。值得注意的是，在 CDP 只披露填写调查问卷的企业后，房地产业仅在 2017 年且只有 1 家企业填写了调查问卷，对气候变化的不重视态度明显，碳信息披露的积极性亟须提高。

表4-3   2012～2019年CDP分行业填写问卷企业数量   单位：家

行业		2012年	2013年	2014年	2015年	2016年	2017年	行业	2018年	2019年
低排放行业	电信服务	3	3	3	1	1	2	服务	9	12
	信息技术	2	2	2	3	5	5	生物技术、医疗保健和制药	—	2
	医疗保健	—	1	4	—	1	1	服装纺织	—	1
	消费者必需品	8	2	3	2	1	1	食品、饮料和农业	—	2
	金融	1	7	5	2	4	5			
	房地产	—	—	—	—	—	1			
	小计	14	15	17	8	12	15	小计	9	17
高排放行业	公共事业	—	—	1	1	—	—	基础设施	3	2
	基础材料	—	—	1	1	—	3	基础材料	—	1
	工业	2	5	4	2	4	4	工业	12	12
	消费者非必需品	6	2	5	—	3	2	运输	2	1
	能源	1	10	17	—	2	1	能源	3	7
	小计	9	17	28	5	10	10	小计	20	23
合计		23	32	45	13	21	25	合计	29	40

注：由于市场趋势、政策变化、企业战略调整等原因，导致2012～2017年与2018～2019年的CDP行业分布存在差异。

资料来源：2012～2019年CDP中国报告整理。

根据以上对2008～2019年各行业CDP回复情况的综合分析可以得出，2008～2011年我国高排放行业企业对CDP中国报告的参与度较低，而在2012～2019年高排放行业参与企业数量高于低排放行业，而且不同行业之间存在着较大的差异性。

三、从披露内容角度分析

CDP调查问卷的内容可分为四大板块：战略和管理、目标和行动、风险和机遇、排放数据。其中，"战略和管理"板块主要包括董事会或高管是否对气候变化负责、企业是否构建了针对气候变化的激励机制、是否除回复CDP外另有其他自愿对外沟通的渠道、是否将气候变化融入商业战略中、是否参与有关气候问题的政策制定或是使用气候相关的情景分析；"目标和行动"板块主要包括企业是否制定减排目标或是否有强度减排目标、绝对减排目标，以及是否有积极的减排措施；"风险和机遇"板块主要包括企业是否认识到法规性风险和机遇；"排放数据"板块主要包括是否有披露范围 1 - 3 的排放数据以及数据是否被独立核实。

可以看出，CDP 调查问卷中被调查的内容涉及了企业碳信息披露的各个方面，致力于将气候变化信息融入企业经营发展过程中，积极解决因气候变化引起的环境、社会和经济能否协调发展的问题。

表 4 - 4 列示了 2008 ~ 2019 年回复问卷中具有相关披露项目的企业数量和占比。从总体上来看，调查问卷的主要指标无论是战略和管理、目标和行动还是排放数据，2008 ~ 2019 年整体的相对比例呈上升趋势，表明我国上市公司碳信息披露的内容越来越丰富，整体披露质量逐渐提高。其中"战略和管理""风险和机遇"持续保持较高的占比，可见我国上市企业内部管理机构对大气治理有一定的认识和见解。

表 4 - 4　　　　　2008 ~ 2019 年 CDP 调查问卷企业回复情况

披露内容	主要指标	项目	2008年	2009年	2010年	2011年	2012年	2013年	2014年	2015年	2016年	2017年	2018年	2019年
战略和管理	董事会或高级管理层对气候变化负责	数量（家）	2	6	13	7	18	22	32	11	—	18	26	40
		占比（%）	40	55	63	64	78	69	71	89	—	72	90	95
	气候变化的激励机制	数量（家）	2	3	6	9	7	16	10	7	—	19	6	—
		占比（%）	40	27	50	82	30	50	22	56	—	76	21	—
	自愿对外沟通	数量（家）	3	6	11	—	5	26	42	—	—	20	22.04	35
		占比（%）	60	55	85	—	22	81	93	—	—	80	76	83
	将气候变化融入商业战略	数量（家）	—	—	—	8	18	27	40	—	—	20	22.04	35
		占比（%）	—	—	—	73	78	84	89	—	—	80	76	83

披露内容	主要指标	项目	2008年	2009年	2010年	2011年	2012年	2013年	2014年	2015年	2016年	2017年	2018年	2019年
战略和管理	参与有关气候问题的政策制定	数量（家）	2	5	6	4	11	20	12	7	—	19	—	—
		占比（%）	40	45	50	36	48	63	27	57	—	76	—	—
	使用气候相关情景分析	数量（家）	—	—	—	—	—	—	—	—	—	—	2	10
		占比（%）	—	—	—	—	—	—	—	—	—	—	7	24
目标和行动	强度减排目标	数量（家）	1	5	2	3	3	—	13	4	3	17	8	10
		占比（%）	20	45	13	27	13	—	29	33	17	68	28	24
	绝对减排目标	数量（家）	2	—	5	1	4	6	26	7	10	—	7	11
		占比（%）	40	—	38	9	17	19	57	56	50	—	24	26
	积极的减排措施	数量（家）	—	3	5	9	19	—	39	10	15	22	18	—
		占比（%）	—	27	38	83	83	—	87	78	71	88	62	—
风险和机遇	认识到法规风险	数量（家）	4	6	9	6	6	17	42	—	10	23	21	23
		占比（%）	80	55	69	55	26	53	93	—	48	92	72	55
	认识到法规机遇	数量（家）	4	9	9	6	7	17	40	—	9	22	21	23
		占比（%）	80	82	69	55	30	53	89	—	43	88	72	55

披露内容	主要指标	项目	2008年	2009年	2010年	2011年	2012年	2013年	2014年	2015年	2016年	2017年	2018年	2019年
排放数据	范围1排放数据	数量（家）	1	3	—	3	2	2	9	—	14	19	23	33
		占比（%）	20	27	—	27	9	6	20	—	67	76	79	79
	范围2排放数据	数量（家）	1	2	—	1	2	2	9	—	11	17	21	31
		占比（%）	20	18	—	9	9	6	20	—	52	68	72	74
	范围3排放数据	数量（家）	0	0	—	0	1	1	1	—	13	9	—	11
		占比（%）	0	0	—	0	4	3	2	—	62	36	—	26
	范围1数据独立核实	数量（家）	—	—	5	1	3	2	3	3	7	4	9	13
		占比（%）	—	—	38	9	13	6	7	22	33	16	31	31
	范围2数据独立核实	数量（家）	—	—	3	0	1	2	3	3	8	4	9	12
		占比（%）	—	—	25	0	4	6	7	22	38	16	31	29
	范围3数据独立核实	数量（家）	—	—	—	0	0	1	1	0	3	3	5	6
		占比（%）	—	—	—	0	0	3	2	0	14	12	17	14

注：表中"－"表示CDP报告中未披露。

（一）战略和管理

从董事会或高管对气候变化负责这一题项来看，2008～2019年填写问卷的企业中由董事会等对气候变化负责的上市公司占比总体呈上升趋势，从2008年的40%一直升至2018～2019年的90%以上，表明碳信息披露发展至今几乎所有填写问卷的公司都有针对性地建立了健全的决策机构和专门的职能部门，为公司更好地应对气候变化提供了重要的保障。

从气候变化的激励机制的调查结果来看，良好的气候变化绩效管理是公司针对气候变化进行相关战略分析、具体目标分解和员工业绩评定的综合体系。从表4－4中可以看出，各年设有CDP气候变化激励机制的上市企业数量较少，企业平均数量在7家左右，表明我国上市公司在鼓励本公司内部披露碳信息方面有所欠缺，激励机制未得到良好的发展。

自愿对外沟通是表示企业除填写CDP调查问卷外是否通过公司年报或者其他自愿沟通的方式，如社会责任报告等，定期向外界发布有关气候变化的详细信息的指标。良好的对外沟通、公开信息，有利于公司及时了解各界对公司在应对气候变化方面的态度，有助于公司制定相关策略，并开展更具针对性的活动。在外部沟通方面，正如表4－4中所示，上市企业对外披露碳信息的主动性逐渐增加，到2014年有93%的企业不仅参加了CDP调查问卷，同时又主动对外披露碳信息，说明我国各行业的龙头企业在自愿披露碳信息方面起到了表率作用。2014年以后参加调查的企业都会再通过其他方式披露碳信息，因此CDP中国报告中不再做叙述。

从企业是否将气候变化融入商业战略方面来看，被调查企业是从2011年真正地正视碳信息披露对企业发展的作用，开始将气候变化融入公司商业战略中，且披露占比均在70%以上。将应对气候变化和促进节能减排融入企业商业策略中，充分推动绿色全产业链发展，将创新绿色解决方案推行到公众环境保护中。

从参与有关气候问题的政策制定方面来看，被调查企业的数量是有所增加的，到2017年25家填写问卷的企业中有19家参与了相关政策制定，占比为76%。企业利用自身优势和绩效，直接与政策制定者沟通，积极参与应对气候变化公共政策的制定过程中，通过对政策的高敏感度获得竞争力。2017 年以后，CDP 项目组将是否参与政策制定的关注焦点转向企业是否使用气候相关情景分析，将企业减排管理与实际工作结合的范围扩大，从 2018 年和 2019 年的实验结果来看，我国在使用气候相关情景分析方面尚且缺乏经验，有这种管理战略的企业仅有 2018 年的 2 家和 2019 年的 10 家，未来还需要不断地学习情景相关气候科学知识，以分析不同气候下的战略弹性。

整体看 2008～2019 年 CDP 中国的报告中"战略与管理"板块内容，可知企业的碳信息披露在应对气候变化的战略和管理过程中不断地提升，体现了企业内部管理层对气候变化问题越来越重视，从企业内部开始，逐步构建起自上而下的推动力量，制定相关目标并努力实现。

（二）目标和行动

目标代表着一个企业对自身未来的预期想法，而行动是将目标实际化。绝对减排目标和强度目标两个指标作为前瞻性分析指标的重要组成部分，值得去关注企业的低碳减排目标和减排行动，同时也是对一个企业实现承诺的考验。

从减排目标来看，强度减排目标的披露整体保持较为平稳的低趋势发展，从表 4 - 4 中的对应项目数量来看，填写问卷的企业中设定强度目标的企业平均占比为 30% 左右，虽然在披露企业数量上逐年有所增加，但总占比并没有大幅度提升，表明该项目的参与度较低。相较于强度减排目标，绝对减排目标的企业披露在数量上比较稳定，除 2014 年被填写问卷的 45 家企业中有 26 家企业设定了绝对减排目标外，其余各年的企业数量均保持在 10 家或 10 家以内，但从整体占比上来看，2014～2016 年表现较好，绝对减排目标均在 50% 以上，但纵观这 12 年的绝对减排目标，整体走势是不稳定的，结合表 4 - 4 来看，2008～2019 年披露绝对减排目标的企业只占少数，其他企业并没有真正地被带动。绝对减排目标和强度目标都是广受认可的减排目标，但是绝对减排目标代表了更高的信息透明度。通过分析两类减排目标的披露情况，可见我国企业碳信息透明度并不高，对披露具体减排数据十分谨慎。

明确的减排目标可以作为衡量企业是否将减排融入战略管理的标准之一，根据表4－4中数据可以分析出，我国上市企业已经意识到碳信息披露的重要性，并对温室气体排放进行了相应的量化和管理，但大多数企业还没有形成更清晰的减排目标和规划，企业自身缺乏对未来治理大气的积极应对态度。

从减排行动来看，积极的减排措施反映企业是否有将减排目标付诸实际。根据表4－4中"积极的减排措施"项目下无论是数量还是占比，大部分年份呈显著的增长趋势，其中，数量最高达39家，占比最高达到88%。尤其从2011～2017年，填写问卷的企业中披露企业有执行积极的减排措施的占比保持在70%以上，表现出良好的减排趋势。结合上面减排目标的数据与分析，相比于较少公司披露减排目标，大多企业更倾向于对外披露本公司的实际减排行动，可见企业更愿意向外界展示本公司好的一面，有些未完成减排目标的企业会选择性的不披露。此外也可看出虽然有较少企业设定减排目标，但制定了减排目标的企业大多都付出了实际行动，体现了我国企业具有高的信誉度。

（三）风险和机遇

风险和机遇是相伴相生的，好的机遇将会面临高的风险。CDP中国报告中将风险和机遇分为法规、物理和其他三类，由政策法规或经济转型引起的风险和机遇变化是企业最为关注的，因为此类风险在执行时带有一定的强制性，会直接影响到企业的经营和发展，也是现阶段推动企业积极应对气候变化的主要动力。从表4－4中"风险和机遇"一栏的数据可以看出，2008～2012年披露"风险和机遇"板块的企业并不多，数量在10家以下，这表明企业风险认识程度和机遇抓取能力有待提高，且我国企业对风险与机遇的认识不够充足，同时也表明了企业从对气候变化风险的忧虑，开始转向对气候变化机遇的关注和重视，并尝试从战略层面抓住机遇。对比风险和机遇两组数据，数值上是基本一样的，说明我国上市企业在识别到风险的同时能及时地抓住机遇并作出相应的应对措施，该能力值得继续保持并发扬下去。

此外，由于 2013 年受到碳交易制度的冲击，被调查企业涉及法规性风险和机遇的数量以及比例均有所上升，说明随着碳交易机制的实行，多数企业积极地响应国家政策，努力把握机遇并应对风险，通过识别气候变化带来的法规性风险和机遇，利用产品能效和标准政策的出台推动企业现有产品或服务的质量提升，以此扩大企业规模拓展业务范围。

（四）排放数据

从排放数据的内容来看，我国企业在披露具体碳排放量的问题上表现得并不理想。从 2011 年到 2014 年连续四年的回复率都停留在 30% 以下的较低水平，而且披露了相关排放数据的企业大多数是没有提供外部独立审验依据，可见数据的准确性与可靠性有待核实。纵观 2008 ~ 2019 年 CDP 调查问卷具体内容披露整表，2014 年是这几年中碳信息披露较为优秀的一年，无论是在"战略和管理""目标和行动"板块，还是"风险与机遇"板块，上市企业的披露数量和占比都是各年较高的，但在"排放数据"板块中的范围 1 ~ 范围 3 的碳排量和独立核实在数量和占比上都很低（见表 4 - 4），与前述披露内容并不相称，可见在制度的冲击下，上市公司虽然在报告上积极地响应了国家号召，但在行动上还有待进一步的核实。

之后的 2016 ~ 2019 年排放数据有一个跨度性的提高，其中范围 1 排放数据的披露占比均上升至 60% 以上，表明企业更关注直接碳排放量的披露，虽然独立核实的数量和占比都有所增加，但截至 2019 年范围 1 ~ 范围 3 数据独立审核数值上最高为 13 家，占比上最高为 31%，可见上市企业对碳信息披露的审验参与情况仍然不够理想。对于高披露的碳排放数据而言，未能得到相应的审验鉴证，并不能充分说明披露数据的意义。因此，在披露碳信息过程中，不仅需要政府的强制规定和企业的自愿主动性，还需要第三方对碳信息的审验核实，确保信息的有用性。

此外，无论是排放数据还是独立审核，除 2016 年外范围 1 ~ 范围 3 的数量和占比是依次减小的，说明很多企业在披露时并未做到面面俱到，数据的全面性还有待提高。

从表 4-4 的数据和分析可以看出，在 CDP 报告四大板块内容中，我国企业披露的重点为"管理与战略"和"风险与机遇"两个模块，且也表现出良好的披露现象。在"目标和行动"和"排放情况"模块中，多数企业持保守态度，"目标和行动"表示 CDP 项目组考察企业对本公司未来前景的预估，"排放情况"则是 CDP 项目组对企业当下具体行动的核实，在这两方面我国企业还有待提高。

本节通过时间、行业和内容三个角度对 2008~2019 年 CDP 中国报告进行纵横整体分析，厘清了当前我国企业碳信息披露的现存状况，当然，在其中有需要继续发扬并值得鼓励的优点，也存在着需要各界共同努力改进的不足之处。当前，国内外积极应对气候变化，我国碳排放要求日益严格，2020 年 9 月习近平主席在第七十五届联合国大会上提出，中国"二氧化碳排放力争于 2030 年前达到峰值，努力争取 2060 年前实现碳中和"，我国企业将迎来低碳约束的新时代。只有积极转变经营理念，主动作出战略调整，才能在当前纷繁复杂的国际环境中顺势而为、奋发有为，才能在市场中永葆活力、长盛不衰。

第二节　我国企业碳信息披露存在的问题

从 2008 年 CDP 首次向我国上市企业发出调查问卷起，我国社会各界开始对碳信息披露逐渐重视起来，发展至今，学术界对碳信息披露的研究也有 10 多年的历程，企业在对外进行碳信息披露过程中摸爬滚打的同时也不断努力地完善披露体系。但是由于我国碳会计发展起步较晚，关于碳信息披露的政策法规、披露内容、框架体系、责任意识等还不够成熟，虽然有越来越多的上市企业开始披露碳信息，但在披露过程中还存在一定的问题。因此，对企业碳信息披露进行研究，有利于发现当前披露所存在的问题，进而督促企业完善披露体系，推动碳信息市场发展。同时促进我国相关立法工作的不断完善，从而在全社会普及低碳发展理念。

基于第一节 CDP 披露情况分析，结合我国当前上市企业年报、社会责任报告和可持续发展报告的披露状况，对我国企业碳信息披露存在的问题梳理汇总，本节将分为国家层面、企业层面、社会层面三个方面进行阐述。

一、国家层面

从全球应对气候变化的发展趋势来看，我国企业碳信息披露存在的一些弊病主要是由于我国有关碳信息披露的政策发展迟缓所致。为解决温室气体排放引发全球变暖、极端气候事件频发等问题，联合国大会于 1992 年通过并于 1994 年生效的《联合国气候变化框架公约》起就将大气中温室气体浓度维持在稳定水平作为终极目标。之后在 1997 年在日本京都召开的联合国气候变化框架公约缔约方会议上签订的《京都议定书》中确立碳排放权交易机制、联合执行机制和清洁发展机制。直至 2015 年第八届联合国气候变化大会通过《巴黎协定》，为国际社会加强应对气候变化和国际合作奠定了坚实的制度基础，是全球大气治理进程中的重要里程碑。我国真正为应对气候变化采取有效防治措施则是从 2009 年开始，并于当年在联合国气候变化峰会上向国际承诺，中国将于 2020 年实现单位国内生产总值二氧化碳排放量较 2005 下降 40%～45%。之后在 2014 年我国碳交易试点市场全面启动，2017 年正式启动全国碳交易机制。2020 年在联合国大会上提出"2030 碳达峰，2060 碳中和"的减排目标。通过上述分析可知，我国应对气候变化的切实政策起步晚发展短，使得我国企业在碳减排和治理方面发展缓慢，具体问题总结如下。

（一）缺乏统一的披露标准

目前，我国已有政策多数是关于环境保护、环境信息披露的法律法规，而关于碳信息披露的单独性规章制度少之又少，且尚未形成统一规范的碳信息披露准则。尽管现阶段已制定《工业企业温室气体排放核算和报告通则》，但仍处于征求意见阶段，并没有大范围实行，且关于碳信息披露的法律法规仅仅是围绕企业在发行股票时作为环境保护信息披露之一，只是公司咨询的副本。因此，企业碳信息该如何披露、披露什么内容、披露时间要求是什么等一系列问题并未作出统一规定。现行上市公司碳信息披露载体主要包括公司年报、社会责任报告和可持续发展报告，但由于没有统一的规范和标准，企业自由选择不同的披露指南参考或是综合参考进行披露，如《社会责任指南》《可持续发展报告指南》《上海证券交易所上市公司环境信息披露指引》等，使得不同企业披露的内容和形式存在很大不同，且各有各的说法及依据，以此直接影响到企业利益相关者难以对不同企业披露的信息内容作出直观对比，进而无法作出准确的投资决策。

在实际披露工作中，缺乏统一的参考标准不仅容易造成信息披露不完整、不完善等局面，对报告使用者的决策造成影响，而且对其披露质量的衡量也带来一定的难度。即便是主动进行碳信息披露的企业，其披露内容也存在很大差别，且并没有政策表示对其披露内容较为完善的企业进行奖励，很容易消磨企业披露的积极性，甚至导致一些企业因碳信息披露的成本代价而抵触披露该类信息。此外，少部分公司仅是为了显示自身的环境责任而披露了无关紧要的碳信息，但对于关键性的碳信息并未公开，严重阻碍了披露工作的进行。综上所述，正是由于碳信息披露标准的缺乏，导致碳信息披露的结构散乱。

（二）法律支持保障不足

正如前面我国碳信息披露缺乏统一规范中写道，由于我国缺乏统一披露碳信息的规章和制度，使得一些社会责任意识不强的企业打披露的"擦边球"，仅做到披露，而质量和完整性还需进一步加强。没有法律强有力的约束和惩罚，使得这些企业随性地选择有利于自身的碳信息进行披露。而相比于那些自愿主动披露碳信息的企业，也并未获得相应的奖励、法律或政策上的支持，因此在碳信息市场上鱼龙混杂，很难体现出披露碳信息的优势和意义，最终导致大部分企业的积极性被日渐消磨。这种制度上对碳信息披露的支持和保障的缺失，也是企业披露碳信息发展的一大重要问题。因此，在碳信息披露规章制度的发展过程中，不仅要统一披露规范，同时也要有相应的政策性支持，保障企业披露碳信息的积极性。

目前，我国在环境保护这方面的法律支持和保障主要体现在税收法律中，例如企业所得税中对环境保护、节能节水项目实行三免三减半的优惠政策，包括对节能设备可减计企业所得税收入的10%。此外，对直接排放工业废气、大气污染物等有破坏环境行为的企业征收不同程度的环境保护税，制止企业污染环境。这些法律规定通过对企业是否有保护环境或破坏环境的行为的判定减轻或加重税负，在一定程度上督促企业保护环境、减少污染。但对于低碳生产的鼓励还有些欠缺，也缺乏明确的信息披露法规。

（三）政府监督力度不够

政府监督作为碳交易市场中最有效的保障机制，在维护资本市场秩序的同时保障了企业各利益相关方的权益，可为社会创造更良好的碳交易环境。因此，一个市场在有政府的监督和管理的情况下，企业主动开展碳信息披露工作，并尽快地构建起本企业的碳信息披露体系，政府监管才能保障企业提供的碳排放信息的真实、合理、合法、全面及完备，打消某些企业欲使用碳信息为达到驱动短期利益目的的念头，净化信息交易市场。

值得注意的是，由于我国碳会计准则还未正式颁布、统一的碳减排管理机制及强制性的碳信息披露制度仍未形成等一系列问题的存在，使得目前我国环境监管部门对上市企业碳信息披露的监管工作开展和进一步深化存在一定的难度，无法可依，所以也很难做到执纪必严，违法必究。而且正因为监管力度的不够，使得政府对一些违法违规企业的监管强度难以把控，罚重罚轻都会影响到后续的监管工作。因此，当前我国资本市场上亟须建立起一套法规规范，在此基础上进一步完善政府对我国企业碳信息披露监督管理机制。

二、企业层面

根据本章第一节对我国上市企业回复 CDP 调查问卷的情况内容的分析可知，无论是从时间、行业、披露内容角度还是从内部到外部、个体到整体角度来看，我国上市企业碳信息披露在不同的维度下暴露出形式不同却又在多数企业内存在的披露问题。因此，基于前节内容，我国企业在公司层面上的具体披露问题总结如下。

（一）披露积极性不高

为什么要披露碳信息？披露碳信息能为企业带来什么好处？这是影响企业主动披露碳信息最大且也是最致命的两个问题。根据前面对国家层面关于碳信息披露存在的问题分析可知，我国目前在碳信息披露制度、管理和监督等方面的工作还不够到位，使得碳信息披露机制存在一定的缺失。在短期内，企业披露碳信息不仅不能收获回报，而且还会增加其成本，使得相关利益很难被体现出来，且激励企业披露碳信息的经济补贴、优惠政策又很少，企业披露碳信息能否得到相关政策的支持和补助是存在不确定性的，因此显得披露碳信息对企业带来的负面影响大于正面影响。但实际上，从长期来看，碳信息披露是会增加企业价值、降低资本成本的。此外，由于没有强制性的披露要求，只打碳信息"擦边球"的企业与那些主动积极披露碳信息的企业混在一起，市场中鱼龙混杂，投资者很难据此作出适宜的决策，自愿披露碳信息的企业也因此没能显示出自身独特的优势，最终导致披露的积极性被逐渐削弱。

但在碳信息披露10多年的发展过程中，总体而言，国家和企业都在不断地努力和摸索前行，从2011年碳交易机制在主要城市试点到2014年全国碳交易市场正式启动，在政策与市场的双重引导下，中国企业正在积极提升披露碳信息的能力。从CDP报告的整体时间数据我们可以看出，2008年CDP首次向中国发出调查问卷，仅得到25%的回复率，而到2019年CDP向近1800家企业发出了环境信息披露的邀请，其中近1100家企业回复了CDP问卷，占全球14%，包括48家受投资者邀请的上市企业和1038家供应商，回复企业总数较2018年增加了80%。可见，我国企业披露环境的积极性在逐渐升高，但想更加完善全国碳信息披露体系，还需各方的共同努力，以满足未来政策和投资者的新要求。

（二）披露渠道不统一，行业差距大

现阶段，我国企业碳信息披露渠道并不统一，多数企业选择在社会责任报告中披露碳信息内容，而部分企业仅在年报中简单披露相关内容，还有部分企业选择在董事会公告、招股说明书中披露。由此可看出我国碳信息披露并没有统一的渠道，这将在很大程度上加大使用者获取信息的难度。

除此之外，不同行业的碳信息披露也存在很大的差距。从前面可以看出：2008～2019 年的 CDP 中国 100 的报告中，高碳行业回复问卷的企业数量仅 2013～2014 年和 2018～2019 年高于低碳行业，其余各年均表现出较低的披露积极性。从数据上可以看出，高碳行业身为碳排放量的大户行业对自身的认识和社会责任的承担并不十分清晰，只有在政策的推行下才表现出较高的积极性，例如，在 2013 年提出实行碳交易试点、2014 年的碳交易市场试点城市建成、2017 年党的十九大强调我国要持续实施大气污染防治行动，坚决打赢蓝天保卫战，以及同年正式启动全国碳交易机制。实质上，高碳行业对碳信息披露的积极性并不高，更多的是"应付差事"。

此外，由于各行各业有不同的生产需求，因此温室气体的排放量随着行业的不同也存在很大的差异。我国学者陈华（2013）研究表明碳信息披露数量和质量存在行业间的差距。例如，工业作为高碳行业中重要的一员，常受到社会各界对其保护环境、承担社会责任情况的关注，迫于多方压力，工业企业在每年的 CDP 回复中表现出较高的积极性，但多数是提供信息，并未对问卷进行填写。相较于其他行业，重污染行业碳信息披露的数量和质量不高，对比之下略显逊色。重污染行业碳排放量较高，政府和社会公众对其碳活动的关注度和要求也更高，迫于外界压力，理应充分重视碳信息披露工作，树立良好的企业形象，但多数却没有承担起相应的社会责任，阻碍了我国碳信息披露的发展和更迭。

（三）碳管理办法和职能机构不完善

随着我国碳活动、碳战略、碳交易的不断发展，企业对碳信息披露的

认知水平也不断上升。许多企业为更便于环境保护和治理工作的进行，特设立环境管理机构，专注于本企业的环保工作。但环保工作涵盖了大自然的方方面面，包括污染防治、废气处理、大气治理、水资源再利用等一系列治理活动。因此，不同的企业文化下设立的环保组织机构对碳活动的重视程度也会不同。此外，我国目前很少有企业单独设立碳管理职能机构，专注于碳治理、碳减排的活动，更多的是笼统地放在环保工作中，作为其中的一部分进行披露，这体现出大多数企业仅是为了响应国家号召，并没有真正地从企业自身出发，为企业的低碳发展所考虑。

在对 2008～2019 年 CDP 中国报告的分析中，我们发现：被调查的中国上市企业很少有披露本企业为应对气候变化而建立激励机制的信息。所以，多数企业在应对气候变化上并没有真正地将"坚决打赢蓝天保卫战"理念融入企业内部文化中，仅是停留在表面工作中。如果企业中没有一套健全的碳管理办法或是激励机制，则公司内部各层、各部门人员是很难被带动加入治理大气的行列中，实现全员参与的，由小及大，我国的节能减排目标也很难持续发展。

碳信息披露的目的是向碳信息需求者提供真实可靠的高质量、高水平碳信息，帮助其作出合理准确的投资决策。而高质量的碳信息披露更是需要建立在一个高效的管理体系、健全的管理办法以及从策划到实施的职能管理机构基础之上的。范坚勇和赵爱英（2018）通过对披露碳信息的 750 个样本企业进行统计汇总，研究发现：样本企业中真正建立独立的碳管理机构的企业不到 5%，且能够构建完善的披露体系的企业更是少之又少。可见上市企业成立碳减排责任中心也是我国碳信息披露急需解决的一大问题。因此，企业需要完善的管理体系和管理组织来承担碳减排的责任，通过计量、记录、汇总、整理有关碳排放数据，为企业制定下一步减排计划和目标，深化节能减排工作，并积极构建气候变化数据库，为碳信息使用者提供高质量的信息数据。

（四）披露内容不规范，形式较单一

当前我国碳信息披露处于自愿披露为主的阶段，尚未采取强制性监管措施，且现行的政策并没有明确规定碳信息披露的内容和形式，只是鼓励企业披露碳信息，也没有更多的政策性支持，从而导致上市公司碳信息披露在内容上不够规范、形式上较为单一。

我国上市企业的碳信息披露形式，主要有企业年报、社会责任报告和可持续发展报告三种方式。几乎很少有公司以单独的碳信息作为报告进行披露，而且披露的碳信息内容也被简化或是省略，多数企业在披露过程中很少涉及温室气体的具体排放量，大多是宽而泛的模糊性语言，难以满足信息需求者的要求。通过前面对 2008～2019 年 CDP 中国报告的梳理，结合现有文献发现：目前我国上市企业的碳信息披露内容不够规范，主要表现为：披露碳信息的企业少、披露质量低以及披露具有随意性。

首先，披露的企业少。截至 2019 年底，CDP 中国报告中上市企业填写调查问卷的企业数占 42%，不及总数的一半，可见我国企业对碳信息披露的积极性仍不够高。陈华等（2013）利用 2011 年上市企业年报碳信息数据进行实验，研究表示未披露碳信息的企业占 35%。魏玉平和杨梦（2016）对 2015 年 465 个上市公司进行统计得出只有 25 家披露了碳信息。范坚勇和赵爱英（2018）对 2008～2016 年 12427 个上市公司样本数据统计是否披露碳信息，仅得到 750 个样本数据。通过以上文献可知，我国自愿披露碳信息的上市企业还是比较少的。

其次，披露质量低。我国上市企业碳信息披露质量低主要表现在：一是定性描述信息披露占多数，很少提供定量信息。从信息需求者的角度考虑，碳信息主要可分为定性信息和定量信息，其定量指标主要包括：碳排放浓度、碳排放量、碳减排所投入资金等，定性指标主要包括：碳减排的风险、碳减排计划的战略目标、减排方案等。在前面所展示的 CDP 中国报告中及图表数据可看出："排放数据"板块相比于其他板块，其披露数量均较低，这从侧面说明了企业对定量信息披露的积极性低于定性信息披露的积极性。且碳排放量是通过一定的方法实际测算所得出的数据，碳减排资金是企业投入的可见成本，而像碳减排战略、目标等定性信息只是企业大致的规划方向，并不需要付出切实可见的成本，这均说明了企业披露的碳信息不够全面完整，同时也表明多数企业在应对大气变化上并未真正行动起来。若企业只披露具有文字描述性的碳信息，而作为信息的使用者，我们无从考量企业的文字信息是否真实可靠。二是信息决策相关性低，披露内容少有提供包含气候变化给企业带来的碳负债风险、政府管制风险等对利益相关者决策影响较大的信息。三是通过文字性描述披露的定性信息大多是一些历史信息比较、大体策略和行动方向、优秀案例或事件等，参考价值并不高。

最后，碳信息披露具有随意性。根据第一节对 CDP 中国报告数据统计可知，四大披露信息板块内容中，各项目的披露企业数量并不相同，足以说明不同的企业在披露碳信息时具有很强的主观选择性。由于我国并没有对碳信息披露实行强制措施，上市企业碳信息披露具有一定的随意性和选择性，因此给了企业极大的披露选择权。在这种情况下，企业管理者基于自身收益最大化目标，往往只对外披露对企业发展有利的信息，减少甚至不披露有可能损害企业利益的信息，向外部塑造一种良好的企业形象，从而误导出资者作出错误的投资决策。

三、社会层面

（一）审核机制不完善

在对 2008～2019 年 CDP 中国报告分析中，各年中"数据独立核实"项的企业披露数很少且明显低于其他板块企业数，最高企业数不超过 13 家，占比在 40% 以内。该现象不仅表明了我国企业在披露信息时对审核机制的不重视，也从侧面反映了未披露"数据独立核实"项目的上市企业并没有精确严谨地做到碳信息披露的真实性和可靠性。

通过阅读现有上市企业的年报、社会责任报告和可持续发展报告，我们发现：当前我国大部分上市企业在碳信息披露的形式和内容上比较随意，且只披露一些对企业发展有益的信息，几乎每个企业都会把"节能减排""低碳经济"等定性的文字描述作为碳信息进行披露，并无实际参考价值。虽然部分公司参考一些披露指南是需要有第三方审验鉴证的，但很少有公司获得第三方审核机构的鉴证。可见我国碳信息披露的审核机制并不完善。因此，为规范企业的披露行为需要像会计师事务所审计企业年报一样，碳信息披露也需要强制的第三方审计。由于自愿性披露给予了企业极大的选择披露权，碳信息需求者无从考量企业披露的信息是否真实，是否准确，是否具有可比性和可靠性。这种缺乏碳信息审核机制或是具有权威性的审计报告的情况，使得企业碳披露数据得不到有效的验证，投资者及社会公众也得不到有效的商业信息，由此制约了碳交易的有效运行。尽管我国为强化环境审计工作，设立了审计署农业与环境司、各省级审计环境处等职能机构，但还缺乏对于碳活动更细化的审计办法和管理机构。

（二）碳会计理论研究空缺

马克思主义哲学观指出，理论与实践相结合，实践是认识的来源。用理论指导实践，用实践推动工作。所以如何更好地开展碳活动，需要有系统的理论来指导工作。碳会计核算与碳信息披露作为环境会计和环境信息披露的一个重要分支，需要有会计学、经济学、生态学、法学等多个学科作为基础，交叉融合研究，所涉及的知识面广，因此本身具有一定的难度。学术界对环境的研究已有多年，但在更细化的环境研究中有关碳会计、碳信息披露等问题的研究却相对较少，且还处于研究的初级阶段。虽然我国已有学者开始关注和研究这方面的知识，并致力于构建碳信息披露理论和框架体系，且考察的程度也较为细化，如陈华等、李慧云等。但与国际水平相比，研究的广度与深度都略显单薄。

综上所述，我国在碳会计核算中，相关理论尚不够成熟，且缺乏法律制度约束、理论不够系统、公民环保意识薄弱、监督机制不完善，阻碍碳会计的进一步发展，进而导致理论脱离实践，很难达到经济与环境的双向效益。在关于理论和实践相结合研究的问题上，要想提高企业碳信息披露的质量，就要统一并规范企业碳信息披露的概念，制定企业碳信息披露的统一框架，建立一套科学、合理的碳信息披露体系，为会计信息披露和环境治理相关理论研究提供准确的理论依据。

（三）公众关心力度弱

碳信息披露虽然在我国已有 10 多年的发展历史，但对其了解的人群仅限于企业、政府、学术界及环保组织。社会各界虽然紧跟政府号召积极推广低碳经济，但碳信息对于多数社会公众而言其实是非常陌生的。由于我国企业对碳信息披露的责任不明确、积极性不高，且基本未经第三方机构鉴证，导致其披露的可靠性、可比性、真实性都有待考量。此外，由于我国当下对低碳经济的宣传更多的是站在宏观的国家层面，使得很多人报以"事不关己高高挂起"的态度看待气候问题，只有当真正涉及个人层面的利益时才会去重新审视此类问题。

而在法国、英国等发达国家，政府要求在市场上流通的商品必须贴有碳标签，以及产品由供应链到生产销售各环节的碳指数，确保企业对发展低碳经济社会责任的承担。由于我国以重工业发展为主且人口密集，从 2010 年起，我国就成了全球碳排放量最大的国家，碳减排问题亟须社会各界共同努力一起解决。但目前我国公众，主要通过新闻报道、网络媒体等方式传达的信息了解到碳会计信息相关的知识。人们对碳排放与生活质量、经济发展的关系缺乏全面的认识。一般认为碳排放的危害就是导致环境气候问题，不能深入了解碳排放与自身生活和发展的联系。

由于以上种种外部条件欠缺产生的影响，公众对碳信息方面的知识自然会产生认识的不足。尽管近年来我国对碳排放及环境治理等问题逐渐重视，但公众依然缺乏监督企业碳信息披露的积极性和主动性，导致企业碳信息披露的参与度不高。

（四）公众环保意识低

随着温室气体排放量的不断增加，如不加以控制必然会引起气候的多变，全球变暖、冰川融化、空气指数降低等一系列的气候问题，这不单单是影响我们这代人的生活，对子孙后代也将会造成很大的困扰，因此全球气候问题迫在眉睫亟须解决。我国作为世界第二大经济体，第一大碳排放国，在经济与生态的抉择中，更多企业在成长过程中选择站在短期角度，追求利益最大化，而环保工作浮于表面，导致国家对环保的宣传和号召很难深入人心，"全面加强生态环境保护，坚决打好污染防治攻坚战"也难以得到切实落实。事实上，在每一次促进经济发展的决策中，都是一次对环境资源的争夺，都是一次效益和环境成本的考虑，英国作为"先污染后治理"的代表国家，在追名逐利的过程中，人们更在意自身的现实利益，选择性地忽略了全社会全人类乃至子孙后代的发展，使得居民生活被打乱，健康受到严重的影响。这种环保意识不足的问题，严重影响到了可持续发展战略的进度。因此，要发展碳信息披露或是环境信息披露，首要解决的问题就是提升全民环保意识，让低碳融入我们生活的每一处，逐步践行低碳经济，健全碳信息披露体系。

第三节　我国企业碳信息披露的影响因素

由于我国企业目前的碳信息披露存在诸多问题，本节将进行更深一步的研究，分析导致当前碳信息披露存在这些问题的原因。依据我国目前碳信息披露的现状，同时借鉴我国现有碳信息披露相关研究的文献，将碳信息披露的影响因素分为国家层面、企业层面和社会层面三个维度分别进行阐述。其中，国家层面包括政策制度、政府监管；企业层面包括企业特性和行业特征等；社会层面包括媒体监督、企业所处地区经济发展水平、审计机构规模等。以下是对我国碳信息披露影响因素的详细阐述。

一、国家层面影响因素

依据国家层面所存在的问题，将其影响因素归为两大类，一是政策制度存在缺陷，导致企业在披露过程中无法可依。二是监管惩罚力度不够，导致企业披露的力度不足，企业的碳信息披露存在"报喜不报忧"的情形。下面将从政策制度和政府监管两个方面进行具体阐述。

(一) 政策制度

依照制度理论,制度政策能显著影响经济组织的行为和决策。因此,完善环境管理规制、健全环境治理法规是推动全国上下保护环境、节能减排的重要举措。根据前面内容所述,我国上市企业在披露环境信息时普遍存在重数量轻质量的行为,且多数企业更偏向披露良性的、文字性的环境信息而刻意避免负面的、数字化的信息。此种现象在很大程度上就是由于政府缺乏关于碳排放信息方面的统一法规,才使得企业在进行碳信息披露时有漏洞可循。

参考相关研究,我国多数学者的研究同样表明环境政策的实施对企业碳信息披露具有影响,崔秀梅等 (2016) 将政府监管部门通过的法律法规制定、碳市场机制设计对企业产生的影响定义为直接社会压力,这些压力会推动企业提升碳信息披露质量。此外,在碳排放权交易试点城市注册的企业,王金月 (2017) 研究发现此地区企业的碳信息披露水平相对较高,而且碳排放制度的实行能够充分有效地对企业碳信息披露发挥正向促进作用。综上所述,在健全完善的碳排放制度环境下,系统的碳信息披露交易机制可以营造良好的信息披露环境,有利于提升企业的碳信息披露质量。

(二) 政府监管

政府是政策法规的制定者和监督者,其监管的执行力度是影响企业碳信息披露质量情况的重要因素之一,政府可督促企业主动披露碳信息,并对外提供有效准确的碳信息 (李力和刘全齐,2016)。一般来讲,政府作为外部利益相关者中拥有特殊权利的一方,在执行手段和监督管理上对企业的披露行为有强制性的管控作用。在受到政府压力的作用影响下,企业不得不在对外披露行为上有一定的收敛,尽可能约束碳信息披露的随意性,保证合法性。此外,若企业对外披露碳信息的成本较低,且遵循政府环境政策产生的收益较高,那么自然而然的企业会主动对外披露碳信息 (董塞,2018)。

相较于监管较为宽松的地区,在政府监管严格的地方,由于企业污染环境而引起的外部不经济问题，政府部门会采取相关措施。在一定程度上对企业的环境污染行为加以约束，抑制企业的外部不经济行为。企业在知道破坏生态环境会面临巨大的违法成本的情形下，会在生产过程中严格遵循国家政策，实施节能减排战略，尽量减少对环境的破坏，主动对外披露高质量的碳信息，增强政府对自身的认可度（张璐，2018）。综上所述，政府只有建立统一完善的披露准则和框架，形成多方面的监管机制，才能真正倒逼企业披露碳信息，提高披露水准，优化信息环境（AWen，2013）。

二、企业层面影响因素

根据企业内部碳信息披露所存在的问题进行分析汇总，从企业规模、行业特征、股权结构、发展能力等角度来探究其影响因素，具体内容如下：

（一）企业规模

企业碳信息披露的积极性不高在很大程度上是由于企业自身规模不足，企业内部管理体系和职能机构不完善，缺乏专门的碳管理办法和直属机构，导致企业内部整体员工缺乏碳管理的积极性，从而影响碳信息披露的质量。根据社会责任理论可知，公司规模和公司应承担的社会责任是正向关系，伴随着公司规模的逐渐扩大，企业在生产过程中对自然资源的消耗也会随之增加，使得越来越多的温室气体产生，企业会主动承担治理大气的社会责任。借鉴学术界关于碳信息披露影响因素的研究，多数学者认为公司规模这一内部因素对碳信息披露具有正向促进作用，即规模越大的公司，越愿意自觉披露碳信息（Bloomfield，2000；张巧良，2010；李冕，2016；赵选民和吴勋，2014），且随着企业规模的不断扩大，碳信息披露的质量和效率也会随之提高。由此可见，企业规模的大小会决定一个企业的被关注程度。

从另外角度来看，规模大的公司在资本市场中发挥着举足轻重的作用，其一举一动会被社会各界所关注。因此，它们会更在意外界对自身的看法。在低碳经济盛行的当下，规模大的企业会尽可能地对外披露高质量的碳信息，以求在公众心中保持良好的大公司形象。而企业规模较小的公司受到的关注较少，再加上自身能力有限，相对企业规模较大的企业来说，披露的碳信息自然少而不精。

（二）行业特征

在建立碳交易市场时，我国制定了一系列碳排放要求和规定，在征收碳税、明确碳交易价格等方面积极尝试，努力构建完善的碳交易市场，全方位、全角度的保护生态环境，严厉打击环境污染行为，补齐我国在应对气候变化和节能减排方面的短板。其中，重污染企业是重点治理的行业之一，作为污染环境的重点行业，随着低碳经济的逐渐深入以及迫于国家、市场和公众等多方压力，企业应越来越注重自身对社会的环境影响，约束为实现自身经济利益而破坏环境的行为。借鉴崔秀梅等（2016）、杨璐等（2017）的研究，发现碳信息披露水平在高碳行业与低碳行业之间存在显著差异，高碳排放行业倾向于披露更多的碳信息，且高碳行业的碳信息披露质量要高于低碳行业。由此可见，相较于其他行业，重污染行业的碳信息披露质量普遍偏高，尤其是在面临强大的外部压力时，承担保护环境、节能减排的主动性会更强。

（三）股权结构

遵照契约理论，在股权集中度较低的上市企业中，第一大股东与其余股东之间的差距较小时，管理者会基于自身的职业道德和管理需求，更倾向于以披露较多企业内部信息、提高企业信息透明度的方式形成股东之间互相监督的态势，让企业内的多数人可以获得利益，实现企业价值最大化。

而当企业股权集中在大股东手中时，会形成大股东对企业的绝对控股优势，致使股权高度集中。此时集权者就会利用其优势对企业的经营决策实施干预。从以下两个方面来看，当大股东个人具备较强的环境保护意识时，会积极主动地要求管理层注重碳管理，提升碳信息披露质量。而当大股东具备较弱的环境保护意识时，会为了自身的利益要求管理层有选择地披露碳信息，以信息披露不完整的手段误导出资者作出错误的投资选择。例如，通过对上市企业内部治理的结构进行研究，陈华等（2016）发现有长远发展意向的企业在公司治理安排上更在意利益相关者的利益，在实现企业价值最大化的过程中，企业披露碳信息的主动性会更强。

（四）发展能力

基于信号传递理论，企业为提升形象和扩大社会影响力，有意愿向社会、市场和信息需求者传递更多的内部信息，提高企业信息透明度，让人们可以从多方面了解企业的实力强大和发展动力强劲，以此招揽更多的投资者出资人。相比于盈利能力差的企业，盈利能力强的企业拥有更多的闲置资金，因此在碳治理研发节能减排技术和产品方面有更多的资金和精力。所以，多数盈利好的企业的低碳运营效果会比盈利差的企业更显著，也更容易达到国家规定的相关标准。借鉴相关研究，多数学者（戚啸艳，2012；严冠琼，2014；温雅丽等，2019）研究发现盈利能力作为公司内部特征因素之一，与碳信息披露有着正向相关关系。他们通过对不同行业的展开研究，均发现企业盈利能力的大小会影响到碳信息披露的质量，盈利状况越好的企业，碳信息披露水平明显高于业界大部分企业。

基于合法性理论，陈华等（2013）认为盈利能力作为企业重要特征之一体现着企业在资本市场中一定的获利水平，因此承担着与获利匹配的社会责任，所以在现行自愿披露碳信息的环境下，受合法性压力较大的企业，更愿意主动对外披露碳信息。可见，盈利能力强的企业更会主动披露碳信息，确保信息公开透明。而盈利能力差的企业，还在"温饱线"上挣扎，更多的是需要维持企业生存。对他们而言，披露碳信息不仅耗费财力和物力不利于企业经营，而且披露碳信息带来的成效相比于改善销售净利率并不显著，因此盈利能力差的企业只有在受到强制性约束时才会被动地披露碳信息。

基于可持续发展理论，企业在生产经营过程中要想实现长期发展，就需要充分考虑到资源利用效率是否能够实现最大化与合理化，是否在资金方面可以无后顾之忧，是否具备实现长远发展的能力等因素。强大的发展能力、先进的生产技术、优良的企业文化有利于企业披露高质量的碳信息，企业通过彰显自身强大的实力对外展现出其可持续发展的潜能，向外界传递出企业前景良好的消息，从各种信息需求者中获得资金支持。我国学者周鎏鎏和温素彬（2014）在深入分析影响碳信息披露相关因素的研究中发现，与碳信息披露呈现出明显正相关的指标包括企业发展能力，即企业的发展能力越强，就越倾向于信息披露，尤其在主动披露碳信息方面的意愿更为强烈。

换个角度来看，碳信息作为企业保护环境、治理大气等社会责任承担情况的重要披露方式，目前尚且属于自愿披露阶段，自愿披露高质量的碳信息有助于企业对外传递其具备强大的发展潜力的信息。综上所述，高质量的碳信息披露有助于企业形成良性循环，因此，企业要实现更长远的发展，应在提升成长能力的同时提高碳信息披露质量，通过吸引更多的投资者以获得资金上的支持。

三、区域层面影响因素

（一）公司所处地区经济发展水平

经济发展水平会对企业碳信息披露水平产生一定程度的影响（蹇瑾洁，2015）。首先，在较为发达的地区，上市企业面临更大的社会经济环境压力，诸如企业所处的环境、成长的条件、接受的政策、备受的关注等一系列由经济发展不同而产生的外部影响因素，共同构成更为完善的资本市场和信息环境，由此对企业提出了更高的信息披露要求，促使企业不断完善自身方方面面，因此，为了获得出资者更多的资金支持，企业会披露更多碳信息（王晓璐，2013）。其次，经济发达地区的公众的环保意识普遍较高，政府制定的环境政策和法规也更为严格，迫于公众压力企业也会努力对外披露真实有效的碳信息（高美连和石泓，2015）。最后，在经济发展水平较高的地区，企业会更注重经济与生态的协调发展，更愿意主动投入时间和金钱来治理企业发展过程中造成的环境污染，碳信息披露水平也随之提高（张璐，2018）。

但在经济不发达的地区，由于外界给予的环境压力相对较小，企业所处的环境、成长的条件、接受的政策、受到的关注等外部条件均不如发达地区，对碳信息披露的重视度也不会太高，因此对企业提出的信息披露要求较低，企业倾向于有选择性地披露对自己有利的碳信息（王晓璐，2013）。综上所述，经济发展水平会对企业的碳信息披露水平产生影响。

（二）社会监督力度

媒体在公司治理过程中充当着外部推动的角色，对企业经营发展的一系列经济行为发挥着大众监督、舆论惩罚的作用，其站在第三方的角度向外传达企业的内部信息，以外界干预的方式影响企业的自利行为，以此督促企业切实做好碳信息披露工作。一方面，媒体作为独立于法律之外的外部监管机制，通过传递信息将企业和外界利益相关者更好的连接在一起，从而引导公众的关注程度和关注方向。基于合法性理论，媒体对于碳排放的报道数量越多，其引导的公众舆论监督力越强，越有利于企业通过提升碳信息披露质量来增强自身的合法性（陈华等，2015）。另一方面，公众舆论、媒体监督能够有效地加大企业碳信息披露的程度，借鉴相关研究，发现出现过环境污染事件、遭到媒体曝光的企业，在碳信息披露方面会更加充实（Yunanner and Trimph，2008）。由此可知，媒体监督的宣传和监管作用都有利于企业提升碳信息披露质量。

会计师事务所作为独立于企业和投资者的第三方审计机构，会对企业披露的信息进行严格把关，为市场上的信息需求者提供保障，确保被审计单位披露信息的真实性、准确性及合法性。企业若想借审计单位的认可来吸引更多的投资者，往往会重视信息披露问题。首先，健全的审计制度有利于促进企业主动披露碳信息，在遵循审计制度的前提下聘请会计师事务所对上市企业进行审计，有利于提高企业的碳信息披露质量（唐勇军等，2018）。其次，在企业作出碳信息披露后，加入外部审计可确保企业碳信息披露报告内容的真实性和可靠性，在一定程度上有助于企业碳信息披露的发展（黄锦鸿，2015）。最后，大型会计师事务所的审计人员普遍具有较高的专业素养和较强的责任意识，相较于一般会计师事务所，大型审计机构更加注重自身的形象和声誉，在审计过程中对企业信息披露的质量往往有更高的要求。因此，他们对被审计单位的报告会更加严格苛刻，利益相关者也更加相信大型会计师事务所出具的审计报告。因此，企业为得到大型审计单位的非标准审计意见，在一定程度上会提升企业自身的碳信息披露质量（高美连和石泓，2015）。

综上所述，针对我国碳信息披露所存在的问题，将产生这些问题的原因汇总成国家、企业和社会三个层面，可知，碳信息披露作为企业治理的内部传导机制不仅受到企业规模、盈利能力、发展能力和产权性质等企业特征因素以及行业特征因素的影响，还受到制度政策、政府监管、媒体监管、经济水平、审计规模等国家和社会层面的影响。通过了解这些具体的影响因素，有助于为企业、政府和媒体等监管者提供解决思路，优化我国的碳信息披露环境。

第四节　本 章 小 结

本章对我国碳信息披露现状进行了分析，划分为四节内容，详细介绍当前我国上市企业披露碳信息的情况及所存问题，并总结出影响碳信息披露的因素。

第一节从 CDP 中国报告着手，以分析企业披露数量和占比的方式，分别从时间、行业和披露内容三个维度对回复情况和调查内容进行详细的数据解析。结果表明，从披露时间角度上，我国上市企业的回复率有显著的增长，表现出较好的披露积极性，但总体而言占比还是较少，需要更多的企业参与其中。从披露行业角度上，相较于低碳行业，高碳行业在没有政策的影响下表现出较低的企业披露数，可见高碳行业的披露积极性还有待提升。从披露内容角度上，"战略和管理"和"风险和机遇"两大项目的企业披露数和占比均表现出良好的趋势，"目标和行动""排放数据"

两大项目方面则有待企业进一步加强。

第二节根据前节对 CDP 中国报告的分析，结合现有文献，分别从国家层面、企业层面和社会层面总结出我国上市企业碳信息披露尚且存在的问题和不足。国家层面中表现为我国碳信息披露缺乏统一规范、强制性法规和相应的法律支持和保障，且我国政府对碳信息披露的监督力度不够，地方政府对大气治理的投资也不足。企业层面表现为我国企业碳信息披露的积极性不高、高碳行业的披露积极性低于低碳行业，且行业差距大、企业碳管理职能机构不完善、碳信息披露内容不够规范、形式较为单一、企业财会人员综合素质水平不高。社会层面存在的问题则为碳信息披露的审核机制不完善、会计理论中碳会计理论实践研究空缺，缺乏理论指导、公众对碳会计信息知识缺乏、关注力度较弱且环保意识薄弱。

第三节对现有关于碳信息披露研究的文献进行了梳理，并结合前文的现状描述，归纳出影响我国企业碳信息披露的几点主要因素，从企业内部的公司规模、盈利能力、发展能力、控股股东持股比例、股权性质、行业特征等因素，到企业外部的披露环境和利益相关方压力因素，如政策制度、政府监管、媒体监督、公司所处地区经济发展水平、审计机构规模等。通过该方式的分析，以实际数据为基础，不仅指出目前我国企业披露碳信息时需注意的事项和改正的问题，同时也为努力发展对外披露碳信息的企业提供借鉴经验。为下文的实证分析奠定基础，并为碳信息披露的实务发展提供参考。

从以上三节内容我们可以发现，当前我国碳信息披露处于发展的初级阶段，国家政策不够完善，企业披露不够积极，社会环境缺乏营造，但自《京都议定书》签订之后，中国为改变碳排放第一大国的现状，无论是从政策上施压还是税惠上鼓励，无不表现出中国在积极响应全球号召，持续打赢蓝天保卫战的决心。2021 年习近平主席在第七十五届联合国大会上承诺，我国二氧化碳排放力争于 2030 年前达到峰值，努力争取 2060 年前实现碳中和，此时正是我国实现碳减排目标的起步期，需要加强对企业碳信息披露理论与实践更深层的研究。在经济发展模式的选择上，目前低碳经济已成为各国经济发展的主要方式，随着学术界对企业碳信息披露问题研究的不断深化，企业和监管部门在运行过程中通过实践—理论—再实践，逐步将我国企业碳信息披露引入正轨。尽管在促进经济低碳转型发展方面，我国已经出台了多项关于节能减排、减污降碳的政策法规，在一定程度上为企业碳信息披露行为和实施提供了借鉴和政策基础，但这并不意味着上市企业在减排方面可以有所懈怠。我国上市企业在碳信息披露的各个方面还有很长的路需要摸索，必须不断努力推动低碳经济模式的平稳运行和碳会计的蓬勃发展。

第五章 碳信息披露源动力 机制分析

第一节 碳信息披露源动力因素关联性与互动性分析

一、碳信息披露源动力因素的关联性分析

充分全面披露碳信息有利于企业规避碳风险，通过降低资本成本改善财务绩效，从而提高企业价值，而企业价值的提升又能从根源上为企业进行碳信息披露提供源动力。因此，碳信息披露的源动力主要有规避碳风险、降低资本成本、提升财务绩效，提高企业价值，本节主要从以上几个源动力因素出发，分析碳信息披露对碳风险、资本成本、财务绩效的影响及其影响路径。

（一）碳信息披露对碳风险的影响

风险无处不在。在环境风险评估及管理中，自然环境风险是指企业由于生产经营活动中产生的污染物和废弃物对生态环境造成了潜在威胁或不利影响，从而受到重金罚款的风险。碳风险作为自然环境风险的重要组成部分，主要是指使用化石能源而带来的气候变化的影响。正是由于碳风险的存在使企业的发展面临较大的不确定性，也就是说，企业在使用各种能源以维持正常的生产经营活动、取得经济利益的同时，也面临着由于二氧

化碳过度排放导致企业受损的风险。莱伯特和怀特（Labatt and White，2007）最早将碳风险分类为行业层面和企业层面，行业层面包括政策管制风险、物理风险。企业层面包括声誉风险、碳交易风险以及商业风险。碳信息披露质量会通过以上两个层面影响碳风险，如图5－1所示。

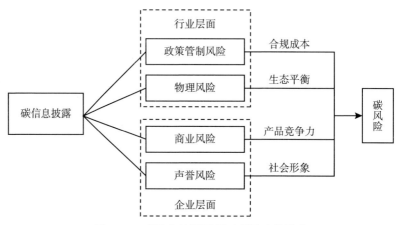

图5－1　碳信息披露质量对碳风险的影响

1. 行业层面

政策管制风险是指与过去及未来碳规制政策有关的风险，这类风险通常由碳交易排放信用和额外的合规成本对企业的财务绩效产生影响。碳信息披露质量较高的企业具备很强的碳风险意识和健全的碳排放应急处理机制。事故发生前，健全的预防机制有利于企业避免未知的碳风险；事故发生时，完善的应急处理机制有利于企业快速处理所面临的环境事故，最大限度地降低政府对企业的处罚，减少额外的合规成本，从而降低政策管制所带来的碳风险；事故发生后，企业一系列快速有效的公关措施可以帮助其最大限度地减轻负面影响。综上所述，碳信息披露质量高的企业会全面考虑事故发生的前中后三个阶段，通过降低政策管制风险来降低企业面临的碳风险。

物理风险是指自然环境中由极端天气造成的不确定性风险，如洪水、风暴、干旱和气候变暖等自然灾害。在生产过程中排放大量含碳污染物的企业会引起外部利益相关者对其碳信息披露水平的关注。而高质量的碳信息披露不只是简单的数据分析汇总列报，更是企业致力于全面推进绿色生产、优化能源结构、推动绿色技术创新、提升能源利用效率的结果，间接反映了企业在环保方面所作的努力。从长期效用来看，高质量的碳信息披露有利于整个污染密集型行业减少污染物的排放、维护生态平衡、推动可持续发展，从而降低物理风险对企业造成的损失。

2. 企业层面

商业风险是指企业不规范的碳排放行为所引起的市场竞争风险。碳信息披露质量越高越有利于企业发展低碳经济，规范碳排放行为，加速企业的发展模式转型，构建出更为合理的产品结构，从而使企业能够通过生产低碳绿色产品来增强市场竞争力，让企业的市场份额得到进一步扩张，降低商业风险。

声誉风险是指因企业的低碳管理行为或其他外部事件而导致的利益相关者对企业的评价。碳信息披露属于环境信息披露的一个分支，但目前我国仍处于自愿披露阶段，因此，高质量、高透明度的碳信息披露无疑成了一种"绿色"信号传递，目的在于向社会公众表露企业生态保护的决心。公众将高透明度的碳信息披露视作高价值的无形资产，高透明度的碳信息披露使他们更深层次地了解企业绿色化的生产过程，并认为企业具备优良的碳排放管理。同时，也给利益相关者留下企业"绿色化管理"的良好印象。因此，高质量的碳信息披露有利于提高企业的社会形象，降低声誉风险。

综上所述，高质量的碳信息披露可以通过降低政策管制风险、物理风险、商业风险以及声誉风险来帮助企业规避行业和企业内部层面的碳风险。

（二）碳信息披露对资本成本的影响

资源观认为，资金是影响企业生存发展的关键因素。随着我国绿色金融体系的不断完善，绿色生产已被纳入信贷考核体系，投资者也逐渐将企业的碳信息披露质量作为其信贷决策的重要因素，由此来判断企业能否实现长远发展。因此，高质量的碳信息披露有助于企业赢得投资者的青睐，从而以较低的成本获得资金。碳信息披露主要基于以下四个角度来影响企业的资本成本，如图 5-2 所示。

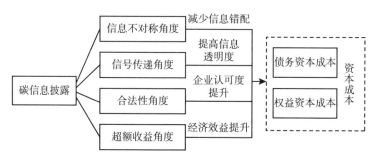

图 5-2　碳信息披露质量对资本成本的影响

1. 基于信息不对称角度

信息不对称是指企业内部人员和外部利益相关者获取信息不一致的情形。组织的内部管理人员易于推测企业因碳排放水平而将面临的违规罚款情况，但企业的外部利益相关者，尤其是投资者不易得知企业的具体情况，可能需要花费大量的时间和精力才能获知。因此，他们会将这些成本转嫁到预期收益率中。

企业的融资不外乎来源于银行等金融机构投资者。基于信息不对称理论，一般而言，企业与其外部利益相关者之间存在较大的信息差。企业处于绝对的优势方，相反，企业外部利益相关者处于绝对的劣势方，几乎无法了解到有关碳排放和碳资产管理等信息，由于信息不足也导致了投资者们作出信贷决策的过程变得十分艰难。因此，当企业碳信息披露质量较低时，投资者探寻企业实际情况的成本增加，投资者会将这些成本转嫁至投入的资金中，此举会增加企业的融资成本。反之，高质量的碳信息披露可以增加投资者对企业的认知程度，降低预期风险及股票发行成本，从而降低企业资本成本。

2. 基于信号传递角度

信息不对称中的逆向选择会导致资源配置效率低下，为了有效解决这一问题，"信号"一词被提出。市场上存在信息不对称时，交易者为了提高交易效率，掌握较多信息的一方会积极主动地向信息较少的一方发出信号，以促成双方信息交换，实现信号传递。

2007 年 7 月，国家环境保护总局、中国人民银行和中国银行业监督管理委员会联合发布了《关于落实环境保护政策法规防范信贷风险的意见》的绿色信贷政策，要求商业银行严格把关环境污染型企业的信贷额度，同时鼓励绿色环保型企业的发展。在这样的制度环境下，碳信息披露质量将会成为投资者判断企业未来经营状况、环境不确定性、信贷风险的重要因素。高质量的碳信息披露作为非财务性信息披露具有很强的"绿色"信号传递作用，将会吸引投资者的目光，是缓解企业与利益相关者之间信息不对称程度的有力工具，为投资者实施信贷决策提供有价值的信息，让投资者更深入地了解企业的碳排放状况，从而有效降低资本成本。另外，投资者与企业的长远利益高度一致，在国家高度重视生态保护的战略背景下，投资者自身也更偏爱低碳环保型企业，因此，高质量的碳信息披露有利于提升股票的信用水平，从而降低融资成本。

3. 基于合法性角度

合法性理论是指外部利益相关者对企业经营的评价，若企业不能得到认可，则其存在便不合法。萨其曼（1995）认为合法性是指企业的各项经营活动应符合利益相关者的价值预期。合法性理论认为社会价值和企业价值具有一致性，企业存在于社会中，两者相互联系，不可分割。不合法经营的企业很难获得外部利益相关者的资金支持，这必定会负向地影响企业的发展。反之，如果企业具备合法性，社会将以各种形式给予企业稀缺的物质资源，促使企业在市场竞争中占据有利地位。

碳信息披露是环境信息披露的一部分，企业的碳信息披露质量与利益相关者的利益高度相关。通常来说，企业面临的合法性压力主要源于外部利益相关者，投资者为降低投资风险，会依据企业的碳信息披露质量分析企业的发展前景。如果企业的碳信息披露质量没有达到投资者的要求，企业就会被判定未履行环保责任，没有合法经营。此时，投资者会要求较高的收益率，企业若想要获得投资者的资金通常要付出更高的成本。反之，高质量的碳信息披露符合利益相关者对企业合法性的要求，有利于加深外部利益相关者对企业的正面印象，降低投资者对投资回报率的要求，从而降低资本成本。

4. 基于超额收益角度

超额收益是指超过市场平均收益的利益，企业会计信息的传递不仅具有提升信誉、减少融资约束、股价上升等外部效应，同时也具有降低监督成本等内部治理效应。就碳信息披露而言，目前碳信息披露尚属于自愿披露阶段，假若部分企业乐于披露更多有价值的碳信息，市场就会对披露和未披露的企业进行划分，由此，企业可以获得超额收益。

一方面由于碳信息具有较高的经济价值，因此会受到来自企业外部利益相关者如环境监管部门、债权人以及社会公众的广泛关注与监管；另一方面企业对外进行碳信息披露也是企业向外界传递其自身合法性的有利信号，使企业树立起遵守环境法规、响应号召致力于绿色转型与节能减排的良好形象，从而有效减轻企业所承受的监管压力，降低企业由于违反各种环境法规政策而承担的罚款、整改、诉讼等风险。此时，投资者认为高质量的碳信息披露为企业创造的超额经济效益已远大于投入的成本，投资者乐于以较低的回报率对碳信息披露质量高的企业进行投资。

（三）碳信息披露对财务绩效的影响

现阶段全球都面临生态破坏和能源短缺的问题，双碳背景下党中央已经将生态保护置于前所未有的战略高度，碳信息作为环境信息披露的关键组成部分，主要是从资源优势和成本优势两个层面来影响财务绩效，如图 5 - 3 所示。

1. 从资源优势层面来看

基于信号传递理论，碳信息披露质量高的企业往往具备较高的环保意识，不吝于向社会传递其积极主动履行环保责任的信息。另外，相对于披露质量较低的企业，碳信息披露质量高的企业更易获得利益相关者的青睐，利益相关者由于自身偏好也乐于为那些低碳经营的企业提供更多的资源。

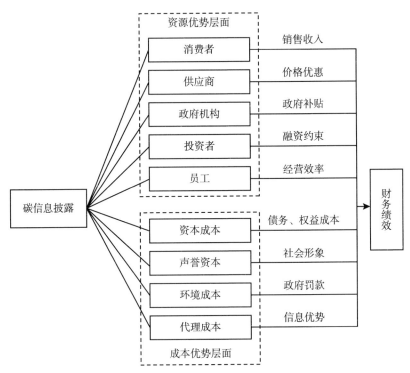

图 5 - 3 碳信息披露质量对财务绩效的影响

第一，在国家高度重视节能减排的背景下，基于偏好理论，消费者的环保意识促使他们更倾向于选择绿色环保型企业，也愿意为绿色产品支付更高的价款，提高企业销售收入的同时提升财务绩效。第二，供应商也愿意为披露质量高的企业提供信用政策和商业折扣，给予这些企业更优惠的价格。第三，环境友好企业可以向政府监管机构和环保部门传递企业积极进行低碳管理的信息，有利于企业获取更多的政策支持。第四，碳信息披露足够充分的企业易于获取银行等金融机构和证券市场投资者的信任，增加潜在投资者，保障资金链的稳定。第五，充分的碳信息披露有利于企业改善社会声誉，塑造良好的社会形象，提高经营者和员工对企业的认可程度和经营效率，从而提升企业的盈利水平。综上所述，基于利益相关者理论，企业进行高质量的碳信息披露能够使企业的亲和力得到大幅提升，帮助企业捕获更多的优势资源。

2. 从成本层面来看

碳信息披露质量会通过各类成本影响财务绩效。第一，从资本成本来看，企业对外披露更为充分的碳排放信息可以使企业的投资者以及潜在投资者更为深刻地认知到企业的发展方向与发展潜力，拓宽融资渠道，降低企业的债务及权益资本成本。第二，从声誉资本来看，高透明度的碳信息披露可有效减少市场中公司的负面信息，是缓解外部压力的有效工具，有助于企业创建及提高声誉资本，形成企业的长期竞争优势，从而获得谈判优势，提升边际收益。第三，从环境成本来看，碳信息披露水平高的企业大多拥有很强的环境危机意识，在企业意识到危机将要发生时，会提前采取相应的措施以减少风险，从而降低未来因环境问题而可能发生的一系列处罚成本，降低财务风险。基于以上分析，高质量的碳信息披露有利于降低企业的资本成本、环境成本，提高声誉资本，从而提升企业财务绩效。

二、碳信息披露源动力因素的互动性分析

由以上分析可知，碳信息披露主要从碳风险、资本成本、财务绩效三个方面对企业产生影响。但是，现代企业是一个复杂的开放系统，这些因素和碳信息披露的关系并不是独立的、单向的，而是双向互动、相互关联性传导，如图 5-4 所示。

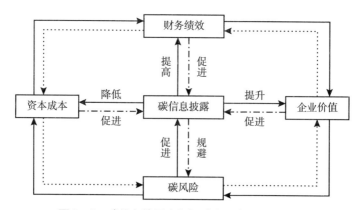

图 5-4 碳信息披露内部源动力因素互动性分析

（一）碳信息披露与碳风险的互动性分析

当前，环境污染日益严重，国家反复强调要保护生态平衡，并且制定了碳达峰、碳中和的目标。而企业作为市场的关键主体，其生产经营活动所消耗的能源是环境污染的主要来源，企业充分披露高质量的碳信息，一方面可以帮助企业有效规避政策管制风险和物理风险；另一方面，有助于企业提升产品竞争力和社会形象，规避商业风险和声誉风险，提高企业的碳风险防范意识，从而取得良好的财务绩效，提升企业价值。

此外，生态现代化理论还强调企业需要清楚地认识到进行生态保护也是企业提高竞争优势的途径之一。随着环境问题日益突出，碳风险意识强的企业，为了在市场中获取先发优势，会加大在低碳技术和环保设备方面的投资，树立良好的社会形象，开发更多的低碳产品以满足合法性要求。另外，碳风险意识强的企业可以通过合理规划资源，进行绿色低碳技术的创新，提升资源利用率，通过低碳技术和管理创新能力获取竞争优势，进而反向促进企业进行高质量的碳信息披露。

（二）碳信息披露与资本成本的互动性分析

一般情况下，碳信息披露质量高的企业具有较强的社会责任感，良好的社会形象有利于增强投资者的投资意愿，进而降低投资者期望收益率，从而降低企业的资本成本。资本成本的降低有利于降低企业的融资成本，间接地提升财务绩效。企业从高质量的碳信息披露中获取的收益大于披露成本，从而激发企业的环保意识，提高污染治理能力，进而披露更高质量的碳信息。因此，资本成本与碳信息披露之间的关系是通过降低资本成本节约资金，然后将额外资金投入节能减排中，取得低碳环保成效，促进企业披露碳信息。因此，资本成本和碳信息披露属于双向互动关系。

（三）碳信息披露与财务绩效的互动性分析

企业积极响应市场和政府的环境需求，致力于低碳发展。一方面，从资源优势来看，高质量的碳信息披露可以获得利益相关者的青睐，捕获各种资源优势，提高企业的财务绩效，从而提升企业价值。从成本层面来看，碳信息披露可以通过降低资本成本、环境成本，提升声誉资本来提高财务绩效。另一方面，较高的财务绩效为企业进行环保活动提供了充足的资金，又可进一步助推碳信息披露。原因在于通过碳信息披露提升财务绩效的企业已经意识到低碳发展的重要性，在此基础上，企业乐于为环保投入更多的资金，通过碳信息披露向外界展示其在环境治理上所作的贡献，提升企业差异化的竞争力，进而加速企业财务绩效的提升。综上所述，碳信息披露能够促使企业进入经济的良性循环。

第二节　企业碳信息披露源动力
循环系统的构建

系统动力学（system dynamic，SD）是由美国麻省理工学院福瑞斯特（Forrester）教授于 1956 年创立的一门研究复杂系统问题的学科，这是一种基于反馈控制理论，通过仿真技术来对复杂社会经济系统进行研究的方法。本书运用系统动力学理论对碳信息披露源动力结构进行深层分析，以便更好地理解碳信息披露循环系统的构建与运行，以期促进低碳经济的可持续发展。从上一节的分析可知，碳信息披露循环系统的内部源动力包括碳风险、资本成本、财务绩效和企业价值等。下面将进一步介绍碳信息披露与其源动力之间是如何相互联系、相互影响、相互制约的，从而构成了碳信息披露源动力循环系统。

一、内部源动力循环系统各模块的传导机制分析

企业碳信息披露内部源动力系统的各因素之间是相互联系、相互影响的。从协同效应来讲，碳信息披露既可以分别与碳风险、资本成本、财务绩效和企业价值产生双向影响，也可以通过影响碳风险、资本成本继而影

响财务绩效来提高企业价值，最终又反作用于碳信息披露。换言之，除了从各方面来分析碳信息披露源动力循环系统外，还可以从整体上把握，将这些影响因素纳入一个体系，分析其关联性及各环节之间的传导机制，形成源动力循环系统：企业碳信息披露→规避碳风险→降低资本成本→提高财务绩效→提升企业价值→进一步推动碳信息披露。

碳信息披露是推动企业发展低碳经济，提升企业价值的重要影响因素，高质量的碳信息披露可以从行业、企业层面规避碳风险，而碳风险属于企业财务风险的一部分，降低碳风险有助于降低企业的财务风险，而财务风险的减低在一定程度上可以缓解融资约束，降低资本成本，提高财务绩效，从而提升企业价值。

而企业价值的提升为碳信息披露提供了源动力。价值提升一般意味着经济实力提高，充裕的资金有助于企业加大绿色研发投入力度，提高能源利用效率，有助于企业加强碳排放管理，促进节能减排。随着企业价值的提升，企业能够加快规模建设，采用先进技术推动节能减排，降低企业的能源成本，控制碳风险。在资本市场上，低成本意味着高收益，企业资本成本越低，财务风险越小，企业预期利润越高。企业盈利能力增强，企业良好形象得到维护，进一步推动企业履行社会责任，提高碳信息披露质量。

综上所述，碳信息披露是推动企业发展低碳经济，提升企业价值的重要影响因素。而现代企业又是一个复杂的开放系统，披露碳信息对企业产生的影响存在双向、互动传导。以碳信息披露为中心的系统内部各因素之间相互关联、彼此影响，从而形成一个系统内的经济能量实现资源可持续利用的循环经济模式。

二、碳信息披露源动力循环系统的构建

碳信息披露源动力循环系统要探讨各因素内部问题和整个循环系统的关系，那么就要将企业环境、经济成本、经济目标等反馈信息与企业市场动态行为联系起来，分析源动力循环系统的组成结构，探讨具体实施的可

持续发展技术路径。根据信号传递理论，企业树立的良好形象有助于增强投资者的信心，从而降低企业的碳风险。从长远利益来看，碳信息披露源动力循环系统使企业可以实现内外部环境压力和经济动力等的有效利用，最终提升企业绩效，实现公司价值最大化的终极目标。综上所述，碳信息披露源动力循环系统的动力机制即各个模块互相联系、互相影响、相辅相成，从而形成一个循环作用的体系。碳信息披露源动力循环系统的构建如图5-5所示。

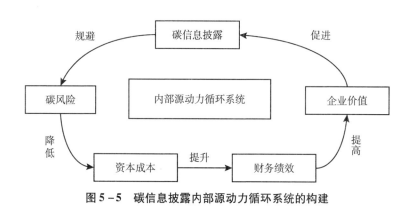

图5-5 碳信息披露内部源动力循环系统的构建

从碳信息披露角度出发，碳信息披露是企业与利益相关者联系的重要渠道，碳信息披露水平越高的企业，其环境风险责任意识和环境污染治理能力越强，这对于规避政策风险和提升企业形象具有重要意义，通常良好的声誉会给企业带来隐性的担保，金融机构更倾向于给具有良好声誉的企业发放贷款，如此一来，企业投资风险下降，使得投资者对企业未来发展充满信心。此外，高质量的碳信息披露有利于投资者降低其进行信息获取工作的成本，同时能够使企业管理层与外部投资者之间信息不对称程度得到有效减缓。企业对外披露的碳排放信息的质量越高，投资者就能够对企业未来发展前景进行更为准确的预测，进而提升其进行投资决策的效率。当面临筹资需求时，良好的形象会降低企业筹集资金的难度，而融资难度的下降也有助于企业降低外部融资成本，提升企业的经营能力，持续盈利，进而提高财务绩效，提升企业价值。由良好的碳管理所带来的经济利益也将回馈给利益相关者，有效提升企业自觉自愿披露碳信息的动力，缓解信息使用者与企业间的信息不对称矛盾，从而有利于企业特别是碳治理较好的企业更好地把握住发展机遇，使企业综合竞争力得到大幅提升，有助于企业进行可持续发展。总之，企业提高碳信息披露质量，有助于提高财务绩效、增加企业价值，降低财务负担，从而降低碳风险。

从碳风险角度出发，企业的碳风险表现为企业履行社会责任会增加财务负担，从而减少企业利润，降低企业财务绩效。进一步发现，财务绩效的提升意味着企业利润上升，碳风险下降。原因在于财务绩效较高的企业，资金充足，有利于扩大企业规模、增强企业盈利能力，企业具有负担额外成本的能力进行碳信息披露，从而降低碳风险。即企业的高财务绩效可以保障企业的碳信息披露。综上所述，企业财务绩效的提升也有助于企业资本成本的降低以及企业价值的提高、约束碳风险。企业价值可以看成企业的财富资金，能够为企业经营活动提供资金支持，扩大投资收益率，有利于财务绩效的提升。换言之，企业价值提升所带来的资源也能够被碳信息披露所利用，为规避碳风险提供资金，从而提升碳信息披露质量。此外，已有研究证明，碳信息披露质量的确能够有效规避碳风险，虽然企业最初提升碳信息披露质量会产生大量碳管理活动成本，如碳减排技术的研究开发、碳减排设备的购置费用等，这些成本将会导致企业的现金流量下降，债务违约风险也随之增加，进而增加了企业进行债务融资活动的成本，使得财务绩效水平下降，但是当碳信息披露质量达到一定程度时，碳风险将得到有效的规避，此时较高质量的碳信息披露为企业创造的超额经济效益已远大于碳信息披露投入的成本，碳信息披露就能通过减少债务违约风险进而降低债务融资成本，财务绩效也因此得到改善，企业价值也因此得到提升。

从资本成本角度出发，资本成本对其他内部因素的作用具有潜移默化的影响，其与财务绩效的关系相辅相成，降低资本成本有利于财务绩效的提升。资本成本越低，风险越低，资本成本与碳风险成正比关系，资本成本间接地影响碳风险。资本成本降低，有助于提高企业的环保意识和污染治理能力，间接地影响企业的碳信息披露质量。反之，投资风险越低，资本成本就会越低。碳风险降低有利于提升盈利能力，增加利润，提升企业价值。碳风险的降低有利于降低财务风险，从而提高财务绩效，增加企业利润。而财务绩效较高的企业，资金充足，规模宏大、具有出众的获利能力，企业拥有足够的资本来提高企业对外碳信息披露的质量。但如果企业所面临的碳风险不断升高，财务风险就会提升，财务绩效就会降低，碳信息披露质量也会下降。因此，碳风险间接地通过资本成本影响碳信息披露质量，在一定程度上还会间接地影响企业价值。

从企业价值角度出发，企业收益和价值的提升，最终会展现在企业的经营成果上，高盈利能力可以吸引更多投资者提供资金支持。但碳信息披露质量对企业价值的影响可能是正向的也可能是负向的，如果企业披露碳信息使得与其有关的披露成本增加，企业获得的利润小于付出的成本时，企业财务绩效方面的表现为资产收益率降低，不利于公司价值的提高。然而，相对来说，规模宏大和资金充足的公司有能力充分披露碳信息，所以，在一定程度上公司价值的提升对于企业提高碳信息披露质量来说十分有益。一般来讲，短期内碳信息披露水平与企业价值呈负相关关系。因为企业履行环境责任会使成本增加，财务负担加重，减少利润，所以碳信息披露会增加企业进行环境管理的成本，对企业利润的形成具有不利影响。但从长期来看，依据社会责任理论，高质量的碳信息披露是企业积极履行社会责任的表现，会促进企业绩效的提升。

经过以上分析可以发现，碳信息披露源动力循环系统的构建是多角度、全方位、深层次的。企业价值的实现是相互耦合的内外因素共同作用的结果，内部因素相互作用形成内在动力，外部因素的作用形成推拉动力。内外部动力之间存在着相互影响、相互制约的作用关系，只有内外动力和谐配套，企业才能启动综合碳信息披露源动力机制，使得碳信息披露源动力循环系统中内部动力的循环作用带动企业的生产经营，实现经济效益和社会效益，提高碳信息披露能力，进而突破环境污染对经济发展的制约，推动低碳经济可持续发展。此外，正是由于在源动力循环系统中各因素存在差异且具有不同的作用，才使得它们在互补中形成相互联系、相互依赖的统一体，并在分别发挥各自差异优势的基础上，通过循环系统对外发挥作用，实现整体上的飞跃。

三、构建碳信息披露源动力循环系统的保障措施

碳信息披露源动力循环系统主要通过系统内部因素相互关联、相互影响来进行能量的转换循环，是最大限度利用系统内的经济能量实现资源可持续利用的循环经济模式。碳信息披露源动力循环系统的发展模式遵循"信息披露—绩效—碳信息"的反馈式流程，实现了信息资源的最大程度利用，达到了价值最大化和成本最小化的目的。因此，构建碳信息披露源动力循环系统，必须发挥企业的积极性和主动性，不断增强企业的绿色发展意识和社会责任感。

一方面要不断完善碳信息披露制度。通过绿色技术创新推动传统产业转型升级，通过提高产业链和供应链的绿色化水平，增强企业的市场竞争力；另一方面要形成企业绿色发展的利益共同体，不断增强各利益相关方合作共赢的意识，积极构建源动力循环系统，加快碳信息披露的进程。

综上所述，企业应该尝试发展碳信息披露源动力循环经济模式，走循环经济的路线。同时，企业应从理念创新、技术创新、体制创新和实践创新四个方面出发，根据企业自身的实际情况，从实践中去探索适合自身发展的碳信息披露源动力循环经济模式，通过发挥循环系统的创新扩散和经济辐射作用，带动企业经济发展模式的转变，加快企业碳信息披露的步伐，适应激烈的市场竞争需求，顺应经济的可持续发展。目前我国正处于转变经济增长方式、节能减排的关键时期，为了改善环境，将我国建设成为真正的环境友好型社会，企业更要具备"循环发展"的思维，通过循环系统带动内部各动力因素的传导，促进企业碳信息披露，从而发展低碳经济，在多个方面创造利好消息。

第三节　实证检验

一、碳信息披露与碳风险、资本成本和财务状况的关系

（一）理论分析与研究假设

1. 碳信息披露质量与碳风险

碳风险主要来自企业在生产过程中对矿物燃料的使用及由此产生的温室气体对环境造成的影响（Fabio Pizzutilo et al.，2020），碳风险是衡量企业排碳行为对环境影响程度的重要测量指标。关于碳风险的相关研究，国内外学者主要集中在对碳风险与债务融资之间的关系研究上（Juhyun et al.，2016；周志方等，2017；Su－Yol Lee，2019；Fabio Pizzutilo et al.，2020；王新媛，2020），少有学者将碳风险与碳信息披露相结合进行研究。随着低碳经济和绿色金融理念的发展，碳信息披露作为气候环境与经济社会协调发展的重要参考指标，对企业的生存发展具有重要影响。高质量的碳信息披露有助于企业向利益相关者传递良好的碳管理信息，合理分配资源，从而降低碳相关风险。基于以上分析，提出假设 H5－1。

假设 H5－1：碳信息披露质量负向影响碳风险。

2. 碳信息披露质量与财务状况

声誉和顾客满意度都能对企业绩效起到提升作用（袁子鼎，2020）。企业为建立良好的声誉和社会形象，一方面，通过披露高质量的碳信息来缓解企业的合法性压力，提高企业的认可度，进而提升财务状况（温素彬和周鎏鎏，2017）。另一方面，企业也可以通过提高碳信息披露质量来获得更多的政策优惠，进而缓解融资压力，以此提升财务状况（钟凤英，2021）。

随着国家对气候变化的重视，企业要在竞争激烈的资本博弈中分得一杯羹，保证企业的盈利能力和持续发展，必定要积极响应号召，满足利益

相关者的诉求，通过提高碳信息披露质量，获得超额收益，从而展现出良好的财务状况水平，提升企业的投资价值。基于以上分析，提出假设 H5 - 2。

假设 H5 - 2：碳信息披露质量正向影响财务状况。

3. 碳信息披露质量与债务资本成本

关于企业碳信息披露质量与债务资本成本这两者的研究目前还较少，杨洁等（2020）在债务违约风险和环境监管压力的研究中指出碳信息披露水平与企业债务融资成本呈倒 "U" 形关系。倪娟和孔令文（2016）、刘蓉（2017）、王曼曼和郭晓顺（2019）、李金霞（2020）等多数国内学者研究表明，环境信息披露负向影响债务融资成本。原因在于企业对外披露高质量的环境信息能够促使企业与债权人之间的信息不对称的有效缓解，从而使企业能够通过降低所面临的投资风险来减少债务资本成本。碳信息披露作为环境信息的重要组成部分，具有环境信息的共性特征，因此，在资本市场中对投资者的影响关系也是相通的。企业通过披露高质量的碳信息有利于吸引具备低碳意识的投资者，同时向厌恶风险者发出积极的环保信号，从而有效削弱企业进行筹资活动的难度，使企业的债务资本成本大幅下降。基于以上分析，提出假设 H5 - 3。

假设 H5 - 3：碳信息披露质量负向影响债务资本成本。

（二）研究设计

1. 样本选取

本书参考《上市公司行业分类指引》《上市公司环境信息披露指南》《上市公司环保核查行业分类管理名录》，选取采矿业，食品制造业，酒、饮料和精制茶制造业，纺织业，造纸及纸制品业，石油加工，炼焦及核燃料加工业，化学原料及化学制品制造业，医药制造业，非金属矿物制品业，黑色金属冶炼及压延加工业，有色金属冶炼及压延加工业，电力、热力、燃气及水生产和供应业等 19 类行业为重污染行业。并以 2015 ~ 2019 年沪、深两市 A 股上市企业为研究对象，剔除：（1）数据不全；（2）2015 年以后上市；（3）ST、PT 等异常交易的观测值，最终得出 825 个观测值。研究中碳信息披露的明细项目源于上市企业社会责任报告和可持续发展报告，其余数据均来源于国泰安数据库。

2. 变量设计

我国《企业会计准则——基本准则》明确规定了企业披露的信息要满足相关性、可靠性、及时性、可比性、可理解性、谨慎性及实质重于形式、重要性这八项会计信息披露质量的要求。目前碳信息尚在自愿披露阶段，国家鼓励企业主动对外披露完整的碳排放信息，部分会计信息披露特征，如谨慎性、实质重于形式、重要性，其要求并不适用于评价碳信息披露的情况，且考虑到碳信息尚未形成统一的披露标准，因而其披露内容的准确性、全面性与可比较性等仍有较大的提升空间。通过对全球报告倡议组织（GRI）、国际石油工业环境保护协会（IPIECA）、社科院企业社会责任研究中心、世界资源研究所（WRI）与世界可持续发展工商理事会（WBCSD）开发的《温室气体核算体系：企业核算与报告标准》等国内外研究机构及部分学者关于碳信息披露质量的衡量标准进行整理发现，及时性、相关性、可靠性、完整性是提及频率较高的四个特征，能够极大程度上覆盖碳信息披露评价内容。因而本书从这四个方面构建碳信息披露的质量维度，据此设置出由 8 个一级指标和 18 个二级指标共同构成的碳信息披露综合测评体系。

其中及时性反映了资本市场对信息的敏感程度，能否及时披露信息将直接影响信息使用者的投资决策，因此本书将"披露时间"设置为及时性的一级指标，根据碳信息披露时间是否及时来判断企业碳信息披露的及时性；相关性则决定了企业提供的信息是否能够满足内部和外部信息使用者的需求、能否向信息使用者提供具有实质性预测价值的碳信息，因此本书将"低碳信息披露载体"设置为相关性维度的一级指标，是否通过社会责任报告或环境报告等载体对外进行披露是衡量其信息披露相关性的重要参考指标；完整性是评价企业碳信息披露的重要内容，其涵盖了企业对于碳信息的各项重要内容的披露情况，本书从低碳目标与战略、低碳管理与激励、低碳行动与绩效、碳核算与排放四个方面构建其一级指标，并将其细化为 13 个二级指标全面衡量其完整性维度；可靠性是信息使用者评价上市企业的重要基础，因为投资者对企业披露的信息缺乏一定的专业认识，

所以独立第三方的审计鉴证是企业碳信息披露可靠性的重要支撑。因此本
书设立碳审计、碳鉴证两个一级指标对碳信息披露可靠性维度进行评价，
具体如表 5 - 1 所示。

表 5 - 1　　　　　　　　碳信息披露评价体系

质量维度	一级指标	二级指标	赋值情况
及时性	披露时间	碳信息（社会责任报告、可持续发展报告或者单独的环境报告）披露时是否及时	年报披露之后 = 0，随年报披露或之前 = 1
相关性	低碳信息披露载体	是否在社会责任报告中披露	未披露为 0，披露为 1
		是否在环境报告中披露	未披露为 0，披露为 1
完整性	低碳目标与战略	低碳发展目标、计划	未披露为 0，披露为 1
		低碳发展战略内容、步骤或方法	未披露为 0，披露为 1
	低碳管理与激励	制定低碳发展管理/激励办法	未披露为 0，披露为 1
		设立低碳管理部门或机构	未披露为 0，披露为 1
		低碳宣传与培训	未披露为 0，披露为 1
		碳减排政府补贴或奖励	未披露为 0，披露为 1
	低碳行动与绩效	国家低碳政策的响应情况	未披露为 0，披露为 1
		碳减排技术、资金的投入情况	未披露为 0，披露为 1
		碳减排达标/效益估计的情况	未披露为 0，披露为 1
		碳减排获政府认可的情况	未披露为 0，披露为 1
	碳核算与排放	碳排放权会计核算方法	未披露为 0，定性披露为 1，定量披露为 2
		温室气体排放量	未披露为 0，定性披露为 1，定量披露为 2
		温室气体排放绝对变化量	未披露为 0，定性披露为 1，定量披露为 2
可靠性	碳鉴证	是否通过 ISO14001 环境管理系统认证	未披露为 0，披露为 1
	碳审计	是否具有独立第三方检验证明	未披露为 0，披露为 1

被解释变量为碳风险（RISK）、财务状况（PBR）和债务资本成本（KS）。关于碳风险的衡量，国内学者的衡量方法并不一致，周志方等（2017）采用碳排放违法受到的惩罚类型来作为碳风险的代理变量，王新媛采用碳交易价格指数来衡量碳风险。而国外学者多采用定量指标衡量碳风险，包括以碳排放量与营业收入的比值来衡量碳风险（Kim et al.，2015；Juhyun et al.，2016）。法比奥·皮佐洛（Fabio Pizzutilo et al.，2020）以企业总资产为基础而计算的二氧化碳（CO_2）排放总量来衡量碳风险。考虑到本书更偏重企业经营状况方面的研究，因此选用碳排放量/营业收入来量化碳风险。财务状况则以市净率作为代理变量，具体计算方法为每股股价/每股净资产。市净率越低代表财务状况越好。债务资本成本则参考杨洁等（2020）对债务融资成本的衡量方法，以应付利息/债务总额来衡量债务资本成本。

本书的控制变量主要从财务特征和治理结构这两类中进行选取。其中，公司财务特征的控制变量包括资产负债率（LEV）、成长能力（GROW）和经营活动现金流量（CF）。公司治理结构的控制变量包括独董比例（IND）、股权集中度（GRI）和两职合一情况（DP）。具体变量定义如表5–2所示。

表5–2   变量定义

类型	名称	符号	度量方法
被解释变量	碳风险	RISE	CO_2排放量/营业收入
	财务状况 （用市净率衡量）	PBR	每股股价/每股净资产
	债务资本成本	KS	应付利息/债务总额
解释变量	碳信息披露质量	CDI	企业碳信息披露情况实际得分
控制变量	资产负债率	LEV	年末负债总额/年末资产总额
	成长能力	GROW	本年增加的营业收入/上年营业收入
	经营活动现金流量	CF	经营活动所产生的现金净流量/年末总资产
	独立董事比例	IND	独立董事数量/董事会成员数量
	股权集中度	GRI	第一大股东持股数/总股数
	两职合一	DP	董事长兼任总经理时取值1，否则为0

3. 模型构建

为分别验证碳信息披露质量对碳风险、财务状况和债务资本成本的作用效果，依次构建模型（5 - 1）~ 模型（5 - 3）进行实证检验。其中，i 表示公司，t 表示年份，$\sum$ Controls 为控制变量 LEV、GROW、CF、IND、GRI 和 DP 的集合。回归模型如下所示：

模型（5 - 1）：$RISK_{it} = \alpha_0 + \alpha_1 CDI_{it} + \sum \alpha_i Cnotrols_{it} + \varepsilon$

模型（5 - 2）：$PBR_{it} = \beta_0 + \beta_1 CDI_{it} + \sum \beta_i Cnotrols_{it} + \varepsilon$

模型（5 - 3）：$KS_{it} = \gamma_0 + \gamma_1 CDI_{it} + \sum \gamma i Controls_{it} + \varepsilon$

（三）实证分析

1. 描述性分析

描述性统计结果如表 5 - 3 所示。RISK 的最大值为 66.953，最小值为 0.062，标准差为 12.949，碳风险表现出极为不稳定状态，说明我国重污染行业在低碳金融的风险把控水平上参差不齐，重污染行业需要在此方面提高警惕。此外，CDI 的均值为 2.345，与满分的碳信息披露值 18 差距极大，且 CDI 的最大值与最小值数值差距为 10，甚至存在 CDI 为 0 的企业，表明我国污染密集型企业间的碳信息披露质量存在较大差异，侧面说明我国重污染上市企业碳信息披露质量普遍偏低，环保意识不够充分。PBR 的均值为 2.605，标准差为 1.92，行业市净率波动幅度不大，表明我国重污染上市企业具有较高的投资价值。在 KS 的描述性统计数据中，债务资本成本的均值、标准差都很小，表明该行业较易在外部筹资中获得借款，可见重污染行业中多数企业具有良好的企业信用和公司形象。

关于控制变量的描述性统计数据，资产负债率（LEV）均值为 0.44，标准差为 0.196，表明我国重污染行业的上市企业的整体负债能力比较高。成长能力（GROW）均值为 0.117，标准差为 0.235，表明重污染行业整体增长速度慢，市场的占有能力偏低。独立董事比例（IND）均值为 0.369，标准差为 0.048，表明我国重污染行业上市企业独立董事所占比例偏小。股权集中度（GRI）均值为 38.196，表明样本企业股权集中度普遍偏高。两职兼任（DP）作为虚拟变量其取值只有 0 和 1，均值为 0.175，几乎为 0，表明重污染行业中大多数上市企业的董事和经理各司其职。

表 5-3   变量的描述性统计

变量	样本量	均值	标准差	最小值	最大值
RISK	825	9.44	12.949	0.062	66.953
PBR	825	2.605	1.92	0.394	10.267
KS	825	0.002	0.004	0.000	0.018
CDI	825	2.345	2.03	0.000	10
LEV	825	0.44	0.196	0.059	0.847
GROW	825	0.117	0.235	-0.37	1.019
CF	825	0.076	0.057	-0.096	0.239
IND	825	0.369	0.048	0.3	0.545
GRI	825	38.196	14.705	9.56	73.06
DP	825	0.175	0.38	0.000	1

2. 相关性分析

各变量之间的 Pearson 相关性分析如表 5-4 所示。碳信息披露质量与市净率、债务资本成本和碳风险的相关系数分别为 -0.134、-0.006 和 -0.155，根据表中 P 值可知，除债务资本成本外，其余两个指标与碳信息披露质量的相关性系数均在 1% 的水平内显著，初步验证了碳信息披露质量对碳风险、财务绩效起到负向作用。

表 5-4   Pearson 相关性分析

变量名称	PBR	KS	RISK	CDI	LEV	GROW	IND	GRI	DP	CF
PBR	1									
KS	-0.042	1								
RISK	0.197***	-0.050	1							

变量名称	PBR	KS	RISK	CDI	LEV	GROW	IND	GRI	DP	CF
CDI	-0.134 ***	-0.006	-0.155 ***	1						
LEV	-0.304 ***	0.199 ***	-0.354 ***	0.086 **	1					
GROW	0.052	0.014	-0.152 ***	0.000	0.040	1				
IND	-0.001	0.049	-0.074 **	-0.008	-0.007	0.029	1			
GRI	-0.064 *	0.018	-0.285 ***	0.092 ***	0.101 ***	-0.064 *	-0.002	1		
DP	0.045	-0.003	0.138 ***	-0.041	-0.154 ***	0.058 *	-0.017	-0.111 ***	1	
CF	0.044	-0.112 ***	-0.127 ***	0.140 ***	-0.148 ***	0.056	-0.020	0.033	-0.017	1

注：*** 、** 、* 分别表示在1%、5%、10%的水平上显著。

3. 多元回归分析

根据表5－5的多元回归结果可以看出，碳信息披露质量（CDI）与碳风险（RISK）通过了5%的显著性检验，与市净率（PBR）和债务资本成本（KS）均通过了1%的显著性检验，回归系数分别为 -0.181（t = -2.11）、0.109（t = -2.69）和 -0.001（t = -4.38），验证了假设H5-1、H5-2和H5-3的合理性，即企业碳信息披露质量越高，企业的碳风险和债务资本成本均会有所降低，市净率有所提升。据此结果可以说明，随着人们低碳环保意识的日益加强，重污染行业不得不更加重视应对气候变化状况，通过提升本企业自身碳信息披露质量，向外界传递积极参与碳治理的信息，以此树立绿色环保的企业形象，从而降低因低碳行为引发的经营风险和借款成本，同时增加企业投资价值。

表5－5　　　　　　　　　　　模型的回归结果

变量名称	RISK		PBR		KS	
	模型（5-1）		模型（5-2）		模型（5-3）	
	回归系数	t 值	回归系数	t 值	回归系数	t 值
CDI	-0.181 **	-2.11	0.109 ***	-2.69	-0.001 ***	-4.38
LEV	-4.328 *	-1.93	3.743 ***	2.78	0.005 ***	2.99

续表

变量名称	RISK		PBR		KS	
	模型（5－1）		模型（5－2）		模型（5－3）	
	回归系数	t 值	回归系数	t 值	回归系数	t 值
GROW	− 3.828 ***	− 7.29	− 0.12	− 0.62	0.0003	− 0.50
IND	− 14.473 ***	− 4.35	− 0.392	− 0.22	0.002	0.78
GRI	0.015	0.31	0.062 ***	3.10	0.0001 **	2.07
DP	0.413	0.89	− 0.6 **	− 2.44	0.0001	− 0.21
CF	− 11.124 ***	− 3.74	− 0.937	− 0.88	− 0.005 **	− 2.35
Constant	17.759 ***	6.79	− 0.826	− 0.72	− 0.001	− 0.90
F － statistic	7.336		4.150		7.087	
Prob（F － statistic）	0.000		0.000		0.000	

注：*** 、** 、* 分别表示在 1%、5%、10% 的水平上显著。

（四）结论与建议

碳信息披露和碳风险的量化意味着可以较为精准地衡量企业是否积极地履行了环保责任。本书以我国 2015～2019 年沪、深两市 A 股重污染上市企业为观测值，研究了碳信息披露质量对碳风险、财务状况和债务资本成本的作用效果，研究表明：碳信息披露质量对碳风险、债务资本成本具有显著负向作用，对财务状况具有正向影响。

碳信息披露是企业在低碳发展趋势下获取差异化竞争优势的重要渠道，因此，改善企业当前经营状况，实现绿色转型可从两个方面入手。一是通过提高企业的碳信息披露质量来改善筹资成本和绩效水平。高质量的碳信息披露有利于向资本市场中的资金持有者传递积极信息，以此降低债务融资成本，缓解资金压力。二是通过减少碳排放量进一步控制碳风险，同时提高企业碳信息披露质量，以此改善企业经营状况。基于碳中和、碳达峰的长期目标，我国企业更应该考虑长远发展策略，加强对碳风险的管控，通过走绿色金融发展道路来减少温室气体排放，切实做到低碳运营和绿色环保。

步入"十四五"时期也代表我国进入了对我国二氧化碳排放迅速增长局面进行扭转、实现碳达峰减排目标的关键时期。习近平总书记指出："生态环境关系各国人民的福祉，必须充分考虑各国人民对美好生活的向往、对优良环境的期待、对子孙后代的责任，探索保护环境和发展经济、创造就业、消除贫困的协同增效"①。因此，企业作为积极应对气候变化的主力军，有义务披露高质量的碳信息，在影响企业自身发展和经营状况的同时，推动资本市场向低碳经济转型。

二、碳信息披露对企业价值的影响

（一）理论分析与研究假设

1. 碳信息披露对企业价值的促进作用

随着低碳经济的不断发展，外部利益相关者越来越关注企业的碳排放信息。此时，企业对外披露碳排放信息有助于缓解企业内部管理层和外部利益相关者之间由于信息不对称而产生的矛盾，通过影响公司的内部治理及投资者的决策，从而影响企业的经济效益。萨和大鹿（Saka and Oshika，2014）以日本1000多家企业为观测值进行研究，结果发现碳排放量都对企业价值产生负向影响，而企业进行碳管理披露有益于企业价值的提升，碳排放数量与碳披露质量之间并无显著相关关系。李慧云等（2016）通过实证研究证明了上市公司的企业价值与碳信息披露水平之间并非简单的线性关系，而是呈现出"U"形关系，即由于企业进行碳信息披露在短期内会增加成本投入从而导致企业价值的下降，但从长期发展的角度来看，当企业进行碳管理以及碳信息披露的红利出现就会使企业价值得到提升。杨园华和李力等（2017）进一步研究发现碳信息披露对企业价值创造的影响存在延迟效应，即碳信息披露在短时间内无法创造企业价值，但对

---

① 中共中央宣传部，中华人民共和国生态环境部. 习近平生态文明思想学习纲要［M］. 北京：学习出版社，人民出版社，2022：102.

后期企业价值的提升具有重要影响。目前国内外关于碳信息披露与企业价值关系的研究尚无一致定论，可能和研究样本及外部环境有一定的关系。但从总体发展趋势来看，碳信息披露质量会对企业价值产生正向影响。

首先，基于超额收益理论，企业自愿披露高质量的碳信息能够向市场传达其积极履行环保义务的信号，在充分满足社会各界对信息需求的同时赢得利益相关者的青睐，从而使企业获得超额收益，有助于企业价值的提升。其次，基于利益相关者理论，企业的可持续发展离不开利益相关者的支持，因此，企业有必要满足利益相关者对企业碳排放信息的诉求。在低碳经济、节能环保的时代背景下，人们越来越重视企业披露的碳信息，因此，管理层积极主动披露高质量的碳信息会得到社会各界的支持。基于偏好理论，投资者倾向于以较低的收益率投资低碳环保型企业，此举有助于降低该企业的资本成本。消费者更愿意去购买积极履行社会责任的企业的产品，从而提高企业的销售额，增加企业的营业收入。供应商也乐意以较低的价格为低碳环保型企业提供物资。最后，依据可持续发展理论，企业从事低碳活动可以产生跨期投资效应，企业公布碳排放信息有助于提高声誉资本，赢得社会各界的认可，推动企业的长期可持续发展。通过以上分析，本书提出假设 H5-4。

假设 H5-4：碳信息披露质量正向影响企业价值。

2. 碳信息披露质量对资本成本的抑制作用

依据资源观，资金对一个企业的生存发展而言至关重要。尤其在环境规制政策日益完善的时期下，投资者会对企业的碳信息披露质量投入更多的注意力，并乐于以此来评判企业的内在价值，从而分析企业能否实现长远发展。一方面，基于信号传递理论，企业披露的碳信息越充分，越能证明企业具备优秀的碳管理能力，有利于提高企业的信息透明度，充分发挥信号传递作用。因此，碳信息披露有助于缓解信息不对称矛盾，提升股票的信用水平，降低权益资本成本。另一方面，国家大力支持企业的相关环保行为，在绿色信贷政策实施的背景下，要求商业银行严格把关，加大环保型企业信贷额度的同时降低对环境造成破坏的企业的信贷额度。如此一来，企业高质量的碳信息披露就成为债权人评判企业信贷风险的重要因素。

目前已有研究表明，高质量的碳信息披露可以有效降低资本成本，何玉等（2014）通过联立方程模型发现碳信息披露负向影响资本成本。此后，崔秀梅等（2016）和韩金红等（2018）分别以 2012 年上证社会责任指数成分股和以《CDP 中国百强气候变化报告》为基础筛选样本，发现碳信息披露水平越高股权融资成本越低。李立等（2019）以中国重污染上市企业为观测值，并以轻污染行业中规模相当的企业作为对照观测值，得出的研究结果与前面一致。纵观上述文献，充分披露碳信息有益于提升投资者和债权人对企业的认知与信心，进而使企业的整体资本成本大幅下降。因此，本书提出假设 H5-5：

假设 H5-5：碳信息披露负向影响资本成本。

3. 资本成本在碳信息披露质量与企业价值关系中的中介效应

碳信息披露影响企业价值的作用机制中，资本成本是十分关键的一条路径（Plumee，2009）。苑泽明（2015）实证发现资本成本在环境信息披露对企业价值的正向影响中起到中介效应。碳信息披露属于环境信息披露的关键组成部分，依此类推，在碳信息披露影响企业价值的过程中，依据社会认可效应，企业的碳信息披露行为会增强投资者和债权人的投资信心，有利于企业在资本市场的融资过程中获得溢价，同时，投资者也乐于降低资本报酬率来对企业进行投资。资本成本越低，表明企业付出资金的代价越少，有利于企业加强资产管理，优化资本结构，从而增加企业价值。因此，本书提出假设 H5-6。

假设 H5-6：资本成本在碳信息披露对企业价值的正向影响中起到中介效应。

（二）研究设计

1. 样本选取与数据来源

本书以 2010 年环境保护部公布的《上市公司环境信息披露指南》为基础，以 2015~2019 年在沪、深上市的重污染行业 A 股上市企业作为研究样本。在初步选定研究样本后，样本的筛选规制为：（1）剔除 ST、PT 类企业；（2）剔除关键财务数据缺失的企业，最终获得 1493 个有效观测值。研究所需的财务数据来源于国泰安数据库。

2. 变量定义

目前关于企业价值的衡量主要有相对价值和绝对价值两种方法，绝对价值是以现金流折现的方法来计算企业的内在价值，而相对价值则偏向于衡量企业资产的市场价值。在外部资本市场不断波动变化的情况下，相对价值有助于精准衡量资本市场对企业价值的长期反馈结果（王竹泉，2017；李雪婷等，2017）。因此，本书选取托宾 Q 值作为企业价值的代理变量。

本书通过借鉴先前学者构建的碳信息披露质量体系（李雪婷等，2017；宋晓华等，2019），以 CID 来表示样本企业的碳信息披露质量，通过内容分析法来构建样本企业的碳信息披露质量评价体系并通过对企业公布的社会责任报告以及可持续发展报告进行评分，具体的评价内容及分值标准见表 5－1。企业碳信息披露质量的核算公式为：

$$CID = \frac{\sum_{i=1}^{28} CID}{\sum CID_{max}} \qquad (5-1)$$

目前学术界关于权益资本成本的衡量主要有两种主流算法。第一种是市场风险收益模型，此模型对资本市场有很高的要求。而我国资本市场尚且处于发展阶段，资本市场环境较为复杂。我国资本市场的现状并不适合用市场风险收益模型来对企业的资本成本进行计量。第二种是未来收益折现模型，此模型以企业未来现金流的预期增长为基础，不会受过去交易事项的影响，属于事前无偏估计，更适合作为本书资本成本的计算模型。本书通过借鉴相关文献（Easton，2004；何玉等，2014），通过采用 PEG 模型来对样本企业的权益资本成本进行衡量，以此作为代理变量来表示重污染上市企业资本成本。式（5－2）中，COC 代表资本成本，EPS_{t+2} 代表分析师预测的第 t＋2 期每股收益均值，EPS_{t+1} 代表分析师预测的第 t＋1 期每股收益均值，P_t 为第 t 期期末的每股价格。

具体公式如下：

$$COC = \sqrt{\frac{EPS_{t+2} - EPS_{t+1}}{P_t}} \qquad (5-2)$$

借鉴国内外学者对碳信息披露与企业价值关系的相关研究，本书将净资产收益率、流动比率、市盈率、企业规模以及股权集中度作为控制变量。表5-6对相关变量进行了解释说明。

表5-6　　　　　　　　　　　　变量定义

变量类型	变量名称	变量符号	变量定义
被解释变量	企业价值	TBQ	市场价值/期末总资产
解释变量	碳信息披露	CID	依据表5-1，采用赋值评分法
中介变量	资本成本	COC	依据peg模型计算而得
控制变量	净资产收益率	ROE	净利润/平均股东权益
	流动比率	ITR	流动资产/流动负债
	市盈率	PER	股票价格/每股收益
	企业规模	SIZE	企业年末总资产的自然对数
	股权集中度	TOP10	前十大股东的股权占比之和

3. 模型设计

经过F检验和Hausman检验，最终以双向固定效应模型进行实证研究。另外，本书借鉴温忠麟的三步法中介效应检验模型，一方面，建立模型（5-4）检验碳信息披露对企业价值的影响，另一方面，建立模型（5-5）和模型（5-6）检验资本成本的中介效应。

模型（5-4）：$TBQ = \alpha + \beta_1 CID + \beta_2 ROE + \beta_3 ITR + \beta_4 PER$
$$+ \beta_5 SIZE + \beta_6 TOP10 + \sum year + \varepsilon$$

模型（5-5）：$COC = \alpha + \beta_1 CID + \beta_2 ROE + \beta_3 ITR + \beta_4 PER + \beta_5 SIZE$
$$+ \beta_6 TOP10 + \sum year + \varepsilon$$

模型（5-6）：$TBQ = \alpha + \beta_1 CID + \beta_2 COC + \beta_3 ROE + \beta_4 ITR + \beta_5 PER$
$$+ \beta_6 SIZE + \beta_7 TOP10 + \sum year + \varepsilon$$

其中，在模型（5-4）中，若$\beta_1 > 0$且在统计上显著，则说明碳信息披露质量会正向影响企业价值。模型（5-5）主要用来检验碳信息披露质量对资本成本的关系，若$\beta_1 < 0$且在统计上显著，则说明碳信息披露质量

负向影响资本成本。在模型（5-6）中，若 $\beta_1 > 0$、$\beta_2 < 0$ 且在统计上显著，则说明资本成本在碳信息披露质量对企业价值的正向影响中存在不完全中介效应。若 $\beta_2 < 0$ 在统计上显著、$\beta_1 > 0$ 但在统计上不显著，则说明资本成本在碳信息披露质量对企业价值的正向影响中存在完全中介效应。

（三）实证结果及分析

1. 描述性统计

描述性统计结果如表 5-7 所示。企业价值（TBQ）的均值为 1.998，最小值是 0.819，最大值是 8.002，这表明污染密集型行业的企业价值差距较大。碳信息披露质量（CID）的最值分别为 0.038 和 0.808，说明重污染企业的碳信息披露质量参差不齐，均值为 0.311，表明重污染企业的碳信息披露质量普遍较低，侧面说明污染密集型行业的碳信息披露质量还存在较大的提升空间。资本成本（COC）的最小值是 0.024，最大值是 0.220，说明样本企业的权益资本成本相对较高，部分企业存在资本成本较高的问题，侧面说明企业应重视资本成本问题。

表 5-7 　　　　　　　　　　　　描述性统计

变量	样本数	平均值	标准差	最小值	最大值
TBQ	1493	1.998	1.307	0.819	8.002
CID	1493	0.311	0.217	0.038	0.808
COC	1493	0.102	0.036	0.024	0.220
ROE	1493	0.101	0.074	0.000	0.411
ITR	1493	2.017	1.834	0.197	10.663
PER	1493	53.378	89.168	3.899	625.542
SIZE	1493	13.876	1.295	11.532	17.412
TOP10	1493	60.179	14.333	29.830	92.710

从控制变量来看，一般来说，净资产收益率（ROE）处于 15% ～ 30% 之间比较合适，而重污染行业净资产收益率的最小值是 0，最大值是

0.411，均值是 0.101，说明重污染行业的运营效益一般。流动比率
（ITR）的最小值和最大值之间差距极大，均值为 2.017，说明重污染企业
整体的还款能力较弱。一般来说，市盈率处于 20 ~ 30 之间较为合适，越
小越好，市盈率大于 100 则意味着投资者要超过 100 年的时间才能回本，
本研究样本企业的市盈率（PER）均值为 53.378，最大值为 625.542，最
小值是 3.899，说明大多数重污染企业的股票价值被高估。企业规模
（SIZE）的最小值和最大值分别为 11.532 和 17.412，说明重污染企业的
规模差距较小。股权集中度（TOP10）的最大值和最小值分别为 29.830
和 92.710，说明企业间的股权集中存在一定差距，从平均值 60.179 来看，
样本企业普遍具备较高的股权集中度。

2. 回归结果分析

首先，分析碳信息披露质量与企业价值。模型（5 - 4）的调整后的
R^2 值为 0.4119（见表 5 - 8），假设 H5 - 4 实证结果的正确性得到有效保
证。碳信息披露质量与企业价值的回归系数为 0.3452 且在 5% 的水平上显
著正相关，说明提高重污染企业的碳信息披露质量有助于提升企业价值，
进一步证实了假设 H5 - 4 的正确性。企业充分披露碳信息，一方面，可以
向利益相关者传递企业积极响应环保号召的信号，树立节能减排的良好形
象，有利于企业获得更多的税收减免和环保补助；另一方面，有利于企业
在资本市场以较低的资本成本获得投资者的资金。就控制变量来看，净资
产收益率、流动比率和股权集中度正向影响企业价值，符合基本财务观
点。企业规模负向影响企业价值，表明在样本观测值中总资产越多，相对
价值反而越小。

表 5 - 8　　　　　　　　　　　中介效应检验

变量	模型（5 - 4）	模型（5 - 5）	模型（5 - 6）
	TBQ	COC	TBQ
CID	0.3452 ** (2.3038)	- 0.0130 * (- 1.7511)	0.3120 ** (2.0957)

续表

变量	模型（5-4）	模型（5-5）	模型（5-6）
	TBQ	COC	TBQ
ROE	4.6244 *** (12.2144)	0.0393 ** (2.0934)	4.7245 *** (12.5486)
ITR	0.0515 *** (2.6152)	−0.0014 (−1.4350)	0.0480 ** (2.4503)
PER	0.0017 *** (6.0337)	0.0000 (0.1008)	0.0017 *** (6.0923)
SIZE	−0.7549 *** (−8.4404)	0.0085 * (1.9063)	−0.7333 *** (−8.2486)
TOP10	0.0129 *** (3.1229)	−0.0003 (−1.4513)	0.0121 *** (2.9592)
COC			−2.5431 *** (−4.2238)
_cons	11.3540 *** (9.5827)	−0.0041 (−0.0698)	11.3435 *** (9.6467)
F 值	77.26 ***	22.27 ***	72.93 ***
year	控制	控制	控制
code	控制	控制	控制
N	1493	1493	1493
adj. R^2	0.4119	0.1680	0.4213

注：***、**、*分别表示在1%、5%、10%的水平上显著；括号内为 t 统计量值。

其次，分析碳信息披露质量与资本成本。从表5-8第（2）列的回归结果可以看出，碳信息披露质量与资本成本的系数为−0.0130 并在10%的水平上显著负相关，说明随着企业碳信息披露质量的提升，资本成本会显著降低，证实了假设 H5-5 的正确性。企业披露高质量的碳信息，一方面能反向推动企业进行碳管理，提升碳业绩，促进企业进行绿色生产，响应国家节能减排的号召；另一方面有利于增强资本市场和金融机构对企业的信心，有效缓解企业的融资约束，使企业的权益资本成本和债务资本成本呈现出下降趋势。

最后，分析碳信息披露质量、资本成本与企业价值。模型（5-6）调整后的 R^2 值为 0.4213，假设 H5-6 回归结果的准确性得到有效保证。资本成本的系数为 -2.5431 且在 1% 的水平上显著负相关，碳信息披露质量的系数为 0.3120 且在 5% 的水平上显著正相关，说明资本成本在碳信息披露质量对企业价值的影响中存在不完全中介效应。高质量的碳信息披露是企业向外界传递出的"低碳行动"的信号，有助于企业在降低资本成本的同时使企业价值得到提升。

3. 稳健性检验

为了保证本次研究所得出的结论真实可靠，将以变量替换法对其进行稳健性检验。以市场价值/（资产总额 - 无形资产净值）作为企业价值（TBQD）重新进行多元回归，该计算公式的分母考虑了无形资产和商誉，从而得出的企业价值更贴合实际。稳健性检验结果如表 5-9 所示，除系数有些许差别外，得到的结论与上文基本一致，表明本书具备较好的稳健性。

表 5-9　　　　　　　　　　　稳健性检验

变量	TBQD
CID	0.3452 ** (2.3038)
ROE	4.6244 *** (12.2144)
ITR	0.0515 *** (2.6152)
PER	0.0017 *** (6.0337)
SIZE	-0.7549 *** (-8.4404)

续表

变量	TBQD
TOP10	0. 0129 *** (3. 1229)
_cons	11. 3540 *** (9. 5827)
F	73. 32 ***
year	控制
code	控制
N	1493
adj. R^2	0. 2045

注: *** 、 ** 、 * 分别表示在 1% 、5% 、10% 的水平上显著; 括号内为 t 统计量值。

（四）进一步分析

由于我国幅员辽阔, 各地区的环境制度、经济发展水平等存在一定差异。因此, 碳信息披露对企业价值的影响也不能一概而论, 需要考虑企业所处的外在条件和自身状况, 进一步从多维角度进行分析。

1. 地区异质性分析

考虑到我国的地理特征, 东部地区和西部地区的经济发展水平存在较大的差距。一方面, 经济发达地区的制度环境更为完善, 社会对企业是否进行碳信息披露, 是否披露了高质量的碳信息的关注度更高, 政府的监管意识也更加强烈, 由此, 经济发达地区的企业更加注重提升其碳信息披露质量以降低外部压力, 赢取利益相关者的信赖。另一方面, 在经济欠发达地区, 外部利益相关者更加重视企业的经济利益, 当地要素资源的缺乏也提高了企业提升碳信息披露质量的成本, 因此, 企业对披露碳信息的投入意愿处于较低状态。综上所述, 本书预期企业碳信息披露的价值效应在经济发达地区更加显著。

本书将 2015 ~ 2019 年全国 GDP 排名前 5 的省份作为经济发达地区, 其余地区作为经济欠发达地区, 回归结果如表 5 - 10 所示, 经济发达地区的碳信息披露系数为 0.6495 且在 5% 的水平上显著,在经济欠发达地区则不显著,与上述分析一致。

表 5 – 10　　　　　　　　　　地区与行业异质性分析

变量	地区异质性		行业异质性	
	TBQ(发达地区)	TBQ(欠发达地区)	TBQ(高碳行业)	TBQ(低碳行业)
CID	0.6495 ** (2.4341)	0.2008 (0.9904)	0.0375 (0.2272)	0.7354 *** (2.7664)
ROE	4.7796 *** (6.8423)	4.8397 *** (9.3616)	3.5991 *** (8.7103)	6.3221 *** (8.9610)
ITR	0.0750 * (1.7995)	0.0504 * (1.9010)	0.0737 *** (2.7818)	0.0446 (1.5258)
PER	0.0017 *** (3.1907)	0.0020 *** (4.7439)	0.0009 *** (2.9323)	0.0035 *** (5.8853)
SIZE	− 0.9873 *** (− 5.2893)	− 0.6328 *** (− 5.1430)	− 0.9811 *** (− 9.9045)	− 0.3809 ** (− 2.3612)
TOP10	− 0.0042 (− 0.5101)	0.0135 ** (2.1867)	0.0122 ** (2.5305)	0.0126 * (1.8027)
_cons	15.3720 *** (5.9653)	9.6532 *** (5.9765)	14.6055 *** (11.2383)	6.1945 *** (2.8756)
year	控制	控制	控制	控制
code	控制	控制	控制	控制
N	582	875	842	651
adj. R^2	0.0864	0.0927	0.2677	0.2130

注: *** 、 ** 、 * 分别表示在 1% 、5% 、10% 的水平上显著;括号内为 t 统计量值。

2. 行业异质性分析

企业是否属于高碳行业也会影响企业碳信息披露质量与企业价值之间的关系。高碳行业的环境治理是绿色发展中最为关键的一环。第一,较之于低碳行业,高碳行业面临更严重的融资困境,其高质量碳信息披露的目的可能源于获取利益相关者的青睐而非环境治理，在"双碳"背景下，外部利益相关者也可能会对企业的碳信息披露行为进行"政治解读"，从而造成不理性的评价，从而影响企业价值。第二，相较于低碳行业，高碳行业在推进绿色发展和环境治理时会比其他行业投入更多的成本，而提升碳信息披露质量作为一种隐性成本，转化为经济效益的时间可能会较长。第三，高碳行业的特殊属性使得利益相关者普遍认为提升环境治理效果是其的基本责任，从而降低了对高碳行业提升碳信息披露质量的责任敏感度。综上所述，本书预期低碳行业中碳信息披露的价值效应更为明显。

本书将电力、热力生产和供应业，有色金属冶炼及压延加工业，化学原料及化学制品制造业，煤炭开采和洗选业等 10 个行业作为高碳行业，其余行业作为低碳行业对样本进行划分，回归结果如表 5 – 10 所示，在低碳行业中，碳信息披露的系数为 0.7354 且在 1% 的水平上显著，在高碳行业中则不显著，说明上述分析合理。

3. 企业规模的异质性分析

在我国，大规模企业和小规模企业在社会责任履行、组织管理、执行政策等方面存在较大的差异。较之于小规模企业，大规模企业具备更强的抗风险能力，更能承受高质量碳信息披露所带来的风险，且大规模企业具备更多的人力、物力和财力资源，将其转化为经济效益的能力会更强，综上所述，文章假设在大规模企业中碳信息披露对企业价值的促进作用更加明显。

本书以企业规模的中位数为界限，大于中位数的样本划分为大规模企业，小于中位数的样本划分为小规模企业，回归结果如表 5 – 11 所示，在大规模企业中，碳信息披露的系数为 0.3275 且在 5% 的水平上显著，在小规模企业中，碳信息披露的系数为 0.6761 且在 1% 的水平上显著，产生这种结果的原因可能是，大规模企业往往与政府间具有较强的政治关联，大规模企业履行环境责任通常具有一定的强制性和政策性。而当小规模企业主动披露高质量的碳信息时，更能证明企业具备可持续发展理念，更能引起外部利益相关者的关注。

表 5 - 11　　　　　　　　企业规模与市场化程度的异质性分析

变量	企业规模异质性		市场化程度异质性	
	TBQ（大规模企业）	TBQ（小规模企业）	TBQ（高市场化地区）	TBQ（低市场化地区）
CID	0. 3275 ** （2. 5051）	0. 6761 *** （2. 5866）	0. 3905 * （1. 9583）	0. 2209 （0. 9847）
ROE	1. 8594 *** （5. 5259）	6. 7180 *** （10. 1339）	4. 6737 *** （9. 9059）	4. 7883 *** （7. 7420）
ITR	− 0. 1309 *** （− 2. 7118）	0. 0504 ** （2. 1597）	0. 0554 ** （2. 4502）	0. 0525 （1. 5539）
PER	0. 0008 *** （3. 0440）	0. 0024 *** （4. 9009）	0. 0030 *** （6. 2131）	0. 0012 *** （3. 2742）
SIZE	− 0. 3031 *** （− 2. 9989）	− 1. 2908 *** （− 7. 2124）	− 0. 7752 *** （− 6. 4158）	− 0. 5710 *** （− 4. 1413）
TOP10	0. 0020 （0. 4486）	0. 0085 （1. 1284）	0. 0200 *** （3. 8855）	0. 0062 （0. 9144）
_cons	5. 8080 *** （3. 8174）	18. 0471 *** （7. 8241）	11. 0564 *** （6. 9064）	9. 3089 *** （5. 0909）
year	控制	控制	控制	控制
code	控制	控制	控制	控制
N	747	746	781	712
adj. R^2	0. 2222	0. 4031	0. 3100	0. 0199

注：***、**、* 分别表示在 1%、5%、10% 的水平上显著；括号内为 t 统计量值。

4. 市场化程度的异质性分析

市场化程度是当地经济、法治、社会及制度变革的反映，体现了市场和政府的关系，高市场化程度地区通常具备制度环境良好和政府干预少的特点，由此，本书主要从制度环境及政府干预两个角度分析碳信息披露差异化影响企业价值的原因。

从制度环境来看，一方面，制度环境会影响企业碳信息披露的后果。在制度环境较差的地方，企业披露低质量的碳信息不会产生较大的负面影响，因而不会大幅度负面影响企业的财务风险和经营绩效；另一方面，制度环境会影响企业碳信息披露的真实性，在制度法规不完善的地区，不披露碳信息或披露低质量的碳信息并不会面临政府压力，因此，企业披露的碳信息可能掺有水分，从而降低利益相关者对企业碳信息披露正面信息的积极反映。

从政府干预来看，在政府干预较高的地区，政府对要素资源分配具有很高的话语权，企业高度重视与政府维持良好关系，从而降低了对其他利益相关者诉求的关注，导致碳信息披露质量不高但与政府关系良好的企业也可以获得优势资源，由此减弱碳信息披露与企业价值的正相关关系。综上所述，本书假设在市场化程度高的地区，企业进行高质量的碳信息披露对企业价值的促进作用更加明显。

本书借鉴王小鲁等的《中国分省份市场化指数报告（2018）》，以市场化进程指数的中位数为基础，将样本分为高市场化进程地区和低市场化进程地区进行探究。回归结果由表5-12所示，高市场化进程地区碳信息披露的系数为0.3905且在10%的水平上显著，低市场化进程地区碳信息披露并不显著，说明企业所属地区的市场化进程越高，碳信息披露对企业价值的促进作用越明显。

（五）研究结论与启示

本部分以2015～2019年中国A股重污染行业上市企业的经验数据为例，实证检验了碳信息披露质量对企业价值的影响，并考察了资本成本的中介效应。研究结果如下：

第一，碳信息披露质量正向影响企业价值。众所周知，敢于披露高质量碳信息的企业往往都具备优秀的碳管理能力，在环保方面都表现得较为优秀。在高度重视绿色发展理念的大环境下，低碳环保型企业往往容易获得政府、供应商、投资者和消费者等外部利益相关者的支持，有助于企业内在价值的提高。第二，碳信息披露质量负向影响资本成本。在绿色环保的背景下，债权人和投资者都高度关注被投资企业的环保行为，企业提高碳信息披露质量，代表企业的生产活动符合环保行为，尤其是在绿色信贷政策的制度背景下，有助于企业以更低的利率获得银行贷款。同时有助于增强投资者的信心，降低对被投资企业要求的资本报酬率，扩大对企业的投资。第三，资本成本在碳信息披露质量影响企业价值的路径中存在部分中介效应。众所周知，资金对一个企业的生存发展不可小觑，债务和权益资本成本对企业而言至关重要。高质量的碳信息披露有利于吸引更多潜在的利益相关者进行投资，进而降低资本成本，有利于企业实现经济效益和环境效益的双丰收。第四，碳信息披露的价值效应存在差异性。从外部环境来看，在经济发达地区、低碳行业和市场化进程高的地区，企业披露碳信息存在正向的价值效应；从自身条件来看，小规模企业披露高质量的碳信息对企业价值的促进作用更明显。

　　本书的研究结论对我国重污染行业的企业如何通过对碳信息披露的有效充分利用来提升企业价值具有一定的指导意义：第一，从企业方面来看，目前重污染行业的碳信息披露质量普遍不高，此时，管理层注重提升自身的碳意识，遵循国家相关的环保制度政策，积极主动地进行碳管理，提升碳信息披露质量，有助于企业在日趋激烈的市场竞争中脱颖而出，获取投资者对企业自身发展潜能的认可，资本成本率也会随之降低，提升企业价值。第二，从政府层面来看，政府仍是碳信息披露质量提升的关键驱动因素。首先，应尽快完善与碳信息披露相关的政策制度，呼吁企业进行高质量的碳信息披露。其次，应完善监督机制，对企业的碳管理进行监管，奖励碳管理优秀的企业，惩治碳管理绩效差的企业，从而做到有法可依，执法必严，违法必究，约束企业的不环保行为，推动节能减排政策的顺利实施。

三、企业价值对碳信息披露质量的影响

（一）理论分析与假设提出

1. 企业价值对碳信息披露质量的促进作用

目前，关于企业绩效与碳信息披露质量之间的关系主要有以下观点，

第一种是信息自愿披露理论，该理论以信号传递理论为核心，认为绩效好的企业乐于主动披露碳排放信息，使其充分传递给利益相关者，向外界传递利好信息，从而将自己和绩效差的企业区分开来（Clarkson et al.，2008），因此，该理论认为企业绩效正向影响碳信息披露质量。第二种是利益相关者理论，其认为两者之间无相关关系，企业绩效并不是企业自愿披露高质量碳信息的唯一原因，企业可能是出于多方面因素而自愿披露碳信息（Denis，2005）。综上所述，目前关于两者关系的研究还没有达成一致意见，原因可能在于外部社会环境存在差异（张长江等，2019），克拉克森在以澳大利亚为背景进行研究时，发现企业绩效负向影响环境信息披露，而在以美国为研究背景时，发现企业绩效正向影响环境信息披露，这在很大程度上表明社会背景会对两者关系造成差异化影响。

近年来，为全面治理环境问题，维护生态平衡，促进经济的可持续发展，我国政府已经出台多项环保政策，公众的环保意识也在不断提升，而企业作为高耗能的微观组织，更是政府和社会关注的焦点。基于信号传递理论，首先，相对价值较高的企业乐于披露更多的碳排放信息，此举有利于将其和企业价值低的企业区分开来。众所周知，企业进行高质量的碳信息披露需要一定的成本，只有经营状况良好的企业才有足够的能力和信心去披露企业的碳排放信息。如果企业经营不善，盈利能力较差，企业则没有足够的精力和实力去披露碳排放信息。因此，实力越强的企业披露的碳信息越充分。其次，我国目前存在很多环保激励政策，企业积极主动地披露碳排放信息，有助于赢得政府的政策支持，使企业以较低的资本进行环保投入，提升企业碳绩效，提高企业价值。此举会反向激励企业主动披露碳信息，向外界传递良好的信号，形成一个良性循环。最后，相对价值较高的企业往往在各方面都表现得比较优秀，良性的碳信息披露循环机制有利于其降低披露的边际成本。而企业价值低的企业，会因为碳信息披露的边际成本较高，则缺乏足够的经济实力去进行碳信息披露。

目前已有学者将企业的财务绩效分为四个能力进行了相关研究，如孙玮（2013）以2011年深圳证券交易所（以下简称"深交所"）上市公司作为样本，发现盈利能力和发展能力与碳信息披露质量具有显著的正向影响关系，而偿债能力与碳信息披露质量并不存在显著的相关关系。黄丽珠（2014）以 268 家高碳上市公司作为研究样本，研究结果发现盈利能力、偿债能力与周转能力和碳信息披露质量呈现显著正相关关系。樊霞（2016）以上证社会责任指数为基础，选取 85 家社会责任履行较好的企业进行实证研究，认为偿债能力、盈利能力和社会贡献能力正向影响碳信息披露质量，而发展能力与碳信息披露质量的关系不显著。综上所述，目前有关企业整体价值对碳信息披露质量的影响的研究还较少，本书将以此作为切入点，分析企业价值对碳信息披露质量的影响。因此，本书提出假设 H5 - 7。

假设 H5 - 7：企业价值正向影响碳信息披露质量。

2. 财务绩效对碳信息披露的影响

财务绩效是企业发展能力和综合实力的重要体现，财务绩效越高通常意味着企业的实力越高；碳信息披露能够反映出企业碳管理现状（柳学信，2021）。通常来说，企业进行碳信息披露目前制度层面的要求相对宽松，故多为自愿披露（柳学信，2021）。通过分析企业碳披露报告可能会发现企业存在的问题，从而为企业带来风险。

因此，基于信号传递理论，企业公开披露对于自身有利的信息有利于降低企业的融资成本，促进企业发展（佟孟华，2020）。同时，自愿进行碳信息披露，也是承担企业社会责任的体现，有利于进一步提升企业价值（何玉，2017）。

财务绩效较高的企业通常在行业内处于相对有优势的地位。一方面，由于企业具有竞争优势，发展实力雄厚，企业有能力和资金进行企业内部的环保治理。根据上文分析，主动披露碳信息有利于企业环境治理成果公布展示，这将有利于企业吸纳更多融资，降低融资成本。另一方面，从企业发展和竞争优势角度考虑，财务绩效较高的企业通常是在行业内有了一定的积累，压缩生产等成本简单、传统的举措对于进一步推动企业发展，获取竞争优势成效甚微，这也就需要企业寻找更多新的竞争优势，而通过公布碳信息，树立一个积极承担社会责任的企业形象，有利于企业获取更多竞争优势。因此，本文提出假设 H5 - 8。

假设 H5 - 8：企业财务绩效正向影响碳信息披露质量。

3. 财务绩效在碳信息披露与企业价值关系中的中介效应

当前学术界关于企业价值与财务绩效的研究十分丰富。认为数字化转型能够显著提升企业的价值水平。何瑛、张大伟（2015）选用 2008 ~ 2013 年我国 A 股上市公司数据作为研究样本，发现我国上市公司的负债融资可以降低企业代理成本，对企业价值有正面的治理效应；管理者性别、教育水平、工作经历更是可以显著提高负债融资对企业价值的提升作用。张亚洲（2020）发现企业社会责任与当期财务绩效呈正相关但不显著，滞后一期的企业社会责任显著正向影响当期财务绩效。李梦雅、严太华（2020）运用 2010 ~ 2016 年在我国深交所创业板上市的 153 家企业的面板数据，发现风险投资能够提高企业创新投入的效率，使企业创新投入能够在更大程度上提升企业未来的财务绩效。叶陈刚、裴丽（2016）发现公司治理结构与内部控制对企业财务绩效具有显著正相关关系。

从当前学术界对于企业价值与财务绩效的研究中可以得出，研究主要是单独针对企业价值或财务绩效的，很少有学者研究企业价值与财务绩效之间的联系。实际上财务绩效与企业价值存在着紧密联系。依据财务管理中企业价值最大化目标理论，企业价值等于权益价值与债务价值之和，企业价值越高代表着企业权益价值与债务价值越高，企业权益价值反映资本市场投资者对于企业的未来市场预期，依据信号传递理论，投资者根据企业披露出来的财务信息的好坏来判断企业未来市场价值，因此企业权益价值越高，说明投资者对企业未来越看好，企业披露出的财务情况越优秀，财务绩效越好；企业债务价值为企业债务所带来的未来现金流现值，企业债务未来所带来的现金流越高，说明企业营运能力、盈利能力和偿债能力越强，企业财务绩效水平越高。因此企业价值的提高可以证明企业权益价值与债务价值越高，进而促进财务绩效的提高。另外企业财务绩效与碳信息披露正相关。张静（2018）研究得出，当期财务绩效会对下一会计年度碳信息披露质量产生正向促进作用。结合前面的假设 H5 - 7，假设 H5 - 8，可以提出假设 H5 - 9。

假设 H5 - 9：财务绩效在企业价值与碳信息披露的正向关系中起到了

中介作用。

（二）研究设计

1. 样本选择与数据来源

本书以 2010 年《上市公司环境信息披露指南》为基础，以 2015～2019 年在沪深两市上市的重污染企业作为研究样本。在初步选定研究样本后，样本筛选规制为：（1）剔除 ST、PT 类企业；（2）剔除关键财务数据缺失的企业，最终获得 1490 个有效样本。研究所需的其他财务数据来自国泰安数据库。

2. 变量定义

碳信息披露与企业价值的定义方式参照本节第二部分。

通过广泛阅读分析国内外学者对碳信息披露质量和碳企业价值之间关系的实证研究，本书将公司规模、资产负债率、营业收入增长率、股权集中度、机构投资者持股比例、绿色创新作为控制变量。表 5 - 12 对相关主要变量进行了详细说明。

表 5 - 12　　　　　　　　　　　变量定义

变量名称	变量符号	变量定义
碳信息披露	CID	依据表 5 - 1，采用赋值评分法
企业价值	TBQ	（市场价值 A）/期末总资产
财务绩效	ROA	净利润/总资产平均余额
企业规模	SIZE	年总资产的自然对数
资产负债率	LEV	年末总负债除以年末总资产
营业收入增长率	GROWTH	本年营业收入/上一年营业收入 - 1
股权集中度	TOP10	前 10 大股权集中度
机构投资者持股比例	IN	机构投资者持股总数除以流通股本
绿色创新	GTI	企业联合申请的发明数量

3. 模型设计

构建回归模型前，通过 F 检验和 Hausman 检验，最终选择双向固定效应模型来进行实证研究。本书主要探究企业价值对碳信息披露质量的影响。回归模型如下：

模型（5-7）：
$$CID = \alpha + \beta_1 TBQ + \beta_2 SIZE + \beta_3 LEV + \beta_4 GROWTH$$
$$+ \beta_5 TOP10 + \beta_6 IN + \beta_7 GTI + \sum year + \varepsilon$$

其中：CID 代表企业的碳信息披露质量；TBQ 代表企业价值，若 $\beta_1 > 0$ 且在统计上显著，则假设 H5-7 成立。

为探究财务绩效对碳信息披露质量的影响。回归模型如下：

模型（5-8）：
$$CID = \alpha + \beta_1 ROA + \beta_2 SIZE + \beta_3 LEV + \beta_4 GROWTH$$
$$+ \beta_5 TOP10 + \beta_6 IN + \beta_7 GTI + \sum year + \varepsilon$$

为探究财务绩效的中介效应，回归模型如下：

模型（5-9）：
$$ROA = \alpha + \beta_1 TBQ + \beta_2 SIZE + \beta_3 LEV + \beta_4 GROWTH$$
$$+ \beta_5 TOP10 + \beta_6 IN + \beta_7 GTI + \sum year + \varepsilon$$

（三）实证结果及分析

1. 描述性统计结果分析

描述性统计结果见表 5-13。碳信息披露质量的最大值为 0.929，最小值为 0，标准差是 0.226，说明重污染企业的碳信息披露水平存在很大差异，而平均值为 0.357，表明大多数样本企业的碳信息披露质量偏低，符合碳信息披露尚且属于自愿披露阶段的现状。企业价值的最小值和最大值分别为 0.955 和 11.422，说明重污染行业各企业间的企业价值水平存在较大差异，而平均值为 2.353，表明大多样本企业的企业价值偏低。

表 5-13　　　　　　　　　主要变量描述性统计

变量	样本数	平均值	标准差	最小值	最大值
CID	1490	0.357	0.226	0	0.929

变量	样本数	平均值	标准差	最小值	最大值
ROA	1490	0.038	0.058	−0.175	0.208
TBQ	1490	2.353	1.409	0.955	11.422
SIZE	1490	22.367	1.26	19.952	28.509
LEV	1490	0.428	0.21	0.052	0.925
GROWTH	1490	0.079	0.339	−0.592	2.636
TOP10	1490	56.857	15.389	13.28	98.46
IN	1490	2.954	2.331	0.003	15.9
GTI	1490	0.551	3.923	0	73

从控制变量来看，公司规模、资产负债率、营业收入增长率、股权集中度、机构投资者持股比例、绿色创新符合基本财务观点，在此不再赘述。

2. 回归结果分析

全样本下企业价值对碳信息披露质量的影响作用如表 5 - 14 所示。由列（1）可知，企业价值和碳信息披露质量之间的回归系数是 0.0095 且在 1% 的水平上显著正相关，即随着企业价值的提升，碳信息披露质量也会随之提升，假设 H5 - 7 得到证实；由列（2）可知，财务绩效的回归系数显著为正，即财务绩效越好，碳信息披露质量也会随之提升，假设 H5 - 8 得到验证；由列（3）可知，企业价值的回归系数显著为正，结合列（1）、列（2），财务绩效在企业价值对碳信息披露的影响中承担中介作用，假设 H5 - 9 得到验证。

表 5 - 14   企业价值对碳信息披露质量影响的回归结果

变量	(1)	(2)	(3)
	CID	CID	ROA
TBQ	0.0095 *** (4.68)		0.0081 *** (6.57)

变量	（1）CID	（2）CID	（3）ROA
ROA		0.0266 *** (5.35)	
SIZE	0.0817 *** (11.24)	0.0775 *** (11.27)	0.0116 *** (7.30)
LEV	− 0.0450 (− 1.19)	− 0.0605 (− 1.41)	− 0.1454 *** (− 17.54)
GROWTH	− 0.0365 * (− 1.93)	− 0.0347 * (− 1.75)	0.0412 *** (9.93)
TOP10	0.0003 (0.65)	0.0003 (0.61)	0.0001 (1.12)
IN	− 0.0073 ** (− 2.42)	− 0.0065 ** (− 2.17)	0.0016 ** (2.40)
GTI	− 0.0007 (− 0.44)	− 0.0005 (− 0.30)	− 0.0002 (− 0.63)
Constant	− 1.4602 *** (− 9.22)	− 1.3418 *** (− 9.46)	− 0.1861 *** (− 5.35)
时间	控制	控制	控制
个体	控制	控制	控制
Observations	1490	1490	1490
R − squared	0.208	0.206	0.417

注：*** 、** 、* 分别表示在1%、5%、10%的水平上显著；括号内为 t 统计量值。

（1）企业规模异质性。

从表5-15可以看出不同规模的企业，企业价值对碳信息披露的影响程度存在不一致。从企业规模列（1）可以看出规模较大的企业其企业价值对碳信息披露的回归系数为0.0113且在10%的显著性水平上显著，说明规模较大企业其企业价值与碳信息披露显著正相关。但是企业规模列（2）可以看出规模较小的企业其企业价值对碳信息披露的系数为 − 0.0040，且二者之间并不显著，说明规模较小的企业其企业价值与碳信息披露并不显著，且呈现负相关。规模较大的企业知名度和社会影响远大于规模较小的企业，相比起规模较小的企业，规模较大的企业其对外披露的信息影响更大，因此更加注重对外披露信息的质量。规模较大企业其企业价值的提高，相比起较小规模企业能更加吸引投资者和债权人的关注，规模较大的企业也就更关注对外披露的信息能带给自己更大的回报，因此会更加倾向于提高对外披露质量，提高碳信息披露水平。

表 5 – 15　　　　企业价值对碳信息披露的异质性影响回归结果

变量	企业规模		地区		
	（1）	（2）	（3）	（4）	（5）
	CID（大）	CID（小）	CID（东部地区）	CID（中部地区）	CID（西部地区）
TBQ	0.0113 * (1.82)	− 0.0040 (− 0.30)	0.0274 *** (2.78)	0.0129 (0.90)	− 0.0057 (− 0.72)
SIZE	0.0336 * (1.81)	0.0849 *** (6.87)	0.0663 *** (4.53)	0.0687 *** (3.31)	0.0876 *** (9.59)
LEV	0.0120 (0.25)	− 0.1199 ** (− 1.99)	0.0716 (0.97)	− 0.1073 (− 1.11)	− 0.0542 (− 1.09)
GROWTH	− 0.0192 (− 0.78)	− 0.0466 (− 1.63)	− 0.0201 (− 0.53)	− 0.0008 (− 0.02)	− 0.0624 ** (− 2.39)
TOP10	0.0008 (1.29)	0.0000 (0.04)	− 0.0003 (− 0.42)	0.0009 (0.77)	0.0002 (0.40)
IN	− 0.0156 *** (− 4.36)	0.0046 (0.87)	− 0.0115 * (− 1.89)	− 0.0149 ** (− 2.16)	− 0.0002 (− 0.05)
GTI	0.0052 (0.39)	− 0.0008 (− 0.41)	− 0.0139 (− 0.79)	0.0407 (0.98)	− 0.0015 (− 0.84)
Constant	− 0.4613 (− 1.14)	− 1.4782 *** (− 5.37)	− 1.1937 *** (− 3.71)	− 1.1532 ** (− 2.50)	− 1.5645 *** (− 7.92)

变量	企业规模		地区		
	（1）	（2）	（3）	（4）	（5）
	CID（大）	CID（小）	CID（东部地区）	CID（中部地区）	CID（西部地区）
时间	控制	控制	控制	控制	控制
个体	控制	控制	控制	控制	控制
Observations	745	745	670	448	372
R－squared	0.068	0.138	0.178	0.154	0.258

注：***、**、*分别表示在1%、5%、10%的水平上显著；括号内为t统计量值。

（2）地域异质性。

为检验企业价值对碳信息披露的影响是否存在区域差异，采用控制个体和时间的双向固定效应模型进行了异质性分析，即按照我国企业所处地区进行了分组回归，具体方法是按照我国企业所处地区，分为东部、中部和西部三组。回归结构如表5－15所示。表5－15中列（3）~列（5）分别指东部地区、中部地区和西部地区企业价值对碳信息披露的影响。如表所示，企业价值对碳信息披露的影响存在异质性。东部地区企业价值与碳信息披露在1%的水平上呈显著正相关，相关系数为0.0274，即对于处于东部地区的企业，企业价值每提升1%，其碳信息披露水平就能提升0.0274%。对于中部和西部地区的企业，企业价值与碳信息披露相关性不强。

首先，从区域差异性来看，我国东部、中部、西部地区经济发展程度不同，东部地区经济发展速度较快，营商环境较好，企业多集中于东部地区，表5－15列（3）显示，东部地区样本观测值为670，远超中部地区的448和西部地区的372，可以很好地说明企业多集中于东部地区这一点。企业营商环境好，且受整体经济形势较好的影响企业价值和发展能力通常较高，企业有能力进行环境治理和碳信息披露，因此对于东部地区的企业来说，东部地区的企业在发展壮大后有充足的资金进行环境治理并披露碳信息，故二者呈现显著正相关。对于中西部地区来说，中西部地区经济发展速度相对较慢，且由于地理环境影响，中西部地区通常基础设施建设较弱，企业在发展壮大后，多会投入资金进行扩大产能和改善基础设施，用于环境治理的资金较少，其碳披露水平也就相应较低，故二者间相关关系不大。

其次，企业进行碳治理以及进行碳披露与当地政府的环保政策有关。若政府环保政策较严格，企业则更倾向于进行碳披露。东部地区经济相对发达，且大城市大部分集中于东部地区，这也就导致东部地区较中西部地区环保政策更为严格，重污染企业面临政府管理压力，在企业价值获得提升，企业有闲置资金时，需要及时披露自身碳信息，故企业价值与企业进行碳信息披露间呈正相关。而对于中西部地区，政府管制相对宽松，重污染企业受政府压力而主动披露碳信息驱动力不足故其碳披露水平受企业价值影响不大。

最后，从企业竞争角度来看，东部地区经济发达，企业间同质化相对严重，企业竞争激烈，进行碳披露是企业积累社会形象的方式之一，企业在企业价值提升时为了进一步应对竞争，进一步推动企业发展会主动披露碳信息从而提升企业形象，提升竞争优势。而中部和西部地区的企业相对竞争压力小于东部地区的企业，企业在企业价值提升后可以通过压缩成本等传统手段应对竞争，故进行碳信息披露积累社会形象的驱动力不足。

3. 稳健性检验

为了保证本次研究所得出的结论真实可靠，将以变量替换法对其进行稳健性检验。以市场价值/（资产总额－无形资产净值）作为企业价值（TBQ）重新进行实证检验，TBQ 的分母考虑了无形资产和商誉，所计算的重置成本更加符合实际，继而所计算的企业价值也更加贴合企业的实际情形。结果如表 5 - 16 所示，除系数有些许差别外，得到的结论与上文基本一致，表明本书具备较好的稳健性。

表 5-16   稳健性检验

变量	（1）
	Cid
TBQ	0.0108 ** (2.4684)
SIZE	0.0011 *** (3.2962)
LEV	0.0489 ** (2.2618)
GROWTH	-0.0330 (-1.2255)
TOP10	-0.1734 ** (-2.1636)
IN	0.0230 *** (3.6214)
GTI	0.0282 * (1.6563)
Constant	-0.5065 * (-1.6793)
时间	控制
个体	控制
Observations	1490
R-squared	0.2023

注：***、**、*分别表示在1%、5%、10%的水平上显著；括号内为 t 统计量值。

（四）研究结论与启示

本部分以 2015~2019 年中国重污染行业上市企业作为研究样本，剖析了企业价值对碳信息披露质量的影响。结果表明，企业价值越高企业碳信息披露质量越高。企业财务绩效正向影响碳信息披露质量，财务绩效在企业价值与碳信息披露的正向关系中起到了中介作用。而且不同规模的企业，企业价值对碳信息披露的影响程度不一致。相较于规模较小的企业，规模较大的企业更加倾向于提高对外披露的质量，提高碳信息披露水平。从地域差异来看，中西部地区的企业，其企业价值与碳信息披露相关性不强，而东部地区企业的企业价值与碳信息披露水平呈显著正相关。

本部分对如何提高重污染行业的碳信息披露质量具有一定的启示：第一，加强对企业的管理，全方位提升企业价值。除了要重视企业的盈利能力、偿债能力、发展能力等方面的业绩，还应把低碳环保这类非财务性活动纳入企业价值的评价考核中，从而全面评估企业的经营业绩，为企业碳排放管理提供资金支持。第二，企业应考虑把低碳发展战略纳入未来的竞争战略中，全面考虑经营风险，以节能高效的生产方式改进生产机制，从而提升企业整体价值，推动企业进行高质量的碳信息披露。第三，加强不同规模企业之间的披露合作，促进碳信息互动。企业不仅要从自身生产运营环节中寻找低碳经济的切入点，同时也要积极带动上下游企业合作披露碳信息。第四，完善区域资源协调和分配机制，平衡碳信息披露水平。政府要着力构建多层次多样化区域合作体系，实施财政转移支付和低碳税惠政策，扶持、激励西部欠发达地区企业实施低碳运营模式。

第四节　本 章 小 结

本章对碳信息披露源动力循环系统的作用机理进行了分析，前两节主要通过理论分析详细说明了碳信息披露源动力因素的关联性和互动性以及碳信息披露源动力循环系统的构建机理，第三节则通过重污染行业的经验证据来佐证上述理论。

首先，单独从碳风险、资本成本和财务绩效三个方面探析了碳信息披露的源动力因素的关联性，从长远来看，高质量的碳信息披露会通过碳风险、资本成本和财务绩效来提升企业价值。另外，通过进一步分析碳信息披露与碳风险、资本成本和财务绩效的互动关系来探究碳信息披露的源动力机制的形成过程。以此初步构建出碳信息披露源动力循环系统的作用机理。

其次,本书还对碳信息披露的内部源动力因素的互动性进行了分析,并进一步详细分析了内部源动力循环系统各模块之间的传导性,从而构建"碳信息披露→规避碳风险→降低资本成本→提高财务绩效→提升企业价值→推动碳信息披露"的循环系统。此外,还提出了构建碳信息披露源动力循环系统的措施,企业应具备循环发展思维,以提升碳信息披露质量为核心,通过循环系统带动内部各动力因素的传导,从而实现高质量、可持续发展。

最后,以实证佐证理论。选取重污染行业为样本,通过实证检验了碳信息披露与碳风险、资本成本和财务绩效三者之间的关系。结果表明碳信息披露质量的提升有利于降低碳风险和资本成本、提升财务绩效。此部分实证结果与第一节中碳信息披露的经济后果的分析结论相吻合。另外,探究出了资本成本在碳信息披露对企业价值的正向影响中的中介效应,佐证了第二节的内部源动力循环系统各模块的关联性分析。然后,通过实证分析企业价值对碳信息披露的正向影响,佐证了碳信息披露的动因。综上所述,重污染行业上市企业的经验证据进一步证实了碳信息披露源动力循环系统的有效性与可行性。

第六章 空间异质性下企业碳信息披露驱动机制分析

由于不同空间的外部因素也会影响企业碳信息披露动机，因此企业源动力循环系统在不同区域的企业实施效果会有所不同，本章在第五章企业碳信息披露内部源动力机制分析的基础上，将研究视野拓展至企业碳信息披露的外部驱动力机制分析，主要以空间异质性视角分别从自然禀赋、经济发展水平及监管制度等方面分析企业碳信息披露的外部驱动力机制。

第一节 空间异质性对企业碳信息披露的作用机制

空间异质性，是指每个空间区位上的事物有区别于其他区位上的事物的特点，是生态学过程和格局在空间分布上的不均匀性及其复杂性。

运用 OLS 模型和 GWR 模型，麻学锋等（2019）分析大湘西高级别景区受空间异质性的影响如何，经过研究发现，不同影响因素呈现出一定的空间异质性，其中不同地区间经济发展水平、政府政策扶持力度、交通与旅游条件对大湘西高级别景区空间分布格局影响较为显著。刘湘平等（2019）借助碳模拟模型和森林土地变化模型，在考虑空间异质性对潜在成本经济效益影响的基础上进行实证检验，研究发现，空间目标对碳成本效率的提高随着市场化程度的空间异质性的变化而不断变化。马骏等（2019）在对多个长江经济带地区城市的生态效率时空演变特征进行研究时发现，企业的城市生态效率会受到区域间产业集聚的空间异质性的影响，部分区域空间集聚态势的增强会使得流域间生态效率的差距缩减。而刘江会等（2019）在研究中发现企业主体的不同会使得媒体监督产生空间上的差异，并通过实证研究证实媒体监督能够在公司治理对公司业绩的异质性影响中起到推动作用。由此可以看出，自然资源、地理位置、产业集聚水平、市场化程度、政府管制以及媒体监督等都是空间异质性的重要构成要素，且对企业碳信息有着重要影响，因此，本书分别从自然禀赋、经济发展水平和监管制度三个角度来研究其对企业的碳信息披露驱动作用。

一、自然禀赋对企业碳信息披露的作用机制

自然禀赋是一种凭人力难以改变的自然环境状况，它天然存在于某个国家或地区，主要包括地理位置、气候条件、自然资源等方面的内容。其中，地理位置是一个不以人的意志为转移的自然禀赋，它能决定一个地区的气候条件，而自然资源则主要包括土地资源、水资源、矿产资源、森林资源等。

（一）按自然禀赋的特点对我国区域的基本划分

受我国地域辽阔的影响，各区域与城市之间的自然禀赋存在较大差异，本次研究以中国快速发展的 35 个城市为研究对象，基于此对不同区域间的自然禀赋差异进行研究，使得样本更具代表性。这些城市中有 26 个省会城市（不包括数据较难获取并且缺乏可比性的台北市、拉萨市）、4 个直辖市（北京、天津、重庆、上海）以及 5 个计划单列市（大连、宁波、青岛、厦门、深圳）。大致分为三类：

第一类为自然禀赋优越型地区，气候优越和自然资源丰富，分布在我国东部和南部地区，主要包括北京、上海、天津、广东、江苏、浙江、河北、辽宁、福建、山东、海南共 11 个省份。为了跟空间异质性的其他特征相符合，本书将此类称为东部发达地区。

第二类为自然禀赋普通型地区，这类地区在气候、地理位置和自然资源的禀赋水平上属于中等水平，分布在我国的东北部和中部地区，主要包括山西、内蒙古、吉林、黑龙江、安徽、江西、河南、湖北、湖南共 9 个

省份。为了跟空间异质性的其他特征相符合，本书将此类称为中部次发达地区。

第三类为自然禀赋匮乏型地区，这些地区气候条件恶劣，自然资源匮乏，位于我国中西部地区，主要包括四川、贵州、云南、西藏、陕西、甘肃、青海、宁夏、新疆、广西 10 个省份。为了跟空间异质性的其他特征相符合，本书将此类称为西部欠发达地区。虽然这些地区中有些地区如新疆维吾尔自治区的矿产资源、生物资源极为丰富，但新疆维吾尔自治区地域内土地整体沙化严重，使得乌鲁木齐市在自然禀赋方面的分类结果受到影响。且乌鲁木齐市与第三类中的其他城市在地域上比较接近，以及跟空间异质性的其他两方面相衔接，所以本书采用以上的分类方式对其自然禀赋方进行分析。

考虑到不同的地理位置、气候条件和自然资源使得我国各个城市自然禀赋存在差异性，碳信息披露上也存在着显著不同。为此，接下来的内容将探索基于区域自然禀赋差异给企业碳信息披露带来的驱动机制。

（二）自然禀赋对企业碳信息披露的作用机制

根据自然禀赋与碳信息披露的关联性，本部分主要侧重分析地理位置和自然资源对碳信息披露的作用机制。

地理位置是影响企业碳信息披露的重要因素。一般而言，投资者往往更关注东部这些信息发达的地区，虽然日益发达的科技使得信息传递的渠道更加多样化，一定程度上降低了企业与投资者之间的不对称，但企业由于地理位置所产生的信息差异并不能彻底消除，并且，碳信息相对于其他信息而言更难以求证真伪虚实，因此，更易引起企业管理层的机会主义行为，即地理位置会影响机构投资者的决策。对于自然禀赋优越型地区，其地理位置和交通发达，经济发展水平较高，碳信息受监管程度较强，企业一般会选择披露相关碳信息。但对于自然禀赋匮乏型地区，其地理位置较为偏僻，碳信息受监管程度较弱，碳信息的验证成本会随着地理位置的差距相应地升高，由此导致管理层很难自觉主动如实披露碳信息，因而自然禀赋匮乏型地区的企业会倾向于披露较少的或质量较差的碳信息。

　　自然资源对企业碳信息披露质量也会产生重要影响。对于自然资源丰富的自然禀赋优越型地区，矿产资源开发利用过程会对环境造成一定的负面影响，而且其工业发展进程也会带来环境污染，也会面临更大的环境监管压力。合法性理论认为，企业会严格遵守法律法规和政策规范，进行相应的碳信息披露以避免产生诉讼或是行政处罚风险等。此外，根据信号理论，企业会将其污染防治、绿色减排等信息进行披露以满足利益相关者的需求，塑造绿色良好的企业形象。相比自然资源欠缺地区的企业，资源依赖型企业在自然资源占据优势的情况下，其进行碳信息披露的边际收益更大，因此，在提高企业的碳信息披露积极性方面，需要结合各个地区自然禀赋的差异性进行考虑，有的放矢地促进企业进行碳信息披露，李艳芸（2013）也证实了自然禀赋影响了企业碳信息披露作用的实现途径。

　　对于自然资源丰富的发达地区，应鼓励企业积极地披露准确、及时、高质量的碳信息。从法律上，推动相应法律条款的制定，将碳信息披露作为企业的必须披露事项。由于自然资源丰富的地区开采资源时动工规模大，且开采使用的相关器械多，所以会对地区附近的生态环境有很强的破坏性，在工业发展的过程中也会造成环境污染，资源开发方往往会因为丰富资源所带来的巨大利益而忽视环境保护。若放任企业进行资源开采，很可能对生态环境造成不可逆的破坏，因此通过立法迫使企业进行碳信息披露，让其接受各方监督，是限制企业过度开采资源，保护生态环境的必要措施。从市场环境上，要提高进行碳信息披露的收益，让企业发现准确及时地披露碳信息能带来不小的收益。根据信号理论，企业为了满足利益相关者的期待，会将其节能减排、保护环境的信息传递出去，以提高利益相关者对企业的信心。资源丰富地区的资源型企业一般也会受到更多的环境保护方面的监管，同时相比其他类型企业，资源型企业也更加依赖丰富的资源为自己带来的收益，环境生态监管对企业自身的影响也就更大，高质量的碳信息披露对企业的收益相比其他类型企业也会更大，进行碳信息披露的边际收益相比其他类型的企业更大。提高市场对于资源依赖型企业的关注度，促使投资者对于高质量碳信息披露的企业给予更多的正向反馈，让资源依赖型企业自愿披露自身碳信息。从资源依赖程度上，可以对资源型企业进行一个划分，重污染的企业要求更加严格的碳信息披露，非重污染的企业可以对其碳信息披露的要求稍微放松一些。如重污染资源型企业应当选择独立报告的方式对企业碳信息进行相关披露；而非重污染行业的资源型企业，由于其对环境造成的污染程度相对较轻，可不使用独立报告的方式，而选取补充报告的方式来进行相关的披露。由此可见，可根据企业对自然禀赋依赖的重要程度确定企业碳信息披露的方式。

对于自然资源匮乏型的欠发达地区，该类地区的企业并不以自然资源为主要利润来源，对于自然资源的依赖性不强，企业的利益相关者对其碳信息披露的关注度并不高，企业对碳信息披露的敏感度也因此较低。针对该地区的企业，应该着重加强企业进行碳信息披露的收益意识，让企业看到自主披露碳信息能获得足够的利益，从而提高企业主动披露自身碳信息的积极性。具体可以完善碳交易市场，把碳份额作为企业重要资源纳入资本市场，碳信息披露的好坏就能直接影响市场，为企业带来足够的利益；另外可以在政策上给高质量碳信息披露的企业更多的政策倾斜，例如，贷款利率优惠或者税收优惠，让企业充分意识到有关企业碳信息披露的积极影响与作用，促使企业主动提高碳信息披露水平。

事实上，要充分发挥自然禀赋的优势这一目标，企业就必须增强碳信息披露的自觉性，提高整个社会环境信息披露的质量和效率，参照企业碳信息披露内容及碳信息披露基于自然禀赋的差异，将自然禀赋信息细分为自然资源信息和地理位置等自然禀赋相关信息，根据企业碳信息披露的结果发现企业价值可提升的领域，弥补企业在生产经营与管理过程中的不足，并予以丰富和完善，有利于帮助企业更好地发挥自然禀赋优势。这其实又间接地引导和激励了利益相关者积极主动地进行各类自然资源信息的披露，也解释了为什么自愿进行碳信息披露的多是资金雄厚、经营规模相对庞大的重污染资源型企业，即自然禀赋影响了企业碳信息披露的执行者群体。

通过国际规则的演变、国家政策的出台，各级市场对于碳排放的反映来看，由于碳减排目标的不断增长，企业的经营管理者开始思考并着手提高自然资源的使用效率及减排的实施效果，进而管理者提出了制订碳减排计划、实施碳排查、降低碳排放率等工作要求，这就要求在明晰碳足迹的基础上采取相对有效的措施以此来规避环境中的碳风险。实际上，企业为了实现自身利润最大化的企业目标，将付诸更多的努力并且更加积极地进行碳信息披露工作，帮助企业在全球经济体系中变得更加有效率、更加有竞争力以及更加持久地保持盈利。这也是自然禀赋对碳信息披露作用产生影响的前驱动因，即自然禀赋影响着企业碳信息披露的自愿性，企业碳信息披露作用的主观能动性受到自然禀赋的牵引作用。

首先，从国家层面来看，要考虑由于地理位置、气候条件和自然资源等自然禀赋因素对于企业碳信息披露的影响，对不同自然禀赋的城市进行了解的基础上，我们发现自然禀赋发达的地区通常舒适度也更加显著，而了解一个城市、发掘一个城市的自然禀赋优势，又可以通过企业的碳信息披露来发现可供提升的领域，企业碳信息披露又反向作用于自然禀赋的优势发挥。所以政府在经济决策中，为了鼓励和号召城市发现自然禀赋的优势，更好地加快企业的舒适度建设，提升各城市的综合竞争力，故而相继出台了相应的鼓励企业碳信息披露的优惠政策，为具有不同自然禀赋的城市提供合理有效的发展路径。自然禀赋率先从宏观角度展开视角，考虑影响企业碳信息披露的政策制定。

其次，就企业而言，一方面，因为城市间自然禀赋的分布不平衡，对其自身的盈余质量的影响也是参差不齐。其中，上述的政府治理也是影响企业盈余质量的一个重要原因，间接得出自然禀赋对于企业的盈余质量存在很大影响；同时，企业在进行战略定位时地理位置和自然资源也具有决定性的作用，并且也制约着企业发展的定位及经营范围和种类，这促使企业不得不关注自然禀赋的动态变化，通常以关注企业的碳信息披露来实现外部治理。另一方面，各个企业在其经济发展过程中，不可避免会有竞争。当自然资源处于独一无二的优势时，对于企业在竞争中获取优势起着至关重要的作用，自然禀赋丰富、充裕的企业相对地拥有更大的发展筹码，自然禀赋成为企业内部治理中不可避免的一环。但是企业的内部治理往往存在腐败问题，而当企业在认识到自身实现经济增长和发展的源泉在于自然禀赋时，自然资源或自然禀赋才渐渐被重视起来，处于突出的地位。但是在探查自然禀赋时可能会遭遇很多阻碍，此时为了辨别企业内部是否因为存在腐败问题而非自然禀赋的获取成本代价过高导致企业发展受阻，就需要进行企业碳信息披露，从中发现问题。而自然禀赋在企业的利益权衡中决定了是否会进行碳信息披露，影响了企业碳信息披露的微观决策，也影响了企业碳信息披露作用上防腐作用的实现。

由此可知，自然禀赋对于企业碳信息披露作用的影响主要在于事前准备中的决策影响，而非执行过程中。其主要表现为政府在经济决策中，从宏观角度影响企业碳信息披露的政策制定。就企业而言，地理位置和自然资源对企业的战略定位也有着决定性的作用，促使企业不得不关注自然禀赋的动态变化，通常以关注企业的碳信息披露来实现外部治理；在内部治理过程中可能存在内部腐败情况，因而左右了企业碳信息披露的微观决策，在决策前便影响了企业碳信息披露在防腐作用上的实现。

值得强调的是，资源依赖型企业在自然禀赋占据优势的情况下，进行碳信息披露所付出的成本相对于回报可能大于自然禀赋优势不突出的企业，如内蒙古自治区，其奶牛养殖业占据着得天独厚的地理优势和优渥的气候条件，相较于西北地区的干旱和风沙严重，内蒙古自治区的奶牛养殖对自然资源的披露可能更有意义，而干旱地区没有这方面的植被优势，如果采取同样的自然禀赋因素作为碳信息披露考量便没有意义。

此外，重污染型企业进行碳信息披露所付出的成本相对于回报可能大于非重污染型企业，特别是石油资源丰富的企业，在掌握区域内的自然禀赋优势后为企业创造了大量的财富，其进行企业碳信息披露的成本本身在利润中占据的比例就小，同时通过企业碳信息披露对于后期的治理改善，提升自然资源的配置与利用效率又产生着倍速作用。

二、经济发展水平对企业碳信息披露的作用机制

"经济发展水平"是指社会经济在不同时期经济现象所表现出来的规模或水平，也称为"经济发展量"或"经济动态数列水平"，本书选择"产业集聚"和"市场化程度"两个视角来衡量经济发展水平。

（一）产业集聚对企业碳信息披露的作用机制

1. 国内产业集聚情况

产业集聚是经济因素、生态因素、社会化因素、文化因素、政治因素、地理因素等共同作用下所产生的社会环境效应。产业集聚水平在一定程度上可以说是经济发展水平的空间缩影。

目前我国已经初步建立了完整的工业体系，产业集聚作用在我国也越发明显。各地根据自身的产业优势和经济状况，产生了自身的产业集聚效应，形成了具有当地特色的产业集群，例如，一线城市的集成电路产业集群、生物医药产业集群、人工智能产业集群等。除了上述的一线城市，二线城市根据自身的地理位置特点与经济发展情况，也都产生了自身的产业集聚效应，如烟台市的海洋生物与医药创新产业集群、保定市的新能源与智能电网装备创新产业集群、温州市的激光与光电创新产业集群，等等。从地域分布看，发达地区产业集聚效应更强，国家第一批66个先进产业集群，拥有三个以上的是北京市、上海市、武汉市、深圳市、合肥市，都为直辖市或者省会城市，拥有两个的为青岛、烟台、杭州、厦门等经济发达城市，其余拥有产业集群的也多为省内经济较为发达的城市。从产业分布来看，人工智能、集成电路、信息服务等高新技术研发产业多在东部沿海地区产生集聚效应；智能制造、先进材料制造等制造产业多集聚在中部地区；而采掘业、工矿业、规模农业多集聚在西部地区。

2. 产业集聚对碳信息披露的作用机制

产业集聚的作用机制可以从国家、区域、企业三个方面展开。

从国家层面来讲，出于贸易深化和经济发展的需求，贸易企业需要对绿色技术进行创新，国家针对产业集聚出台的环境规制，有效推动了企业进行绿色技术创新。而产业集聚后的生产投入会形成对企业生产附加值的提升作用，直接解决关系社会民生的就业这一重要问题。另外，由于产业集聚形成的区域优势，又进一步地缩小了城镇间的发展差异，产生与其他城市发展间的空间影响，提高了所在地区的经济发展能力。与此同时，由于包括自然禀赋、专业技术等在内的经济要素实现了城市空间上的集聚，由此形成的资源合理配置效应使得技术外溢，对于能源效率改进产生了积极的外部作用。

　　从区域层面来讲，产业集聚有助于区域内生产模式创新、管理经验共享和跨区域合作。首先产业集聚对区域经济的发展产生正向的影响，对于区域内生产模式创新起到了知识效益溢出的作用。其次，制造业与生产性服务业在区域间所形成的空间协同分布体系又推动了区域间的管理经验共享。最后，近年来由于"互联网＋"之风的普及，直接推动了以电商为依托的产业的快速增长，产业聚集为企业的跨区域合作起到了增强彼此交叉联系的协同作用。

　　而基于企业自身考量，产业集聚作用则在于推动企业经济成长、管理制度制定及顺利履行社会责任。国内外学者针对产业集聚的异质性对企业成长的作用机理与影响作出了大量的研究。首先，产业集聚推动实现强强联合，从而拓展和深化了产业集聚对新创企业的成长期发展潜力。其次，由于产业集聚所形成的行业分类使得企业在进行自身管理经验纵向对比时进步，也有利于同行业间进行管理经验的横向学习，提升企业管理的效率。最后，通过充分发挥产业集聚过程里的中介组织作用，可以通过行业协会的力量树立行业表率。鼓励和引导社会各界企业积极地履行社会责任，努力形成全社会共同推进企业社会责任建设的合力。

　　产业集聚的作用机制如图 6－1 所示。

国家层面	区域层面	企业层面
• 激发贸易绿色技术创新 • 解决就业等民生问题 • 加快城镇化建设的步伐 • 改进能源效率	• 创新区域内生产模式 • 共享管理经验 • 推进跨区域合作	• 推动企业经济成长 • 推动管理制度制定 • 推动顺利履行社会责任

图 6－1　产业集聚的作用机制

　　产业集聚作用于碳信息披露上，主要体现在降低国家产业政策外部负效应、带动知识溢出促进企业技术创新、提升区域人力资本水平、实现设备共享降低成本等方面。

（1）产业集聚对于企业碳信息披露作用体现在降低产业政策的"外部负效应"上。产业集聚作为政府的行为选择，本着对经济发展负责任的角度肯定是利大于弊的。当政府合理经过企业投资招标，合法、合理地引导企业投资形成稳固的、高质量的产业集聚，此时由于企业的资源等利用受到各级政府的预算约束，将大大地避免了资源利用效率弱化的可能性，资源利用效率的提升也将调动企业进行碳信息披露的积极性。而产业政策作为产业聚集的产物，服务于产业集聚这一产业经济聚拢活动。我国政府制定的产业政策，在通过资本市场实现信息传递的过程中，会对企业的盈余质量、盈余准确性和盈余稳定性产生长期影响，此时企业作为一个微观个体发挥着信息储备和传递的功能，在产业政策的宏观指导下，企业可以在短时间内迅速地吸收和把控住市场的发展机遇，激发了企业对于盈余预告和盈余公告等信息进行披露，在国家低碳政策的引导下，企业会自觉在对外报告中披露有关低碳减排的信息，让信息使用者可以根据企业披露的情况进行投资决策，尽量地减少资本市场投资的"羊群效应"，有效的决策效率会带动企业发展的稳定性，进而降低产业政策的"外部负效应"。

（2）产业集聚带动知识溢出，新技术、新方法的传播激励企业提高碳信息披露自主性。早在 1920 年，马歇尔（Marshall）就提出产业聚集可以带来技术外溢，区域间的信息流动有利于新知识和新技术的传播和应用，这一观点得到学术界的普遍认可。应用于碳信息披露中，产业聚集使得低碳绿色类高新技术与方法在行业内得到有效传播，为高污染行业的节能减排工作提供技术上的支持，使产业集聚溢出的挤出效应成为激励效应，进而提高自主披露碳信息的意愿与能力。产业集聚在新兴时期由于区域之间的自然禀赋及人文差异存在，导致了企业技术之间的区域发展不平衡性严重，例如，我国东部地区的技术创新程度要遥遥领先于中西部地区，但随着产业聚集的发展，国家针对产业集聚出台的环境规制，对绿色技术的创新起到了显著的直接推动作用，对于高污染行业来说，区域内绿色低耗技术的传播可以促进聚集产业之间互惠发展，应用新能源技术以及相关管理方法可以为聚集区域提供适宜的外部环境，新的资源节约技术和清洁能源的使用能够极大程度上促进碳排放效率提高，这一利好消息最终通过碳信息披露展现出来。

（3）产业聚集可以提升人力资本水平，增效减排，提升企业碳信息披露能力。当产业集聚形成一定的规模时，产业优势得以聚集形成了强大的产业圈从而带动了相关产业的丛生，即推动了专业化集聚和多样化集聚的就业动态的形成，而就业选择的多样化又使得行业间的溢出效应产生了显著的积极影响。一方面产业集聚区域可以吸引大量高技术的专家与专业性人才，人力资本水平的提升将更好的带动企业进行低碳技术研发与合作，提高减排效率；另一方面，企业可以借助充足的劳动力市场招聘熟练工人，或者通过人员的培训与交流提高工作能力，进而提高区域内工作效率，推动节能减排工作更好的展开。此外，充足的劳动力市场也便于企业更好地对人力资源进行改善调整，由人力资本提升所节省的人工成本也可用于新兴技术的研发、生产设备与工艺的改善。以上种种都将提高聚集区企业能源利用效率，促进节能减排，最终提升企业的碳信息披露能力。

（4）产业聚集可以带来设施共享，降低减排成本，提升碳信息披露效益。产业聚集不仅可以促进区域内资金、技术、人才的流通，也会带动区域内资源与设备共享，因此可以减少基础设施的重复建设与利用，降低成本，提高碳减排水平，带动碳信息披露的效益。一方面，产业聚集区域企业可以共享能源供应设施，对于资源密集型产业来说，高耗能高排放是其行业首要问题，生产过程中不仅会排放污染物，并且会造成大量能源的浪费与低效利用。相较分散的布局，产业集聚区域可以共享能源供应设施，提高设备的利用效率，进而降低生产过程中的能源浪费。另外，集中性的产业布局也有利于污染物的集中处理，共担风险，降低高污染企业的治理成本，使得企业披露效益进一步提升。另一方面，产业集聚区域可以共享环保基础设施，对于披露碳信息的企业来讲，要想提高碳信息披露的质量，就必须在降污减排工作中取得实质性的效果，而环保设施的购置往往需要企业投入大量的成本，单一企业通常难以承担，而在产业集聚区域可以利用地理位置临近优势实现环保设备共享，如共建污染物处理中心，这样不仅能够有效控制区域内的污染状况，同时大大降低了各个企业的环保成本，为企业碳信息披露提供利好优势。此外，区域内的企业也可以共享信息产业设施，共同出资搭建信息化平台，在降低信息传播成本的同时，也能扩大碳信息披露为企业带来的效益范围。

（二）市场化程度对企业碳信息披露的作用机制

市场化程度的作用机制主要体现在引导企业加大创新投入、降低税收负担、优化公司治理结构、促进新产品研发、推动社会责任履行、提升企业信誉等方面。

市场化程度水平提高有利于引导企业加大创新投入。我国的经济体制是社会主义市场经济体制，这也决定了我国的市场化程度受到正式制度和非正式制度因素的共同影响。当企业面临着相同的制度环境时，影响其发展壮大的主要因素便来自经济市场。当市场化程度的水平较高时，企业为了更好地突破"市场进入障碍"或是"现有及潜在竞争者的威胁"，通常会加大对于产品或者技术的科研创新投入，把握住既有政策上的福利、改进企业的投资进入方式进而化解高市场化程度带来的挑战，在激烈的市场竞争中占据一席之地。

市场化程度水平提高有利于降低企业税收负担。较高的市场化程度会降低企业之间的信息的不对称性程度，企业可以在缺少自身经验积累的情况下，通过及时的信息获取在合理范围内借鉴竞争企业的先进经验，为自身发展所用。使企业的经营结构更加合理，这将有利于通过抑制代理冲突直接降低企业的税收负担。因此，市场化程度提高可以降低信息不对称程度，缓解代理成本，进而发挥降低企业税收负担的作用。

市场化程度水平提高有利于优化公司治理结构。企业在经过首发上市（IPO）之后，可能会因为公司在上市之前作出的预判有误或者市场上出现了意想不到的经济形势变化，导致 IPO 的业绩变脸（即企业的经营业绩出现一定范围内的持续下跌现象），使企业落入股价下滑的困境之中，面临治理结构涣散的现实威胁。从内部治理的因素来看，IPO 的业绩变脸与企业治理结构的不完善有着直接的关联；从企业的内部治理需求来看，要使企业 IPO 业绩之脸由"阴"转"晴"，企业便不得不据实调整自身的公司治理结构，通过市场调研分析股票市场上的实际情况，通过技术手段来攫取市场上所提供信息的可行性排行等方式，探讨企业的 IPO 业绩变脸与公司内部治理结构的关联。不同于对企业税收负担的直接作用，市场化程度在 IPO 业绩和公司治理之间发挥着调节作用，潜移默化地推动了公司治理结构的优化。

市场化程度水平的提高有利于促进新产品开发。在市场化程度高的区域，企业通常可以迅速地获悉利润回报较高的投资领域和方式，企业的资金代理风险降低，可回收的资金流随之增加，从而企业手中将会拥有更多的资金去投入新产品的开发；此外，在高水平的市场化下，企业的资本对于新产品的创新速度及质量都因为有对比的存在而得以增强，当市场化程度不高时，由于信息不对称给企业的资金安全带来了极大的不稳定性，因此，企业资本对于新产品的开发速度与质量将难以保障。可见，市场化程度水平的提高对企业新产品开发起到了促进作用。

市场化程度水平提高有利于推动企业社会责任履行。在过去市场化程度水平还不高时，社会监督不严，企业往往只关注自身利润最大化而忽视了社会责任的履行。但是，在移动互联网时代随着市场化程度水平的提高，企业对于环境造成的诸如生态破坏等问题，会以指数级增长的速度在社会公众的视野中传播，于是企业承担社会责任的紧迫性便由此提升。为了更好地平衡企业利润最大化与社会责任的"天平"，企业通过高市场化背景下提供的市场反馈，了解社会舆论的风向，尽可能地降低股东和管理者之间的代理成本，一方面在健全的监管机制之中不"落人口实"；另一方面通过全面参与社会事务减少企业捐赠中存在的资金与资源私自占用现象，实现提升企业自身利润的原始目的，此时，市场化程度水平提高与企业社会责任履行之间有着相互促进作用。

市场化程度水平提高有利于提升企业商誉。企业的商誉有利于企业的销售量和利润的提升，于是对于成立初期的企业便会想方设法去树立商誉，如采取加大企业技术创新投入、积极履行社会责任等方式来提升企业的社会认可度，创建在业界的良好口碑，营造企业商誉；而当企业成功树立了一定的商誉之后，为了在市场经济的激烈竞争下创造出自己的核心竞争力，会尝试借助商誉积淀来创立自己的品牌。而随着市场化程度水平的提高，在商誉的创建过程中，会为企业提供诸多可供借鉴的"先例"，为企业前期商誉的创建、后期商誉的维持和内部控制出现缺陷时所面临的后续商誉减值威胁，都提供可供喘息的时间空隙和弥补的弹性额度，而这种喘息时间空隙和弥补弹性额度，在市场化程度不同的地区也存在着明显的差异。因此，市场化程度水平对于企业的商誉起到了培育作用。

市场化程度的作用机制如图6－2所示。

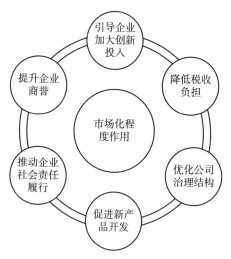

图6－2 市场化程度的作用机制

相较于产业集聚对于企业碳信息披露作用研究而言，市场化程度对于企业碳信息披露的作用更加显著。

（1）市场化进程从客户视角出发，为企业碳信息披露提供动力。市场化程度水平越高，客户因为各自私利而集中的可能性越低，大客户与企业之间进行私有信息交换的可能性也随之降低，市场化程度与企业的信息透明度呈现出了显著的正相关关系。随着市场化程度水平的不断提高，使得企业不得不将很多与自身相关的内部信息公之于众，也意味着信息的透明度不断提升。此时客户的集中关注点则聚焦于企业信息披露的"黑匣子"，而碳信息的披露作为其中的一部分，自然成为人们关注的焦点。

（2）市场化进程通过影响企业的权益资本，增强企业的自愿性信息披露，这一点主要适用于非国有上市企业。究其原因，国有企业的权益资本受到了政府力量的控制，信息的透明度本身就实现了高度透明，无须借助市场化进程来进行监督，其权益资本也是有着固定的轨迹可循。但是，非国有上市企业却不同，其自愿性信息披露对企业权益资本影响相对较为显著，这一类的企业主要以利润最大化为终极目标，因此作为股东而言，他们更想通过对外公开利好信息来吸引社会投资，为企业经营注入强大的活力资本。所以，当企业的权益资本成本过高时，非国有企业如若选择对外进行碳信息披露，将有损于企业的股价，因此他们可能选择不公开或者是避重就轻地公开，但是当市场化程度水平较高时，企业通过信息交换对比，如果企业的资本成本相对较低时，将会提高他们进行碳信息披露的积极性。

（3）市场化水平通过影响企业绩效进而影响企业碳信息披露。当企业所处的区域内市场化程度水平较高时，企业在经营过程中所受到政府这只"有形之手"的干预便会一定程度上降低，充分地发挥经营自主性，有利于企业在经营过程中获取更好的企业绩效。与此同时，如果企业的经营绩效态势良好，在高水平的市场化影响下，信息不对称现象的弊端便会大幅度降低，直接会使得企业经营绩效这类好消息迅速地在业界传播开来，产生企业间争相效仿的"涟漪效应"。因为市场化水平的提升，促使企业在未来的社会舆论中上升至一定的优势地位，并且企业出于利好信息公开对于促进长远利益提升的考虑下，将进一步加强企业对于碳信息披露的主观能动性。

（4）市场化程度在企业盈余管理中发挥作用，影响了企业的碳信息披露。真实盈余管理是管理者进行盈余操纵的重要途径，故而成为企业管理中关注的焦点。因此，真实盈余管理在学术界一直被津津乐道。在非国有上市企业中的真实盈余管理较为普遍。这是因为，虽然实施真实盈余管理活动的企业将要披露更多的自愿性信息，但是也因为真实盈余管理活动需要企业的经营效率、盈余质量是健康有效的，并且契合企业的发展风向。

诚然，当市场化进程水平不断提升时，敢于实施真实盈余管理活动的企业必然不存在威胁企业未来经营的不可控风险，对企业的未来价值没有不利影响且对广大投资者有利或至少对利益不产生损害。在这种情况下，企业具备了主动进行碳信息披露的底气，市场化进程对真实盈余管理和碳信息的自愿披露进行了调节作用。此时，市场化程度较高的地区，企业在健全的法律保护下可以相对自由地进行竞争，实现利润盈余目标，进而积极地履行社会责任，对企业的碳信息进行披露。

（5）市场化程度与债务融资水平息息相关，正向影响企业的碳信息披露。区域的市场化程度差别使得债务融资的水平也会产生差异，一般来说，债务融资水平对企业的碳信息披露的影响程度有赖于较高的金融的市场化程度水平。这是因为，当市场化程度较高时，债券的转手率和变现能力相对就越强。在高市场化程度背景下，企业可以通过"同业拆借"活动实现金融机构的闲置资金在企业内部的流动、增强企业活力。但是，这对企业的资金安全、征信额度等也有着较高的要求，高质量的信息披露有助于上市公司获得融资。所以，当市场化程度增高，对具有较高偿债能力的企业，将更有可能积极地进行企业的碳信息披露，以此来博取银行等金融机构的信任，最大范围内筹集资金进行企业的增值活动，而企业在高市场化程度水平下，高债务融资效率的吸引力，则在无形之中推动了企业的自愿性碳信息披露进程，债务融资水平为企业的碳信息披露提供了质量的保证。

（6）市场化程度基于企业成长性水平影响企业碳信息披露。当前我国企业正经历着市场经济发展的"拐点"时期，由于不同企业之间的属性存在差异且占据的自然禀赋也不尽相同，因此，企业的成长性很大程度上受到了市场化程度的约束。总的来说，市场化程度较高的区域，企业的基础设施和制度保护等成长环境的完善程度较高，因此企业的利益相关者，如投资者、供货商等出于自身利益的权衡而更加关注企业的信息披露，而人们对于企业碳信息披露的关注则是出于生命安全的考量。事实上，根据信息不对称理论、信号传递理论和利益相关者理论的研究可知，当市场化程度的水平越高，对应的企业的成长性关于企业碳信息披露的要求也"水涨船高"。

综上所述，我们可以获悉相较于产业集聚对于企业碳信息披露作用机制，市场化程度对于企业碳信息披露的作用机制覆盖的范围则更广，主要包括：从客户视角出发，提升了企业碳信息的披露的透明度；通过影响企业的权益资本，增强企业的自愿性信息披露的积极性；通过影响企业绩效进而影响企业碳信息披露形成企业间争相效仿的"涟漪效应"；在企业盈余管理中发挥着对企业碳信息披露的调节作用；随着高市场化水平下债务融资水平的提高，为企业的碳信息披露提供了质量的保证；出于企业成长性水平提升考虑，企业碳信息披露获得了更多的社会关注。而"产业集聚与市场化程度交叉影响对于企业碳信息披露的作用"，通常是与"市场化程度对于企业碳信息披露的作用"同时出现。相较于自然禀赋对于企业碳信息披露作用的"先天约束"，经济发展水平的发展对于企业碳信息披露作用在"后天改造"的潜力上有所提升。

三、外部监管对企业碳信息披露的作用机制

大部分学者的研究表明，外部监管对企业碳信息披露有着明显的推动作用，本部分主要从政府管制与媒体监督两个方面进行分析。

（一）政府管制对企业碳信息披露的作用机制

政府管制在我国一向起着举足轻重的作用，强有力的政府管制对企业有着很强的约束作用。不同的政府管制水平对于企业碳信息披露有着显著影响。

政府管制影响企业碳信息披露的自愿性。首先，在绿色经济视角下，企业的产品交易实际上是一种碳交易，在交易机制下企业的产品生产碳排放越低对于企业的材料成本、治理成本和声誉成本的投入也会相应地降低。但是，目前企业并没有十足的技术把握来判定企业的碳排放和带来的价值合理配额。过低的碳排放配额会使得企业的交易积极性受挫，进而企业会冒险进行违规排放。此时，环境规制部门应对那些积极进行探索、勇

于尝试在碳信息披露层面进行突破、在实现经济利益的同时还能够追求环境效益最大化的企业给予积极的政策支持与奖励，在加强对企业碳排放的监督、管制的同时，为企业的低碳经济和可持续发展提供便捷，这都将有助于提升企业碳信息披露的自愿性。其次，企业作为降低碳排放的主体，其对外的碳信息披露情况由于经济意义重大，不仅受到了政府的关注，也被公众和广大经济学者所熟知。因此，企业的碳信息披露体系是否完善，企业是否积极配合政府管制进行对外碳信息披露，能够在一定程度上反映出企业的内部治理是否完善，同时，对于上市企业的股票价格也有着很大程度的影响，一是企业在博弈中获取了公众的认可度，从而企业声誉得以提升带来了股价增长的态势。二是进行经济研究的相关学者，通过对企业对外报告的分析及股票价格的趋势进行研究，作出投资预判，这些都将直接或间接影响企业投资者的资本注入及未来的发展。政府管制能显著地提高企业的碳信息披露的自愿性，这种自愿性既来自直接的政府相关政策的支持，也来自潜在的政治因素及社会的关联影响。三是高管层的环保意识，如在纺织、采矿、印刷、电力、热力、燃气等污染较高的行业，高层管理者的环保意识越高，在其影响下企业的自愿披露的水平就越高。

政府管制影响企业碳信息披露的范围。有研究表明：企业价值的实现是受政治监管的正向影响的，企业政治监管越全面，企业的价值就越大；企业价值同时也受环境信息披露的正向影响，企业的碳信息披露越全面，对于企业价值的实现越有帮助，故而政府的管制可以明显增强企业价值与环境信息披露之间的联系。显然，实现企业价值的最大化是企业的最终目标，企业在进行碳信息披露时会相应地扩大披露的范围，以实现企业价值最大化这一目标，而政府管制的中间调节则是尽可能找到实现企业价值的最佳尺度，如资本成本受到了政治关联的影响，其在进行碳信息披露时会根据对资本的影响大小决定企业碳信息披露的范围，将涉及企业重要价值的内容进行面面俱到地披露，让利益相关者及潜在投资者对企业有更好的了解，并且为壮大企业价值提供资本支持。这也意味着，企业的价值在受政府管制的同时，企业碳信息披露相应自然地也会寻找到最合理的披露范围。

政府管制影响企业碳信息披露的质量。无规矩不成方圆，政府应制定严格的政策对企业的碳信息披露进行监管，仅仅凭借企业自觉去履行碳信息披露的社会责任，从长期来看是无法保证所有企业披露的碳信息报告的真实性和全面性，即部分企业在进行碳信息披露时可能会有所顾虑而选择谎报或瞒报；部分企业在进行碳信息披露时，可能因为担心某些指标的潜在不利影响或者疏忽大意而漏报部分信息，等等，使得企业碳信息披露的质量无法保障。通过政策这一强制性手段对企业的碳信息披露进行管制，可以将企业碳排放对环境造成的污染产生的社会成本进行内部化处理，如《中华人民共和国环境保护法》（以下简称《环境保护法》）和《中华人民共和国环境保护税法》（以下简称《环境保护税法》）出台前后企业碳信息披露质量就存在着差异，表明《环境保护法》和《环境保护税法》的出台，均有效地提升了企业的碳信息披露质量。首先，《环境保护法》的出台将提高企业的环境违法成本，有助于提高企业碳信息披露的真实性和可靠性，企业更愿意主动对碳信息披露的范围加以丰富、披露的质量得到提升。其次，《环境保护税法》的颁布使得政府对于企业碳信息披露的质量高低有了确切、可行的赏罚标准。企业进行碳信息披露意味着其社会责任的履行，而政府监管鼓励企业积极履行社会责任，也就推动了企业为社会公众提供更好的企业碳信息披露内容，即政府监管提升了企业的碳信息披露质量。

（二）媒体监督对企业碳信息披露的作用机制

媒体监督反映的是外部舆论对于企业碳信息披露的监督。在互联网高度发达的现今，社会舆论的作用被互联网显著放大。我们经常能看到某个公司在微博、知乎等平台上被曝光不利信息，导致股价大跌、监管检查上门。同时媒体监督对于企业的影响不仅仅局限于市场，也会反映在招聘、招股、吸引投资等多个与人相关的方面。媒体监督对于企业的巨大作用可见一斑。

媒体监督对于企业碳披露的作用并非是一蹴而就的，而是通过提高政府监管效率、企业价值目标和社会责任履行激励、公司治理三个步骤来逐步构建企业的碳信息披露过程。

首先，通过媒体监督提高政府监督效率。媒体是企业监管传播范围最广、影响力度最大的监督媒介，在政府监督与企业碳信息披露是否执行的博弈中，媒体的报道对于政府监督的有效执行发挥了重要的辅助作用。当企业内部因经济利益或公司战略眼光的限制而使得碳信息披露工作开展缓慢时，通过媒体监督，政府可以更有效地执行监督职能，并促使企业更好地执行碳信息披露。另外，当企业的高层管理者出于自身私利的考量，故意掩盖碳信息披露的重要内容时，媒体报道可以揭示这些问题，并促使政府部门采取必要的整改措施，督促企业合规开展碳信息披露工作。当然，媒体监督的力度也要保持在合理的区间范围，且政府的监管水平也需要保持一定的高度，这样才可以达到促进企业碳信息披露工作进展的效果。否则，将会大幅度降低媒体监督企业的力度，无法达到预期的效果。

其次，媒体监督在提升政府对于企业碳信息披露的监管效率的同时，又给企业敲了一记"警钟"，即引发了企业对于企业价值和社会责任的思考。一个重要的原因是新闻媒体所报道的内容，对于缓解企业与外部投资者等相关主体之间的信息不对称发挥了作用。当前，生态经济的建设由于环境破坏事件屡次发生而进程缓慢，这是由于企业的对外报告中可能避重就轻地忽视碳信息披露方面的内容。此时，媒体对部分企业罔顾法律法规而对环境造成污染的后果进行宣传，并对企业披露的与环境方面相关的内容进行报道，将企业内部与碳信息相关的内容及时传递给外部利益相关者和信息需要者，因而降低了企业与外界的信息不对称。与此同时，媒体报告还会通过树立"道德模范"，在宣传中倡导企业积极进行碳信息披露的社会价值，强调企业碳信息披露在缓解社会资源矛盾、树立企业良好信誉以及实现企业价值最大化等方面的现实意义，从而提高企业在承担碳信息披露社会责任方面的自觉性，提升企业碳信息披露的执行能力。

最后，为公司治理推波助澜。当媒体监督促使政府监管效率提升时，利益相关者会更加关注企业的碳信息披露情况，进而会给企业带来企业价值和社会责任履行的双重压力。这种公共压力的产生使得企业不得不考虑不同股权性质，包括政府压力、债权人压力以及股东压力等公共压力对企业碳信息披露水平产生的重大影响，而这种影响是正向的，因此媒体监督对环境治理有着积极的作用和影响。至于如何扩大媒体监督对环境治理的影响程度，主要通过利益相关者的细致分析，考虑媒体监督在什么程度上会引起环境污染事件相关者的足够重视。此外，还应从企业的社会声誉出发，尽量降低企业的声誉损失成本，以构建企业声誉共同体为目标。在此基础上，应积极响应媒体关于企业碳信息披露的报道，通过内部治理来降低企业的碳信息披露声誉受损成本，并逐步强化企业的信誉意识，塑造良好的企业形象。最终，实现企业价值最大化和有效履行社会责任的双重目标。

在中国经济与媒体环境均处于巨大变革的背景下，外部压力对上市企业碳信息披露的影响研究面临新的社会背景。总的来说，政府监管与媒体监督对于提升企业碳信息披露水平都有着积极的影响，其中，政府管制对于企业碳信息披露的作用，主要在于影响了企业的碳信息披露自愿性、范围和质量；而媒体监督对企业的碳信息披露的影响，则体现在通过媒体监督提高政府监管效率、追求企业价值目标实现与履行社会责任、推动公司治理三个步骤，来逐步构建企业的碳信息披露过程。其中，政府管制的政治权力和媒体监督的传播效应，对企业的碳信息披露作用都有利有弊，但只要将这种监管制度的实施限定在合理的范围，总体来说利大于弊。

第二节　空间异质性下企业碳信息披露案例研究

上一节内容分别从空间异质性的自然禀赋、经济发展水平、外部监管等方面分析了其对企业碳信息披露的作用机制，鉴于企业碳信息披露受到空间异质性的多方面因素影响，因此在本节采取案例形式，分析空间异质性对企业碳信息披露的驱动因素。钢铁行业是现代工业发展中的最具有代表性的行业，与此同时，钢铁行业作为典型的高污染行业也使它在发展中暴露出许多环境问题，该行业既有自然禀赋的因素，也跟经济发展水平相关，国家也非常注重对钢铁行业的宏观管制，涵盖空间异质性的几方面内容，所以本案例以钢铁行业的案例企业为研究对象展开研究。

一、钢铁行业空间异质性特征分析

（一）自然禀赋方面

从地理位置分布情况来看，钢铁行业大多集中于我国北部和东中部地区，我国北方地区钢铁生产规模占全国的60%左右，辽宁省、河北省以及渤海周围钢铁企业林立，钢铁产量充足，供大于求，剩余钢铁大多进行外销。而东南部地区的大型钢铁企业则不多，供给严重不足。每年需要向其他地区进行购买，甚至部分需要进口。另外，我国钢铁行业内陆多，沿海沿江少，随着近年来钢铁行业整体疲软，尽管以宝钢、鞍钢鲅鱼圈、曹妃甸为代表的钢铁产业沿海型布局战略在逐步推动，但效果却并不明显。因此，我国临海临江的钢铁企业依然不多，钢铁行业依旧是以内陆型为主导的格局。

从资源依托型为主的格局来看，我国钢铁行业布局是以靠近铁矿石原料产地为基础而展开的，布局上处于分散状态，且多数钢铁产出地是远离需求市场的，供给和需求不成正比，以至于大量的钢材只有经过长距离的运输才能到达所需地区。从全国来看，河北省钢铁产量居于全国前列，我国重要的钢铁生产企业集中在辽宁、内蒙古、山西、安徽、四川、北京、上海等省（区、市）。包括鞍山钢铁公司和本溪钢铁公司、包头钢铁公司、太原钢铁公司、马鞍山钢铁集团、攀枝花钢铁集团、首都钢铁集团、宝山钢铁公司等。而这些企业的发展大多都是基于当地拥有丰富的铁矿石资源。总体上看，我国钢铁行业的集中度低，企业数量虽多但规模较小。因此，目前我国钢铁行业依旧是以依托资源型为主。

钢铁工业的生产特点决定了钢铁行业以资源依托型为主的格局。在钢铁工业进行生产的整个过程当中，分为矿山开采、炼铁、炼钢以及轧钢四个相对独立且复杂的生产流程。从矿石的开采开始，依次将矿石熔炼成生铁，再将生铁炼成钢，从而将钢轧制成各种形状规格的钢材，此过程离不开大量的矿石原料和燃料，因此铁矿石的储量、质量以及利用价值和开采规模会对其产生直接影响。钢铁工业的主要原料同样也包括有焦炭，而辅助材料有锰矿石、萤石、石灰石与耐火材料等，鉴于原料的需求，钢铁工业的发展势必会伴随着一系列不同类型的矿山开发建设。但我国铁矿资源明显不足且分布不均，上海、浙江、广东、和北京等大部分省份自然禀赋较低，而新疆、内蒙古、甘肃和四川等西部省份自然禀赋较高，东部、中部、西部自然资源分布极不均衡。西部地区自然资源较多，但钢铁厂较少，而发展较快且用钢量较多的东南沿海地区却资源不足，这种自然禀赋地理位置上的差异制约了钢铁工业的发展。此外，由于近年来我国国民经济以及社会发展的需要、钢铁工业的发展以及进口原料的增长，钢铁工业企业的产成品属于大宗货物，由于全国供给与需求的配比失衡，东南沿海地区需要从西部地区甚至是国外大量购入铁矿石，大型钢铁企业也需要将产品运输到全国各地，这种铁矿石产出地与钢材生产地相距较远的空间距离严重地制约了钢铁产业的发展。

（二）经济发展水平方面

任何行业和企业的发展都不得不受当地经济发展水平的影响。我国东部沿海地区的经济发展较好，市场化程度高，其中广东、福建、山东、江苏和河北等省份的经济发展水平较高，而西部地区如宁夏、海南和甘肃等省份的经济发展水平与东部沿海地区相比，差异非常明显。经济发展较好的地区通常具备完善的产业结构与人才培养体系，以支持钢铁行业的发展，除此之外，如江苏、浙江、上海和广东等经济发达地区由于拥有良好的交通网络，更便于铁矿石和钢铁的运输。而经济发展水平相对较低的西部地区，虽然自然禀赋较高，但其经济发展水平极大地阻碍了当地钢铁行业发展，因此西部地区虽然自然资源丰富，但钢铁行业较少。此外，在经历几年对产能过剩的处理后，我国钢铁行业由于供给侧结构性改革带来的政策红利在不断衰减，钢铁行业高供给压力开始逐步显现出来，市场价格有所下行，加上铁矿石原料价格大幅上涨，企业的利润空间遭受冲击，钢铁行业的盈利情况逐渐衰退。由此可见，调整经济结构、促进产业转型升级成为钢铁行业发展的主要方向，但一些西部省份由于工业基础较差和产业结构不完善，在支持产业升级的过程中可能会很困难，从而不利于当地钢铁行业的发展。因此经济发展状况，对钢铁行业的发展有很大的影响。

（三）监管压力方面

严格的环境质量要求同样制约了钢铁行业的发展。党的十八大以来，我国政府高度重视环境问题，出台了许多环境保护政策。作为高污染行业的钢铁行业，其能源结构中煤炭所占比重达70%，而燃煤的二氧化硫排放量占二氧化硫排放总量的比重达90%以上，国家为了减少空气污染，避免污染趋势进一步恶化，同时改善能源利用情况，对我国钢铁行业在二氧化硫的排放上给出了更高的要求。各个省份也进行相应的环境管制，其中四川、江苏、山东和浙江等省份环境规制约束较强，海南和西藏等环境规制较弱。此外，国家严格实行排污费处罚制度，对钢铁工业的发展产生较大的影响。因此，我国钢铁行业的发展并不局限在产品质量、品种、规模效益和企业成本等问题，还需要在社会、人类、自然共同协调发展方面予以考虑，积极响应国家绿色环保的号召，充分利用资源的同时，减少污染排放，满足与社会协调发展的生态要求。

图6-3列示了14个高污染行业的环境信息披露指数，由图可知，除石化行业的指数超过50，剩余其他重污染行业的对应指数均为50以下，只有造纸、钢铁和煤炭行业的环境信息指数最接近50。指数最后三位是发酵、酿造和制药行业其指数在30左右，其余行业指数都在30～50之间。图6-3可以反映出钢铁、造纸、石化和煤炭等污染排放物较密集的行业，相对而言更为重视环境信息披露，原因一方面在于诸如此类的企业主要为国有企业，主动披露环境信息和响应国家政策的意愿较强；另一方面此类行业受到政府环境规制的力度较大。

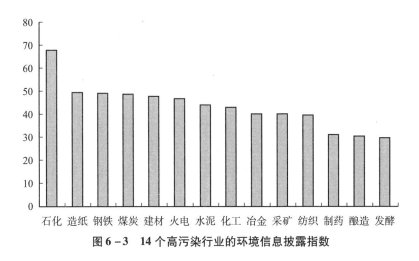

图 6 - 3　14 个高污染行业的环境信息披露指数

二、B 钢铁公司碳信息披露情况

（一）公司背景介绍

本案例选取中国钢铁行业中最具竞争力的企业之一，具有典型性与代表性的企业 B 钢铁公司作为案例进行分析。

B 钢铁公司是中国最大、最现代化的钢铁联合企业，专业生产高技术含量、高附加值的钢铁产品。公司追求可持续发展，是中国冶金行业中第一个通过 ISO14001 环境体系认证的企业，具有高度的环境保护意识。

2015 年，供给侧结构性改革的提出给我国钢铁行业带来了改革机遇，由于行业性质原因，钢铁行业成为供给侧结构性改革的重点关注领域，去产能、去库存等任务成为改革热潮。国家出台相关政策积极推动钢铁行业通过兼并重组达到改革目的，这一行动将有利于扩大企业的规模，进一步提升钢铁行业的产业集中度，助力我国钢铁行业更快地降产能，以实现企业提质增效与行业良性发展。

2016 年，B 钢铁公司与另一中央企业 W 公司进行兼并重组，迎来 B 钢铁公司积极响应国家号召、顺应"供给侧结构性改革"的拐点。2019 ~ 2020 年，B 钢铁公司先后对 M 公司、T 公司实施联合重组。

（二）B 钢铁公司碳信息披露基本情况

B 钢铁公司一直较为重视碳信息披露工作，从 2003 年以来，公司一直坚持发布可持续发展报告，报告主要从可持续发展管理、绿色钢铁、顺时而动、以人为本、城市钢铁等方面详细地向社会公众描述自己的管理理念和低碳环保意识。在披露渠道方面，与钢铁行业其他企业相比较，公司碳信息披露主要通过年报、可持续发展报告、公司网站、期刊报纸等渠道，披露渠道相对完善。虽然碳信息披露在公司逐步得到重视，但公司在整合重组前 B 钢铁公司的碳信息披露情况还存在一些问题，主要表现在以下方面：

在披露内容方面，B 钢铁公司对外披露的碳信息中，大部分内容只是对定量信息做一个简要的说明，而且碳信息披露缺乏系统性，披露的内容不统一、不完整，由于缺乏固定的模式和连贯性，导致披露的内容较为零散随意，碳信息披露总体信息不完整。

在披露质量方面，B 钢铁公司对外披露的碳信息多数集中在环保投入和环保政策等内容上，几乎很少提及其他相关信息。缺少实质性以及有用的信息，而且一些重大环境投资项目没有得到披露。不能给予信息使用者有效信息，造成信息的可理解性降低。

在披露方式方面，由于钢铁行业属于重污染行业，很多钢铁企业为维护企业形象，在进行信息披露时会选择性进行披露。例如，B 钢铁公司在 2010 年由于设备故障导致其附近约 200 米的水渠受到污染，但在 B 钢铁公司当年的报告中并未进行披露。另外，对于已披露的碳信息，大部分未经相关机构鉴定使得其可靠性无法保证。

三、空间异质性对 B 钢铁公司碳信息披露的驱动力分析

B 钢铁公司并购重组战略使公司的内外部环境发生了重大变化，下面基于空间异质性视角对公司碳信息披露的驱动力进行分析。

（一）自然禀赋对 B 钢铁公司碳信息披露的驱动力分析

我国钢铁行业的空间布局仍以依托资源型为主，受资源分布的影响，钢铁企业布局分散，企业数量虽多但规模较小，B 钢铁公司自进行重组后，拥有了全国多个钢铁生产基地，以往多数钢铁产出地是远离需求市场的，供给和需求不成正比，以至于大量的钢材只有经过长距离的运输才能到达所需地区，而 B 钢铁公司通过并购一定程度上缓解了自然禀赋地理位置上对钢铁工业发展的制约，不仅使公司的生产销售更为便捷，而且还节约了成本，提高了效率，这些都有利于企业碳信息披露。

另外，通过并购重组，可以优化资源配置，公司利用 W 公司拥有的核心技术资源和优势，打破地理局限进行重新整合，实行循环利用 "3R"（减量化、再利用、再循环），将节能减排贯穿钢铁生产的全过程，在生产中力争最低的消耗和最小的排放。由于公司减少了资源的浪费，污染物排放量明显降低，展现出出色的资源节约与环境保护效益，从而促进公司将良好的资源利用效益与减排成果通过碳信息披露向外界传递出去，反映了企业社会责任的履行情况，该披露行为降低了信息不对称，得到市场的积极反应，进而也进一步推动企业披露碳信息的积极性。

（二）经济发展水平对 B 钢铁公司碳信息披露的驱动力分析

在我国钢铁行业，所存在的普遍问题是产业的布局与产品的结构不够合理，整个钢铁行业产能过剩，钢铁难以合理生产保持价格稳定，所以容易引起价格战，致使整个钢铁市场的恶性竞争，污染严重，其经济发展水平极大阻碍了钢铁行业发展，也降低了碳信息披露的积极性。

B 钢铁公司集团旗下各子公司分布于全国各地，并购前并未形成产业集聚，由于企业分散，难以集中资金对新技术研发和节能环保方面进行投入，企业核心竞争能力得不到提升，无法提升企业的产品优势。并购后，B 钢铁公司可以直接获取 W 公司的技术资源，增强企业的技术研发能力和研发效率，利用双方合并的协同效应，优化钢铁产业布局、调整产业结构，而产业集聚形成的知识溢出、设备共享与人力资本提升等优势，使产品结构得到合理调整，生产工艺技术和管理得到显著协同，生产环节的资源得到有效利用，提高了碳排放效率，实现绿色节能生产，带动经济与环境效益的共赢，最终有利于公司高质量的碳信息披露。

此外，公司通过强强联合，以强带弱的兼并重组策略，提高行业的集中度，推进钢铁行业供给侧结构性改革，化解过剩产能，进而提升钢铁行业的市场化水平。高水平的市场化条件使企业在健全的法律保护下可以相对自由地进行竞争，实现利润盈余目标，进而积极地履行社会责任，对企业的碳信息进行披露，并且因为市场化水平的提升，促使企业在未来的社会舆论中上升至一定的优势地位，企业出于利好信息公开对于促进长远利益提升的考虑，将进一步加强企业对于碳信息披露的主观能动性，市场化进程对碳信息的自愿披露起到了调节作用。

（三）外部监管对 B 钢铁公司碳信息披露的驱动力分析

党的十八大以来，党中央高度重视污染治理问题，国家相关部门先后发布多项环境信息披露的政策法规，但在具体落实上存在一定的问题，主要是相关政策由政府引导进行，并没有采取强制措施，这就导致企业在披露环境信息时避重就轻。尽管企业披露了相关环境信息，但真实性有待考察，最重要的是，我国颁布的所有相关条例中，未明确提出不披露的惩罚措施。钢铁企业所进行的工艺流程长且产污环节多，其污染物排放量大，相较于低污染行业，钢铁行业受政府环境规制的关注更多，B 钢铁公司作为未来最具发展潜力的钢铁企业，政府对其监管力度更大，同时也促使企业更加重视碳信息披露。公司将节能减排作为企业发展战略核心内容，大力推进绿色低碳发展，通过技术引领、效益引领、规模引领，打造以绿色精品智慧的钢铁制造企业。我国"双碳"目标提出后，B 钢铁公司率先发布碳减排宣言：力争在 2023 年实现碳达峰，2050 年实现碳中和。

同时，随着社会经济的发展，公众也越来越关注环保问题，互联网的高速普及使得社会舆论的作用被互联网显著放大，通过媒体中介对企业的监督作用不仅局限于市场，也会反映在企业履行社会责任、节能减排等诸多方面。B 钢铁公司实行战略重组后，经营规模和盈利水平处于行业领先地位，2020 年经营规模和盈利水平位居全球第一，自然引起媒体行业及公众的关注和监督，作为高排放高污染行业，公司的碳减排宣言、碳信息披露情况、社会责任履行情况，都成为大家关注的焦点。B 钢铁公司为了维护自身形象，鉴于避免产生诉讼或是行政处罚风险等考虑，企业会严格遵守法律法规和政策规范，进行相应的碳信息披露。

四、空间异质性下 B 公司碳信息披露效果评价

B 钢铁公司多年来一直积极践行低碳环保事业，在行业内率先展开环境经营，并将其低碳理念贯穿于整个发展过程，在企业碳信息披露方式方面，公司采用定量描述和定性描述相结合的方法，从不同角度阐述了碳信息披露的及时性、可靠性、可理解性、可比性、完整性等基本特征；在披露内容方面，公司从节能减排技术研究与创新、节约用水、环保科技和能源开发与使用等方面进行了详细的披露与论述。2021 年 B 钢铁公司获得了生态环境领域的民间最高奖项，已然成为行业环境友好型企业的代表。本部分基于 B 钢铁公司 2013～2019 年公布的社会责任报告和年报数据，从财务绩效视角对 B 钢铁公司空间异质性下的碳信息披露效果加以全面分析，以对其披露效果进行更深刻的认知。

（一）从财务绩效视角评价碳信息披露效果的必要性

一方面，完善的财务绩效评价体系可以促进碳信息披露方法的研究，为碳信息披露效果的评价提供更加科学合理的依据。目前对碳信息披露的研究主要集中在其影响因素与经济后果方面，但由于研究方式的多样性，以及碳信息披露数据可获得性和可靠性不高，使得研究结果较为散乱，甚至完全相悖，而财务绩效是以企业报表数据为基础并辅之以会计方法进行计算的，指标方法成熟可检验性较高，例如，在现有会计体系下，将碳排放成本计入当期损益或者进行资本化后与财务数据挂钩，以此为依据的碳信息披露效果的评价则更加客观真实，也为不同时期不同行业的碳信息披露研究提供了统一的衡量标杆和科学依据。

另一方面，从财务绩效视角对碳信息披露效果进行评价可以提高企业碳信息披露的积极性。市场的发展趋势将影响企业的战略选择，近年来，随着国家的号召和低碳环保理念逐渐深入人心，越来越多的企业开始关注和认识到碳信息披露的重要性。但由于投资者往往更关注企业披露的财务信息，难免会忽略企业的环境责任履行情况，单纯的低碳行为不会为企业带来直观的收益，只有将其与财务绩效联系起来才能形成竞争优势，特别是对重污染行业来说，低碳的形象在其市场竞争中起着举足轻重的作用。所以将相关碳信息指标纳入企业的财务绩效体系，从财务绩效视角进行评价将更有利于投资者和其他信息使用者了解企业的碳信息披露效果，降低信息不对称，利益相关者基于此也会加大对企业的支持力度，由此激励企业自觉加强低碳管理，使环境效益与经济效益相融，进而提高碳信息披露的积极性。

（二）财务绩效评价指标的选择

目前的财务绩效评价体系大多是基于传统的财务指标进行评价，但对于碳信息披露这个与社会环境挂钩的特殊披露项目来讲，单纯的财务指标并不能全面充分地衡量出企业碳信息披露的质量和效果。随着社会和公众对环境变化愈加关注，对企业披露碳信息的内容和标准的要求也越来越高，传统的财务绩效评价方式已经不能满足需求，要想更好地衡量企业碳信息披露的效果，必须将财务信息与非财务信息相结合，从经济、社会、文化、生态、科学等多个角度进行考量，基于此，本书选择从经济绩效、社会绩效与治理绩效三个维度构建财务绩效评价体系，并从每个维度选取不同的指标进行衡量，具体指标选取如下。

1. 经济绩效指标的选取

经济绩效与企业碳信息披露密切相关，一般来讲，经济发展水平越高，企业越有能力和动力进行碳信息披露。经济绩效维度选择从企业的盈利能力、营运能力、偿债能力、发展能力四个方面进行衡量。

（1）盈利能力。

盈利能力是反映企业在一定时期内通过经营活动创造利润多少的能

力，其中主营业务收入是企业利润的来源，利润越多，企业的盈利能力就越强。这里选取营业利润率、净资产收益率、每股收益作为企业盈利能力的衡量指标。

（2）营运能力。

营运能力反映企业对资金、资源运营与管理的效率，即企业能否通过对资产的运营获取更多的利润，营运能力越强，说明企业获利水平越高。这里选取应收账款周转率与总资产周转率作为衡量企业营运能力的指标。

（3）偿债能力。

偿债能力是指企业持续经营期间，利用资金偿还债务的能力，一般分为长期偿债能力与短期偿债能力。企业到期能否有足够的资金偿还债务不仅关系到企业的信誉与形象，也会影响融资水平，是企业生存发展的关键。这里选取流动比率、已获利息倍数、资产负债率作为衡量企业偿债能力的指标。

（4）发展能力。

发展能力反映了企业的未来成长壮大的可能性与趋势。为了满足生存和竞争的需求，企业需要不断发展自己，积累成长所需要的资金，扩大其市场规模。但发展不是盲目的，还需要具备较高的质量。这里选取营业收入增长率、总资产增长率作为衡量企业发展能力的指标。

2. 社会绩效指标的选取

社会绩效体现了企业社会责任的履行情况，企业积极承担社会责任，主动践行低碳发展理念，进行碳信息披露的可能性也会增强。社会效益维度从政府与员工、专利与捐赠两个方面进行指标选取。

（1）政府与员工。

政府与员工维度选取资产税费率与员工获利水平进行衡量，其中资产税费率反映了每单位资产所需缴纳的税费，资产税费率水平越高，说明企业自觉缴纳的税款越多。员工获利水平反映了员工收入占营业收入的比重，一定程度上反映了企业对待职员的福利待遇水平。

（2）专利与捐赠。

企业的专利项目反映了企业自觉主动进行创新，追求进步的态度，研发专利技术不仅能为企业带来收益，也会促进社会的发展。此外，企业对社会的捐赠水平更是直观地体现了企业对社会的责任感与回报。

3. 环境治理绩效指标的选取

公司治理体现了企业的内部管理水平，企业出色的治理能力能够为碳项目管理、碳信息披露提供良好的环境，促进企业向着健康可持续的方向发展。社会绩效维度选取独立董事比例、股权集中度、内部控制指数三个指标。

（1）独立董事比例。

独立董事成员往往具有一定的专业知识和能力，并且因为自身的独立性使其能够为企业提供更有效的指导与监督，独立董事的比例在一定程度上反映了企业决策运营的有效性。

（2）股权集中度。

股权集中度能够反映企业的股权分布的状态，一般情况下，股权集中度越高，企业股东的约束作用就越强，有利于企业结构和发展的稳定。

（3）内部控制指数。

内部控制指数能够反映企业内部控制的能力和风险应对的水平，内部控制指数越大越能反映企业的内部控制的严谨性，是衡量企业治理效果的重要指标。

（三）碳信息披露效果评价方法的确定

主成分分析法属于多元统计分析，它利用降维思想将存在相关性的众多指标数据进行简化，形成少数互不相关的综合性指标，这些具有较强代表性的综合性指标就成为原来众多变量的主成分，这样就避免了相关性下信息重叠对研究结果的干扰，使得结果更加准确科学。相比其他方法，如模糊综合层次法、层次分析法等，主成分分析法能够很好地解决这类方法计算中权重不能随样本变化的弊端，在实际研究中更方便进行横向比较。除此之外，主层次分析法利用定量数据指标进行计算，避开了人为赋值对权重结果造成的主观性影响，借助 SPSS 软件，保证了最终结果的客观公正性。

目前主成分分析法已经较为成熟，实际操作中可行性较强，所以在与环境绩效的相关评价中得到广泛应用，考虑到本书选择指标都是定量指标，为了保证结果的客观公正，经过综合考量，本书选择主成分分析法对财务绩效角度下的碳信息披露效果进行评价。

（四）碳信息披露效果评价结果分析

1. 经济效益得分角度

通过对 B 钢铁公司 2013～2019 年相关指标进行计算打分，其经济绩效得分如图 6-4 所示。

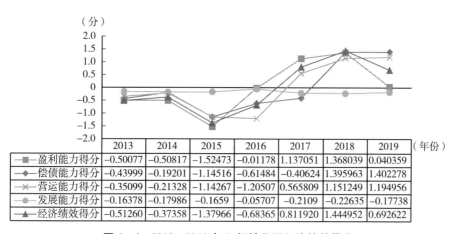

（分）	2013	2014	2015	2016	2017	2018	2019
盈利能力得分	-0.50077	-0.50817	-1.52473	-0.01178	1.137051	1.368039	0.040359
偿债能力得分	-0.43999	-0.19201	-1.14516	-0.61484	-0.40624	1.395963	1.402278
营运能力得分	-0.35099	-0.21328	-1.14267	-1.20507	0.565809	1.151249	1.194956
发展能力得分	-0.16378	-0.17986	-0.1659	-0.05707	-0.2109	-0.22635	-0.17738
经济绩效得分	-0.51260	-0.37358	-1.37966	-0.68365	0.811920	1.444952	0.692622

图 6-4　2013～2019 年 B 钢铁公司经济绩效得分

从图 6-4 可知，B 钢铁公司 2013～2019 年这 7 年的经济效益呈现波浪式上升状态，其中 2015 年和 2019 年经济效益下降明显，其他年份都处于不同程度的上升趋势，说明其碳信息披露效果在经济绩效方面变化幅度较大，发展整体态势趋好。具体变化体现在以下几个方面：

（1）盈利能力得分趋势分布与经济效益相似。盈利能力在 2015 年得分较差，自 2015 年之后呈现较快的上升趋势，直到 2017 年才达到正增长，但在 2019 年有所下降。钢铁行业普遍存在高污染、高能耗、低附加值的问题，B 钢铁公司也不例外，特别是在 2015 年之前，钢铁行业整体经济下行，市场上过多的高污染型中低端产品无法匹配高端技术产品的市场需求，导致盈利能力较差。但是在 2015 年国家实施供给侧结构性改革之后，B 钢铁公司在政策的支持下，进行产品革新，在低碳环保技术的运用方面取得了较大的进展，并通过对外碳信息披露向社会传递了利好信号，使得销量上升，企业的盈利能力逐渐增强，在 2018 年达到顶峰后出现了下降的趋势。究其原因，主要是受到低碳经济的盛行与碳中和措施推广的影响，在这样的环境背景下，越来越多地区响应相应政策，根据企业披露的数据信息对钢铁产量进行限制，市场供给受到影响，盈利能力难免受损。

（2）偿债能力得分在 2015 年之前与盈利能力得分趋势一致，但是自 2015 年后出现持续上升趋势，其中 2015 ~ 2017 年增长缓慢，2017 年之后直线式上升，从 - 0.4064 升至 2019 年的 1.402278，增速较快。2015 年之前受国家宏观经济环境的影响，钢铁需求量远低于供给量，企业的流动比率、速动比率明显下降，资金周转困难导致偿债能力不容乐观。并且在 2015 年，国家新环保法的颁布，对钢铁行业的碳排放量、能源利用率等提出了严格的标准限制，B 钢铁公司面临着国家和社会众多的监管压力，不得不进行节能减排、创新低碳工艺设计以提高碳信息披露的质量。随着企业不断增强对碳排放数据的控制与管理，企业的外部环境明显改善，良好的企业形象一定程度上为企业的资金提供了周转，企业偿债能力逐渐提升，在 2018 年转负为正，呈现上升趋势。

（3）企业的营运能力得分自 2016 年之后才开始快速回升，在 2017 年首次实现正得分，实现且保持增长趋势。在 2016 年以前，企业产能过剩导致产品积压，使得应收账款周转率与存货周转率不断下降，由于钢铁行业产品与产能集中度不高，因此钢铁企业不但面临着来自低碳减排这些环境效益上的压力，还需要解决自然禀赋分布不合理和生产力不集中的问题，在 2016 年后 B 钢铁公司与 W 公司进行合并，产业集聚带动知识溢出，新技术、新方法的传播，激励企业提高碳信息披露自主性，优化企业的披露质量，不仅带动企业扩大了生产规模，还增强了资源的利用效率，最终使企业的营运能力不断提升。

（4）发展能力得分趋势较为平稳，整体变化不大，但是得分一直为负，说明 B 钢铁企业的发展水平仍待进一步增强。我国是制造业大国，钢铁行业与国民经济运行密切相关，在国家宏观经济的发展中是必不可少的，但是随着社会对环境效益的呼声越来越高，以及国家相关政策和措施的实施，钢铁行业的长久发展面临着威胁，而 B 钢铁企业作为钢铁行业中的龙头企业一直保持着稳定的发展趋势，相比其他行业，B 钢铁公司始终积极响应国家环保政策，主动进行碳信息披露，参与碳市场交易，朝着环境友好型企业发展，但是对于碳信息披露，B 钢铁公司缺乏独立的披露体系，相关表述仍是定性描述，缺乏定量描述，无法将碳信息披露情况有效地传达给信息需求者，再加上钢铁企业难以从根本上解决重污染高排放的问题，使得发展仍存在一定限制。

2. 社会效益得分角度

通过对 B 公司 2013～2019 年相关指标进行计算打分，其社会绩效得分如图 6－5 所示。

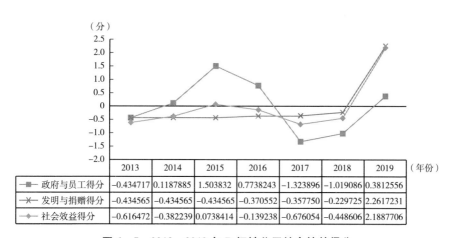

（分）	2013	2014	2015	2016	2017	2018	2019	（年份）
政府与员工得分	-0.434717	0.1187885	1.503832	0.7738243	-1.323896	-1.019086	0.3812556	
发明与捐赠得分	-0.434565	-0.434565	-0.434565	-0.370552	-0.357750	-0.229725	2.2617231	
社会效益得分	-0.616472	-0.382239	0.0738414	-0.139238	-0.676054	-0.448606	2.1887706	

图 6－5　2013～2019 年 B 钢铁公司社会绩效得分

从 B 钢铁公司的社会效益得分中可以看出，B 钢铁公司的社会效益得分在 2017 年之前呈现小幅度波动，其中在 2015 年效益较好达到正值，但是自 2015 年之后出现小幅度回落，2017 年达到最低值。但是自 2017 年之后开始稳定增长，其中 2019 年增长尤其迅速，由上一年的负值直接升至 2.1887706 分，说明低碳视角下其社会效益实现高程度优化。具体变化体现在以下几个方面：

（1）政府与员工得分变化幅度较大，其中 2015 年达到峰值，而 2017 年政府与员工得分最低，自 2017 年之后呈现稳步增长趋势。2015 年受社会环境的影响，钢铁行业运营状况出现困难，受经济下行的影响，企业每单位资产所需要缴纳的税费减少，资产税费率有所下降，虽然 B 钢铁公司在此期间也不可避免地出现亏损，但是由于 B 钢铁公司的发展仍在行业领先水平，因而在员工获利方面仍能保持在不错的水平。多年来 B 钢铁公司一直积极采取措施发展新能源，践行低碳减排措施，碳信息披露效果受到国家认可，国家与地方政府在政策、经济上的支持在一定程度上提升了其效益得分。

（2）发明与捐赠得分多年来一直呈现平稳发展趋势，但是自 2018 年出现迅速增长，此时的增长态势与环境效益整体得分趋势相近，在 2019 年达到峰值。2018 我国经济逐渐恢复发展，钢铁行业的改善与转型也具备了良好的宏观环境，在此期间 B 钢铁公司持续加强技术创新投入，其中发明专利申请占比在 2018 年更是达到了 88.0%，为企业环保事业和碳信息披露效率的提升带来了技术上的支持。另外，为响应国家的扶贫政策，B 钢铁公司多次捐赠资金实施产业扶贫、教育培训等帮助，在社会责任方面交出了良好的成绩。

3. 治理效益得分角度

通过对 B 公司 2013～2019 年相关指标进行计算打分，其环境治理绩效得分如图 6-6 所示。

从图 6-6 治理绩效得分可以看出，B 钢铁公司整体治理绩效得分自 2015 年开始下降，其中自 2017 年开始下降尤为迅速，直接达到负值，说明其碳信息披露效果在治理方面并不理想，具体体现在以下几个方面：

（1）独立董事比例得分呈现小幅度平稳上升趋势，自 2017 年开始得分趋好，其中 2018 年得分达到最好值，但是 2019 年得分下降较为明显，整体得分态势较为稳定。2017 年左右由于 B 钢铁公司与其他公司进行了合并，相关事项的处理使得内部成员有所变动，规模壮大的同时独立董事

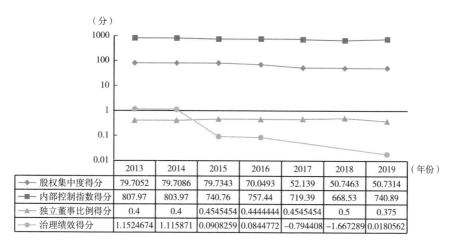

（分）	2013	2014	2015	2016	2017	2018	2019	（年份）
股权集中度得分	79.7052	79.7086	79.7343	70.0493	52.139	50.7463	50.7314	
内部控制指数得分	807.97	803.97	740.76	757.44	719.39	668.53	740.89	
独立董事比例得分	0.4	0.4	0.4545454	0.4444444	0.4545454	0.5	0.375	
治理绩效分	1.1524674	1.115871	0.0908259	0.0844772	-0.794408	-1.667289	0.0180562	

图 6 - 6　2013～2019 年 B 钢铁公司环境治理绩效得分

的比例也有所提升。独立董事能够借助其专业的知识水平为企业的治理与发展提供更有效的指导，体现在碳信息披露上，较高的独立董事比例得分说明企业环境治理决策方面维护了更多中小股东的利益，独立董事帮助企业重视碳信息披露的作用，推动节能减排降耗工作的开展，使公司治理效益能更好地满足众多信息使用者的要求。

（2）股权集中度得分整体呈现下降趋势，以 2015 年为分界线，2015 年及之前企业股权集中度发展较为平稳，得分也比较高，在 2015 年达到峰值，但是在 2016 年之后出现明显的下降，其中 2017 年下降幅度最大，自此稳定在 50 多分。考虑到 2015 年对于钢铁行业来说是一个较为困难的时期，B 钢铁公司虽然也受到了较大的影响，但是仍能维持公司的稳定运营，股权结构并没有发生很大的变动，相比其他企业来说甚至保持在较好的水平。而在 2017 年左右企业进行了合并，内部成员变动明显，股权结构调整，体现在控股的大股东增多，企业的股权集中度有所下降。控股股东有动机去追求企业价值最大化，过高的股权集中度也有可能因为决策权的垄断导致公司治理出现偏差，出现盲目追求经济增长而忽视了环保和污染物排放等问题，B 钢铁公司的股权集中度虽然有所下降，但是更有利于股东间的相互制衡，对于碳信息披露来讲，也会有更多的意见去支持和维护碳信息披露体系的建设。

（3）内部控制指数得分变化幅度有轻微的波动，整体得分不高，其中2013年内部控制得分最高，2019年与2013年相比，内部控制得分下降了近70分。内部控制能够很好地衡量一个企业的治理效果，只有加强内部控制，企业才能有足够的凝聚力与维稳能力应对市场竞争与挑战，为企业的长远发展提供良好的氛围。B 钢铁公司合并后虽然整体实力有所加强，但是内部控制能力出现下降，这一趋势直到2019年才有所好转，说明企业采取了一定的措施去维持企业内部的稳定性，由于合并双方规模都比较大，所以要想做到整体业务的对接和人员的重新编制整合仍需要较长时间。

4. 评价总结

通过对 B 钢铁公司2013～2019年相关指标进行计算打分，其总的财务绩效得分如图6-7所示。

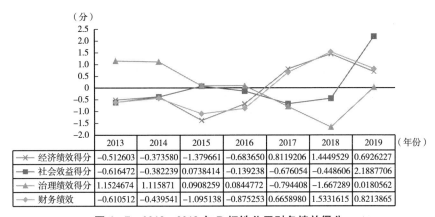

图 6-7 2013～2019 年 B 钢铁公司财务绩效得分

从图6-7财务绩效的综合得分可以看出，B 钢铁公司的财务绩效得分趋势与经济绩效较为一致，说明公司的整体财务绩效受到经济绩效的影响较大。其中2015年与2018年是企业财务绩效得分变化较为明显的时间点，B 钢铁企业的财务绩效自2015年后呈现上升趋势，2018年达到这七年来最高水平，但是2019年又有所下降。考虑到2015年受到钢铁行业发展萎缩的影响，企业产能过剩盈利下降，绩效水平相对较差，但随着国家供给侧结构性改革，经济逐渐复苏，化解了企业钢铁产能过剩的问题，企业财务绩效逐步恢复，并于 2018 年达到了峰值。与经济绩效相反的是，企业的治理绩效与社会绩效在 2015 年之后却呈现出下降的趋势，一定程度上反映了企业在追求经济复苏和快速发展的同时，对环境效益的重视程度不够，没有很好地进行内部污染管控与减排治理，并通过碳信息披露呈现出来。而近些年国家对环境效益的日益重视，通过建设碳排放交易市场、推动碳中和目标实现等一系列措施来支持低碳经济的发展，B 钢铁公司作为高污染企业其产量和碳排放量都受到了严格的限制，经济效益难免下降，但是企业的环保成果和数据是企业承担社会责任的重要体现，企业对低碳环保政策的响应通过碳信息披露报告展示出来受到了社会的认可，也带动了其治理效益和社会效益得分评估的提升，由此企业整体的财务绩效虽然一定程度上有所下降，但是依然维持在相对不错的水平。

基于财务绩效角度对碳信息披露效果的评价能够全面地分析来自经济、社会和公司治理各个角度绩效变化对企业碳信息披露效果的影响，选取主成分分析法对评价结果进行定量分析使得结果更具科学性。通过上述分析可以发现，不同的绩效角度对碳信息披露效果的影响是不同的，其中经济绩效对企业碳信息披露效果的影响尤其明显。B 钢铁公司作为高污染类型的企业，其发展与国民经济息息相关，国家宏观经济的变动也会对企业的发展产生较大的影响，在追求低碳经济发展的大环境背景下，B 钢铁公司只有顺应低碳发展的趋势，加强绿色环保项目的研发，积极投入资金进行污染治理与管控，提高资源利用效率才能克服空间异质性下企业在自然禀赋上能源结构不合理的问题，建立与低碳经济和碳减排相关的业绩评价体系，增强碳信息披露的效果，最终以环境绩效推动企业财务绩效的发展。

第三节　空间异质性下企业碳信息披露驱动机制的实证

本节基于重污染行业上市企业的经验数据，运用实证分析方法从空间异质性特征自然禀赋、监管压力、市场化进程三个维度，进一步检验空间异质性下企业碳信息披露的驱动机制。

一、理论基础与研究假设

环境合法性压力是企业进行碳信息披露的主要推动力之一，主要包括三类：来源于政府的监管压力、企业内外部利益相关者的压力以及媒体与公众的压力。其中政府监管是对企业的生产经营活动进行管制最有力的工具。合法性理论认为企业的生产经营行为会受到政府、利益相关者、社会公众的监督，并且企业违反与利益相关者之间的显性契约可能会受到惩罚，因此企业为了树立良好的形象，降低不必要的成本，会主动履行社会责任。企业与内外部利益相关者之间存在高度的信息不对称，在两方当中企业处于绝对的优势地位。因此政府为了削弱甚至消除两方极度不对称的信息差会加大力度制定相关的政策制度，加大对于企业的监管力度，使企业对外披露更多的信息。自愿披露理论认为企业为了规避合法性压力与监管风险，会主动提高碳信息披露水平。政府作为无形之手具有强大的调控作用，政府的监管压力也是碳信息披露的重要影响因素之一。赵选民等将公共压力细分为合法性压力、政府压力、债权人压力和社会压力四个维度来探讨其对企业碳信息披露的影响。在合法性压力这个维度下社会信任度对碳信息披露没有显著影响，而重污染行业的企业相对于非重污染行业的企业而言需要披露更多的碳信息以满足合法性要求。政府压力中地方政府以及国有股比例越大，碳信息披露水平就会越高。债权人压力也会对碳信息披露有显著的正向影响。社会压力主要是新闻媒体报道数量会对碳信息披露有显著的正向影响。刘东晓（2018）提出政府强有力的环境监管可以有效提升企业自愿碳信息披露水平，同时可以增强投资者信息，对融资约束起到了一定的减缓作用。

假设 H6 - 1：监管压力与碳信息披露呈正相关关系。

自然禀赋是导致区域间产生差异与不公平性的主导因素，同时自然禀赋所产生的成本比较优势也会在一定程度上对产业的分工布局产生影响。

肖丁丁和田文华（2017）发现导致我国中西部地区差异不断加剧的关键因素就是自然禀赋。根据相对优势理论与自然禀赋理论，资源型地区与非资源型地区相比，资源型地区的自然资源及地区经济的发展高度依赖于自然资源与资源型产业。此外资源型地区的产业主要从事自然资源的开采与粗加工，而非资源型地区主要负责资源型产品的深加工与精细加工。但是在对自然资源特别是能源资源进行开采与粗加工的过程中会对生态环境造成极大的损害，碳排放量也多会集中在资源型地区。此外，能源自然禀赋所导致的产业结构、能源效率、外商直接投资的差异使得自然禀赋丰裕地区走上高碳发展路径。我国学者蔡荣生等（2013）认为，自然禀赋丰裕的地区面临的能源使用与短缺的压力很小，技术进步的推动力不足，高度依赖传统的高能耗产业，与低碳经济逆行，从而产生碳排放的"资源诅咒"。与低能耗行业相比，高能耗行业的碳排放制度对于企业自愿碳信息披露的影响会更为显著。此外，高能耗企业由于碳排放量较大，导致其面临的制度管制、政府监督、群众关注的外部合法性压力比较大，迫使企业对外披露更多碳排放信息。

假设 H6-2：自然禀赋与碳信息披露呈正相关关系。

市场化进程代表的是一个地区市场化发展的水平和程度。在我国社会主义市场经济体制的背景下，市场化进程对于财务决策和资源配置的影响力不容小觑。但我国是一个市场化极度不均衡的国家，特别是东西部地区之间存在巨大差异，具体表现为西部地区市场化进程较慢，而东部地区市场化进程全国领先。市场化的差异也会导致我国东西部两地区其他方面的差异。首先，市场化进程会影响信息的透明度，市场化进程越快，上市公司披露的信息透明度越高。此外在经济发展水平较高和政府干预程度较低的地区，企业会更加倾向于履行社会责任。其次，碳信息披露作为社会责任的重要项目，能够消除信息不对称程度，换而言之，市场化进程也会对企业自愿性碳信息披露水平造成影响。在市场化进程较低的地区，由于政府保护因素的存在导致政府干预程度上升，会抑制企业对外进行碳信息披露的意愿，其真实可靠性也会使投资者存疑。相反，在市场化进程较高的地区，政府保护程度降低，政府干预也随之减少，企业会更倾向于对外披露更多碳信息来取得竞争优势，提高信息透明度，吸引投资者。

假设 H6 - 3：市场化进程与碳信息披露呈正相关关系。

二、研究设计

（一）样本选择与数据来源

本书选取了在我国沪深 A 股上市的重污染行业企业为研究对象，对其 2015～2019 年的经验数据进行分析。样本筛选规则为：（1）剔除 ST、*ST 公司；（2）剔除数据缺失的企业，最终有效样本 3312 个。碳信息披露数据以及其他财务数据来自国泰安数据库（CSMAR）。政府监管压力数据来自公众环境研究中心（IPE）与自然资源保护委员会（NRDC）联合发布的污染源监管信息公开指数（PITI）。自然禀赋数据来自《中国城市统计年鉴》。市场化进程数据来自《中国分省份市场化指数报告（2018）》。涉及的所有连续变量均采用了 1% 的 Winsorize 处理。

（二）变量选取

1. 被解释变量：碳信息披露（CID）

本书通过对前期相关文献进行梳理分析，构建了一套企业碳信息披露质量评价体系。运用内容分析法对样本企业的碳信息披露质量进行打分，具体的评价项目、标准及说明如表 6 - 1 所示。

表 6 - 1   碳信息披露评价体系

一级指标	二级指标	赋值规则
披露载体	年报	上市公司年报披露环境相关信息，赋值为 1，否则为 0
	社会责任报告	上市公司社会责任报告披露环境相关信息，赋值为 1，否则为 0
	环境报告	上市公司单独披露环境报告，赋值为 1，否则为 0

续表

一级指标	二级指标	赋值规则
环境鉴证	是否通过 ISO14001 认证	通过 ISO14001 认证，赋值为1，否则为0
环保战略与风险应对	环保理念	披露公司的环境方针、环保理念、循环经济发展模式、环境管理组织结构和绿色发展等情况，赋值为1，否则为0
	环保目标	披露公司的过去环保目标完成情况，及未来环保目标，赋值为1，否则为0
	环保制度体系	披露公司制定相关环境管理制度、规定、体系和职责等一系列管理制度，赋值为1，否则为0
	环保教育与培训	披露公司参与的环保相关教育与培训，赋值为1，否则为0
	环保专项行动	披露公司参与的环保专项活动、社会公益等活动，赋值为1，否则为0
	环保事件应急机制	披露公司建立环境相关重大突发事件应急机制，采取的应急措施、对污染物的处理情况等，赋值为1，否则为0
	环保荣誉或奖励	披露公司在环境保护方面获得的荣誉或奖励，赋值为1，否则为0
	"三同时"制度	披露公司执行"三同时"制度情况，赋值为1，否则为0
	重点污染单位	报告中披露公司为重点监控单位，赋值为1，否则为0
	污染排放物达标	污染物排放达标赋值为1，否则为0
	突发环境事故	有突发重大环境污染事件，赋值为1，否则为0
	环境违法事件	有发生环境违法事件，赋值为1，否则为0
	环境信访事件	有发生环境信访事件，赋值为1，否则为0
环境核算	COD 排放量	无描述赋值为0；定性描述赋值为1；定量描述赋值为2
	CO_2 排放量	无描述赋值为0；定性描述赋值为1；定量描述赋值为2
	SO_2 排放量	无描述赋值为0；定性描述赋值为1；定量描述赋值为2
环境治理	废气减排治理情况	无描述赋值为0；定性描述赋值为1；定量描述赋值为2
	固废利用与处理情况	无描述赋值为0；定性描述赋值为1；定量描述赋值为2

2. 解释变量

（1）监管压力（PITI）。

首先，政府监管变量用污染信息透明度指数用 PITI 表示。本书在衡量政府规制方面，采用污染源监管信息公开指数（Pollution information transparency index，PITI），作为测度地方政府对企业环境信息的监管水平的标准，满分为 100 分。其中 60% 以上的 PITI 是按照法律法规的要求设置的，剩余的 40% 是根据公众的实际需要设置的。具体做法是以公布的地级市 PITI 为基准除以 100，若所在城市没有公布 PITI 指数，则以其省会城市公布的 PITI 指数为计算基准。

（2）自然禀赋（RES）。

采用采矿业从业人数占从业总人数比重衡量自然禀赋。

（3）市场化进程（MARK）。

市场化进程（MARK）的参考指标选用《中国分省份市场化指数报告(2018)》中"中国各地区市场化指数"作为标准，在此基础上借鉴杨兴全等（2014）研究对 2017 ~ 2019 年的数据进行补充。

3. 控制变量

借鉴已有研究，本书选取以下 7 个控制变量，具体变量定义见表 6 - 2。

表 6 - 2　　　　　　　　　　变量定义

变量类型	变量名称	变量符号	变量解释
被解释变量	碳信息披露	CID	根据赋值所得
解释变量	监管压力	PITI	PITI 指数/100
	自然禀赋	RES	采矿业从业人数/从业总人数
	市场化进程	MARK	《中国分省份市场化指数报告（2018）》中"中国各地区市场化指数"
控制变量	企业规模	SIZE	期末总资产的自然对数
	资产负债率	LEV	负债与资产之比
	资产收益率	ROA	净利润与资产之比

变量类型	变量名称	变量符号	变量解释
控制变量	股权集中度	CR1	第一大股东持股比例
	产权性质	SOE	国企取值为1；否则为0
	董事长是否兼任总经理	TWO	兼任取值为1；否则为0
	独立董事比例	IND	独立董事人数与董事人数之比

注：股权集中度既可以用前十大股东股权占比衡量，也可以用第一大股东股权占比衡量，具体根据研究需要确定，采用不同的衡量方式对研究结果没有影响。由于采用不同的衡量方式，所以本章使用了不同的符号表示股权集中度。

（三）模型设定

为了对假设 H6 - 1 ~ 假设 H6 - 3 进行验证，本书构建以下模型。其中 i 代表企业，t 代表年份，β_0 为常数项，β_{1-11} 为各变量系数，Year 为时间虚拟变量，$u_{i,t}$ 为个体固定效应，ε 为残差项。

模型（6 - 1）：
$$CID = \beta_0 + \beta_1 PITI + \beta_2 RES + \beta_3 MARK + \beta_4 SIZE$$
$$+ \beta_5 LEV + \beta_6 ROA + \beta_7 CR1 + \beta_8 SOE + \beta_9 TWO$$
$$+ \beta_{10} IND + \beta_{11} \sum Year + u_{i,t} + \varepsilon$$

三、实证检验

（一）相关性分析

对上述变量进行两两之间的相关性分析以此来判断变量之间是否存在联系，避免研究结果受到多重共线的影响。结果见表 6 - 3。被解释变量与解释变量之间呈显著正相关，相关系数分别为 0.235、0.003、0.882。这些结果对假设 H6 - 1 ~ 假设 H6 - 3 进行了初步的验证。除独立董事比例 IND 外，被解释变量 CID 与其他各控制变量之间都存在显著的相关关系。

表 6-3   pearson 相关性分析

变量	(1)	(2)	(3)	(4)	(5)	(6)	(7)	(8)	(9)	(10)	(11)
(1) CID	1.000										
(2) PITI	0.235***	1.000									
(3) RES	0.003**	-0.261***	1.000								
(4) MARK	0.882***	0.435***	-0.201***	1.000							
(5) SIZE	0.489***	0.043**	0.119***	0.195***	1.000						
(6) LEV	0.107***	-0.124***	0.117***	-0.001	0.221***	1.000					
(7) ROA	0.05***	0.091***	-0.021	0.087***	0.036***	-0.271***	1.000				
(8) CR1	0.101***	0.005	0.011	0.09***	0.182***	0.001	0.131***	1.000			
(9) SOE	0.179***	-0.152***	0.136***	0.051***	0.280***	0.234***	-0.067***	0.235***	1.000		
(10) TWO	-0.098***	0.081***	-0.118***	0.020	-0.160***	-0.139***	0.032***	-0.062***	-0.312***	1.000	
(11) IND	0.003	-0.016	-0.045***	-0.047***	0.153***	-0.009*	-0.024***	0.012**	-0.123***	0.118***	1.000

注: ***、**、* 分别表示在 1%、5%、10% 的水平上显著。

（二）多元线性回归分析

根据上述构建的基准回归模型（6-1），构建4个模型进行多元线性回归，探究各解释变量与被解释变量之间的关系。模型（6-2）未对控制变量进行回归，未控制时间固定效应与个体固定效应。模型（6-3）~模型（6-5）将各控制变量纳入多元回归，其中模型（6-3）对时间固定效应进行了控制但未控制个体固定效应；模型（6-4）对个体固定效应进行了控制但未控制时间固定效应；模型（6-5）在模型（6-4）的基础上同时对时间固定效应与个体固定效应进行了控制。

根据回归结果表明，监管压力、自然禀赋、市场化进程会在一定程度上促进企业碳信息披露水平的提升。具体回归结果见表6-4，从模型（6-2）~模型（6-5）的回归结果来看，当被解释变量为CID时，变量PITI的系数分别为0.035、0.031、0.041、0.003，均通过了1%水平下的显著性检验，表明随着企业面临的政府监管压力不断加大，企业所面临的合法性风险随之上升，受到惩处的可能性也会增加，迫使企业提高碳信息披露水平来规避风险；解释变量RES的系数分别为4.688、3.051、3.310、0.693，均通过了1%水平上的显著性检验，表明在自然资源越丰富、自然禀赋越丰裕的地区的企业生产经营会更为依赖自然资源，导致该地区多为高能耗行业，因此企业会更为积极地对外进行碳信息披露来向公众表明对于低碳管理的态度；变量MARK的系数分别为0.991、0.925、0.933、0.994，均通过1%水平上的显著性检验，表明企业所处地区的市场化进程越快该企业对外进行碳信息披露的水平越高，以此来提高信息透明度吸引投资者。综上所述，假设H6-1、假设H6-2、假设H6-3得到检验。

表6-4　　　　　　　　　　　多元回归结果

变量	模型（6-2）	模型（6-3）	模型（6-4）	模型（6-5）
	CID	CID	CID	CID
PITI	0.035 *** (5.19)	0.031 *** (5.93)	0.041 *** (6.70)	0.003 *** (5.29)

续表

变量	模型（6-2）	模型（6-3）	模型（6-4）	模型（6-5）
	CID	CID	CID	CID
RES	4.688*** (4.62)	3.051*** (4.36)	3.310*** (5.49)	0.693*** (7.07)
MARK	0.991*** (5.10)	0.925*** (7.69)	0.933*** (7.74)	0.994*** (8.15)
SIZE		0.533*** (31.53)	0.518*** (34.62)	0.443*** (48.69)
LEV		0.160 (1.53)	0.197** (2.13)	0.009 (0.29)
ROA		-0.735*** (-4.78)	-0.630*** (-4.68)	-0.599*** (-13.65)
CR1		-0.001 (-1.11)	-0.000 (-0.15)	0.002*** (4.50)
SOE		0.328*** (7.98)	0.329*** (9.03)	-0.091*** (-3.79)
TWO		-0.287*** (-7.24)	-0.317*** (-9.04)	-0.197*** (-21.54)
IND		0.003 (0.78)	0.001 (0.45)	0.004*** (5.31)
Constant	-2.685*** (-23.48)	-14.294*** (-40.60)	-14.181*** (-45.48)	-14.658*** (-72.09)
时间固定效应	不控制	控制	不控制	控制
个体固定效应	不控制	不控制	控制	控制
Observations	3312	3312	3312	3312

注：***表示在1%的水平上显著；括号内为 t 统计量值。

（三）稳健性检验

本书将碳信息披露分为货币性碳信息披露和非货币性碳信息披露两个

维度进行稳健性检验,检验结果见表6-5。列(1)为非货币性碳信息披露回归结果,列(2)为货币性碳信息披露回归结果,其中监管压力、自然禀赋和市场化进程的回归系数均通过1%水平显著性检验,且符号和多元回归结果保持一致,表明本书结果具有较好的稳健性。

表6-5 稳健性检验

变量	(1)	(2)
	CID	CID
PITI	0.003 *** (4.78)	0.004 *** (8.37)
RES	0.062 *** (4.44)	1.277 *** (9.28)
MARK	0.993 *** (4.89)	0.995 *** (5.63)
SIZE	0.436 *** (28.07)	0.446 *** (36.79)
LEV	0.061 (1.13)	0.007 (0.20)
ROA	-0.563 *** (-6.77)	-0.622 *** (-12.08)
CR1	0.003 *** (4.18)	0.001 (0.62)
SOE	0.103 *** (5.12)	0.011 (0.73)
TWO	-0.189 *** (-12.80)	-0.198 *** (-17.04)
IND	0.003 ** (2.50)	0.006 *** (5.44)
Observations	3312	3312

注: *** 、 ** 分别表示在1%、5%的水平上显著;括号内为 t 统计量值。

四、结论与启示

本节以 2015~2019 年沪深 A 股重污染行业上市企业的数据为研究样本，考虑到我国企业碳信息披露水平由东向西呈现出递减趋势，因此基于空间异质性视角，选取自然禀赋、监管压力、市场化进程三个核心变量探究对于企业碳信息披露的影响。实证结果表明：对于我国重污染行业的上市公司而言，其所面临的监管压力越大会更为积极地对外披露碳排放信息；此外与处于自然资源缺乏的企业相比，处于自然禀赋丰裕地区的企业碳信息披露水平更高；而企业所处地区的市场化进程对于企业的碳信息披露也存在显著的正向关系，所处地区的市场化进程越快企业的碳信息披露水平越高。实证结果跟前面的理论分析结果一致，佐证了空间异质性对碳信息披露驱动机制的分析，重污染行业上市公司的经验证据进一步证实了空间异质性对企业碳信息披露驱动机制的科学性。本书对于空间异质性视角下如何提高企业碳信息披露具有一定的启示：

第一，政府需要结合本地区的区位条件、自然禀赋能力做好地区发展的中长期规划，完善相关法律法规。对于自然禀赋丰裕、高度依赖自然资源的地区，应当降低资源的开发强度，建立一套公正、透明的自然资源开采机制，减少对于环境的污染，避免"资源诅咒"的形成。而对于自然资源稀缺的地区，政府应当鼓励企业通过技术创新来切实推进区域低碳发展，加大开发清洁能源的力度，并给予部分补贴提高企业积极性。传统化石能源的使用不仅会对环境造成严重的污染，产生大量的碳排放，并且化石能源具有不可再生性并非取之不尽用之不竭。因此开发太阳能、风能等清洁能源不仅能够协调经济发展与环境保护，做到鱼和熊掌兼得，还是永续发展的必经之路。除了做好开发工作，提高能源的利用效率也是重中之重。这不仅可以减少对环境的污染还能延长能源产品的价值链，提升产品的附加价值。

第二，区域间应遵循市场规律、加强区域协作。每个地区的市场化进程都有差异，因此需要企业结合自身的经营状况、盈利能力以及所处地区的经济发展水平实行低碳管理，进行绿色创新，建立碳信息披露框架对外披露更为丰富、真实的碳排放信息。此外经济与市场具有辐射作用，处于市场化进程快，经济发展水平高的地区的企业更应该顺应低碳经济发展，加大低碳管理的投入，提升自愿性碳信息披露的数量与质量。树立榜样，做好引领作用，从而对周边市场化进程较慢的地区产生溢出效应，使该地区的企业重视低碳管理，对外披露碳排放信息的意愿增强。

第三，政府监管是企业推动企业落实各项法规政策的重要手段，因此政府应当保障利益相关者与其他社会公众的知情权，强化对中国重污染行业的监督。政府的环保部门需要建立一套完善的碳信息披露监督机制，给予企业一定的监管压力，为企业进行碳信息披露提供良好的制度环境。同时明确公正、透明的奖罚制度。对于披露积极的企业进行鼓励和引导，惩罚不及时披露甚至不披露碳排放信息的企业。另外媒体报道也是企业所面临的公众压力的主要来源之一，是社会公众了解企业生产经营活动，社会责任履行情况的重要窗口。因此在这个大数据网络盛行的时代，媒体更应该扮演好"公众的眼睛"这一角色，正确引导舆论。

第四节　本章小结

本章从空间异质视角设置自然禀赋、经济发展水平及监管压力三类一级空间异质指标，并根据其特征进一步具体划分为自然资源、地理位置、产业聚集、市场化程度、政府管制、媒体监督六类二级空间异质指标，分析企业碳信息披露的外部驱动力机制，并且综合理论分析、案例分析和行业实证分析，对空间异质视角的企业碳信息披露驱动力机制进行全面深入研究。

首先，从空间异质性的自然禀赋、经济发展水平及监管压力等方面进行理论分析。在自然禀赋方面，鉴于区域间的自然禀赋差异将我国区域划分为自然禀赋优越型地区、自然禀赋普通型地区和自然资源匮乏型地区，在此基础上，再根据自然禀赋与碳信息披露的关联性，侧重分析地理位置和自然资源对碳信息披露的作用机制；在经济发展水平方面，选择"产业集聚"和"市场化程度"进行研究，其中相较于产业集聚对于企业碳信息披露的作用，市场化进程对于企业碳信息披露的作用的覆盖范围则更广，主要包括提升企业碳信息披露的透明度、增强企业的自愿性信息披露的积极性、为碳信息披露提供了质量保证等多个方面；在监管压力方面，主要从政府管制和媒体监督两个方面进行探析，政府管制对企业碳信息披露的作用包括有影响企业碳信息披露的自愿性、碳信息披露的范围以及碳信息披露的质量等，媒体监督对于企业弹性披露的作用，则是通过提高政府监管效率、企业价值目标和社会责任履行激励、公司治理三个步骤来逐步构建企业的碳信息披露过程。

其次，采用案例研究方法，以典型的高污染行业钢铁行业具有代表性的 B 钢铁公司作为研究对象，一方面从行业情况分析钢铁制造业的行业分布特征与行业发展影响要素；另一方面具体分析自然禀赋、经济发展水平、监管压力等空间异质性对 B 钢铁公司碳信息披露的驱动力，并对其碳信息披露效果作出评价。

最后，对重污染行业上市公司的经验数据进行实证研究，分析碳信息披露的空间异质性特征对企业碳信息披露的驱动因素。结果显示，企业的外部环境，如自然禀赋、市场化进程和监管压力均会对企业的碳信息披露产生显著的正向影响，即当企业所处的地区自然禀赋丰裕、市场化程度较高，并且当地政府所制定的环境政策较为严格、对企业进行监管的力度较大时，企业会更为积极地对外披露更多高质量的碳排放信息，进一步证实前面分析的动力机制。

综上所述，本章从自然禀赋、经济发展水平及监管压力等外部视角分析企业碳信息披露的驱动力机制，并结合案例分析与实证研究进一步证明了相关理论的有效性，使得碳信息披露的驱动机理研究更加全面和完整。

第七章　空间异质性下企业碳信息披露动力机制的实证研究

第一节　不同空间特征对企业碳信息披露影响的实证

一、引言

碳排放与经济发展密切相关，经济发展离不开能源的消耗。众所周知，碳排放产生的主要来源之一就是企业的经济活动，首当其冲的就是重污染行业。因此，企业对碳信息进行自主、客观、全面的披露就显得尤为重要，碳信息披露也是建立碳交易市场和科学节能减排的重要前提。2020年9月22日国家主席习近平在第七十五届联合国大会一般性辩论上提出："中国将提高国家自主贡献力度，采取更加有力的政策和措施，二氧化碳排放力争于2030年前达到峰值，努力争取2060年前实现碳中和"。① 此举再次展现了我国对低碳经济的高度重视。早在2008年，国家环境保护总局就颁布并实施了《环境信息公开办法（试行）》（以下简称《办法》），《办法》旨在降低社会公众与企业之间的信息不对称水平，从而使企业环境信息披露质量得到提高。但其实施多年以来，效果却不尽如人意，企业的碳信息披露质量情况并没有取得实质上的进步。例如，从

---

① 中国应对气候变化的政策与行动［EB/OL］. https：//www. gov. cn/zhengce/2021－10/27/content_5646697. htm。

宏观上讲，全国碳信息披露质量总体水平不高，且在各行各业间存在明显的差异。从微观上来看，各企业在选择具体的碳信息披露方式时也存在很大的差异，有的企业以货币的形式在社会责任报告上定量描述相应指标，有的则是以文字的形式定性阐述，有的则无任何描述。此现象表明企业碳信息披露的真实性、完整性、及时性还有待考察，不同的企业选择性披露不同的碳信息，扬长避短，只披露好的方面而忽视不好的方面，有的甚至会出现隐瞒不报的事件，这表明政府的相关政策并没有达到预期的监管效果。对此，我们不得不反思环境政策在执行过程中是否存在问题，政策自上而下地从中央下达到地方，再从地方下达至各个企业的传达过程是否出现了问题，本书以此过程作为落脚点，分析影响企业碳信息披露的原因，并以此提出相应的对策，致力于改善企业的碳信息披露情况，提高我国的政府环境监管水平，为保护生态环境作贡献。

企业的碳信息披露受内外部因素的影响，外部因素主要源于政府和市场，例如，制度政策压力、政府监管，政府补助以及舆论监督压力等。沈洪涛和冯杰（2012）指出，源自政府监管的压力能够对企业环境信息披露水平和质量产生显著影响。但是对影响方向的研究呈现出了两种完全不同的结论。赵选民等（2015）发现地方政府监管与企业碳信息披露之间具有显著的负相关关系。李慧云等（2018）则通过研究表明公共压力与公司碳信息披露之间具有显著的正相关关系并且政府压力的影响在国有企业中体现得更为显著。

我国地域辽阔，东南部地区与西北地区，北部、中部与南部地区经济发展和文化水平存在明显的差异，尽管我国统一执行环境保护制度，但实施效果则会因为地区政府监管的差异而有所不同。就目前来看，碳信息披露还属于非强制披露项目，全国各地区对企业的碳信息披露的要求也不尽相同。并且我国各地方政府对企业的监管呈现出的空间异质性也会影响企业的碳信息披露水平。随着地方政府监管力度的加大，企业的碳信息披露质量也会有所提高。另外，就我国来讲，各行各业在全国各地均有分布，和政府的距离远近各不相同，企业感知到的外部压力也会因与政府距离的远近而产生差异，从而对企业选择怎样的碳信息披露方式产生影响，这种影响最终会体现到碳信息披露质量上。从两个角度来看，对企业而言，公司的地理位置在一定程度上会对管理层的决策产生影响，距离政府监管者越远，企业的投机行为动机可能越强，碳信息披露可能存在华而不实的情况；对政府而言，距离越远，监管成本也会随之提高。

本节以政府监管空间异质性作为落脚点，分析地理位置对企业的碳信息披露质量的影响，并进一步研究了在企业所有权的不同性质背景下地理位置、政府监管空间异质性和碳信息披露质量之间的关系，之后根据结论提出相关建议。本书的主要贡献在于以下两个方面。第一，通过研究中央环境政策在执行过程中从中央到地方，地方到企业，自上而下分析影响企业碳信息披露质量的因素。第二，从地理位置入手，通过实证分析进一步探究政府监管空间异质性对企业碳信息披露质量的影响机制，丰富现有文献。

二、理论分析与研究假设

（一）机会主义行为与碳信息披露质量

机会主义行为是指在信息不对称的情况下人们不能完全且如实地对所有的信息进行披露以及为了保障自己的利益从事其他损害他人利益的行为。目前在我国，碳信息披露还属于非强制性披露内容，因此，企业在碳信息披露时存在很强的机会主义行为，上市公司可能会为了维护自身利益对碳信息进行选择性披露，扬长避短。目前对选择性披露的研究大多集中在财务信息方面，在碳信息选择性披露方面的研究还不是很常见。另外，我国只规定高污染行业需要进行强制性环境信息披露，而对特定的碳信息披露并无明确的强制要求。对于其他行业，企业在披露碳信息时则具备更高的选择权，在披露的内容和方式方面也存在很高的自由度。为了更全面客观地对碳信息披露质量进行衡量，不少学者投身研究作出了巨大贡献。朱炜等（2019）基于披露内容将碳信息披露分为货币性披露和非货币性披露两个部分。从显著性、数量性与时间性这三个维度对碳信息披露质量进行赋值评分。显著性是指碳信息是在财务报表中进行披露还是在社会责任报告中进行披露；数量性是指碳信息披露是定量描述还是定性描述；时间性是碳信息披露涉及当前内容、未来内容还是当前与过去比较的内容。由于机会主义行为的存在，企业在披露碳信息时，可以在财务性披露和非财务性披露上有不同的选择。

（二）政府监管空间异质性与碳信息披露质量

我国国土面积辽阔，拥有 34 个省级行政单位，中央政府和与各省级地方政府之间的距离各不相同，正是由于自然禀赋、经济发展水平与监管制度在各地区之间体现出来的巨大差异，导致我国各地区的政府监管力度空间异质性的存在。政府监管空间异质性是指地方政府监管力度在空间和时间上的差异。各地方政府在环境监管力度方面的差异和距离中央政府的距离有很大的关系。当距离中央政府越远，地方政府的环境监管力度会越弱。目前的研究发现，由于环境规制力度的差异，我国能源效率在各地区存在明显的差异性。众所周知，上市企业一般属于大规模企业，会为当地经济作出很大的贡献，在当地具有很高的地位，在和当地政府交流中具备较强的讨价还价能力。另外，地方政府考虑到大企业对本地区发展的重要性，也会对大企业格外仁慈，可能会放松对此类企业的监管。然而，相对于国有企业，最终控制权归中央所有，地方政府对其没有完全的控制权，因此对其碳信息的披露质量要求相对较低。但对于非国有企业，控制权在当地政府手中，因此碳信息披露质量会受到当地政府监管力度的影响。根据上述分析，提出假设。

假设 H7－1：在政府监管力度大的区域，企业碳信息披露质量较高。

（三）地理位置与碳信息披露质量

地方政府与中央政府之间的距离远近会影响地方政府的监管力度，地方政府的监管力度也会因为其面对的不同性质的企业而产生差异。同样的道理，企业的碳信息披露质量也会因为与地方政府的远近而产生差异。张玮婷等（2015）研究发现，相较于处于中心城市的企业而言，处于偏远地区的企业信息获取能力有限，信息不对称水平更高，因此会对债务融资产生更强的依赖性。尼桑特等（Nishant et al.，2009）通过研究发现，当银行与贷款企业距离更近时，能够更为轻易地从贷款企业处获得相关信息。事实上，上述文献已经可以体现距离较远的企业在财务信息披露上的机会主义行为。同理，处在与政府距离较远地区的企业在对外进行碳信息披露时会更可能表现出机会主义行为，主要是由于碳排放信息的可验证性比较弱并且进行验证的成本较高。洛克伦（Loughran，2011）指出偏远企业面临更严重的信息不对称情况，且地理位置会诱发信息不对称。就目前而言，我国还未对碳信息披露作出明确规定，因此，对企业的碳信息披露质量产生影响的因素主要有以下两个方面：第一，企业会受到来自利益相关者的压力，要求客观真实全面地披露碳信息，碳信息披露是企业对环保作出贡献的重要依据。第二，企业为了满足利益相关者的要求，管理层可能会产生机会主义行为，管理层会对企业环境业绩进行选择性披露，即只披露较好的业绩指标，从而取得利益相关者的信任，从而树立起良好的企业形象。因此，由于外部环境的变化以及自身发展的需要，企业会对碳信息披露的内容与方式进行选择。通常，企业与政府监管者相隔越远，企业的碳信息披露质量将会随之降低，同时也会使企业的财务性和非财务性碳信息披露质量有所下降。对于不同性质的企业，地理位置的不同也会对企业的碳信息披露产生不同的影响，相对于国有企业，利益相关者对其高度关注，企业管理层一般不会进行机会主义披露。相反，非国有企业由于利益相关者对于企业的关注度较低，因此在对外进行信息披露的过程中会存在更多的机会主义行为。根据上述分析，提出假设。

假设 H7 - 2：企业距离政府监管者越远，企业碳信息披露质量会越低。

三、研究设计

1. 样本选择和数据来源

本书选取的研究样本是 2016～2019 年在我国沪深两市上市的 A 股上

市企业。行业选取分类参考了 2010 年颁布的《上市公司环境信息披露指南》。为了确保数据的精准，剔除连续 4 年没有对社会责任报告和财务信息异常进行披露的企业，并将 ST、*ST 企业排除在外。最后剩余 516 家上市企业，共计 1979 个样本。碳信息披露数据以及其他财务数据来自国泰安数据库。政府监管数据来自由自然资源保护委员会（NRDC）与公众环境研究中心（IPE）联合发布的污染源监管信息公开指数（PITI），地理位置数据通过手工数据收集而得。

2. 变量选取

（1）碳信息披露质量。

本书通过对前期相关文献进行梳理分析，构建出一套评价体系对企业碳信息披露质量进行衡量。运用内容分析法对样本企业的碳信息披露质量进行打分，具体的评价项目、标准及说明如表 7 - 1 所示。

表 7 - 1　　　　　　　　　　碳信息披露评价体系

一级指标	二级指标	赋值规则
披露载体	年报	上市企业年报披露环境相关信息，赋值为 1，否则为 0
	社会责任报告	上市企业社会责任报告披露环境相关信息，赋值为 1，否则为 0
	环境报告	上市企业单独披露环境报告，赋值为 1，否则为 0
环境鉴证	是否通过 ISO14001 认证	通过 ISO14001 认证，赋值为 1，否则为 0
环保战略与风险应对	环保理念	披露企业的环境方针、环保理念、循环经济发展模式、环境管理组织结构和绿色发展等情况，赋值为 1，否则为 0
	环保目标	披露企业的过去环保目标完成情况，及未来环保目标，赋值为 1，否则为 0
	环保制度体系	披露企业制定相关环境管理制度、规定、体系和职责等一系列管理制度，赋值为 1，否则为 0
	环保教育与培训	披露企业参与的环保相关教育与培训，赋值为 1，否则为 0

一级指标	二级指标	赋值规则
环保战略与风险应对	环保专项行动	披露企业参与的环保专项活动、社会公益等活动，赋值为1，否则为0
	环保事件应急机制	披露企业建立环境相关重大突发事件应急机制，采取的应急措施、对污染物的处理情况等，赋值为1，否则为0
	环保荣誉或奖励	披露企业在环境保护方面获得的荣誉或奖励，赋值为1，否则为0
	三同时制度	披露企业执行"三同时"制度情况，赋值为1，否则为0
	重点污染单位	报告中披露企业为重点监控单位，赋值为1，否则为0
	污染排放物达标	污染物排放达标赋值为1，否则为0
	突发环境事故	有突发重大环境污染事件，赋值为1，否则为0
	环境违法事件	有发生环境违法事件，赋值为1，否则为0
	环境信访事件	有发生环境信访事件，赋值为1，否则为0
环境核算	COD 排放量	无描述赋值为0；定性描述赋值为1；定量描述赋值为2
	CO_2 排放量	无描述赋值为0；定性描述赋值为1；定量描述赋值为2
	SO_2 排放量	无描述赋值为0；定性描述赋值为1；定量描述赋值为2
环境治理	废气减排治理情况	无描述赋值为0；定性描述赋值为1；定量描述赋值为2
	固废利用与处理情况	无描述赋值为0；定性描述赋值为1；定量描述赋值为2

（2）政府监管空间异质性。

政府监管空间异质性（Local-gov），代表的是地方政府在碳信息方面监管的差异性，本书以 PITI 作为衡量变量。PITI 反映的是地方政府对所辖企业环境信息进行监管的程度，随着数值的增大，监管力度也就越强。

（3）地理位置。

地理位置变量（LOCATION）代表的是企业与政府监管部门之间的距离长短。本书考虑到企业距离监管城市的远近与交通距离有关，因此，采用上市企业距离管辖政府的最短驾车距离。如是国有企业，取企业注册所在地与所在地国资委的距离；如是非国有企业，取公司注册地与注册地省会的距离；使用高德地图计算最短驾车距离。控制变量及解释变量定义如表7-2所示。

表7-2 变量定义与说明

变量类型	变量名称	变量符号	变量定义
被解释变量	碳信息披露	CID	企业进行碳信息披露的总体情况
解释变量	地理位置	LOCATION	公司距离管辖政府的最短距离，单位：千米
	政府监管空间异质性	GOV	上市公司所在城市的 PITI 指数得分
控制变量	股权性质	SOE	国企取值为1，否则为0
	净资产收益率	ROE	净利润/净资产
	资产负债率	LEV	负债/总资产
	现金资产比率	CASH	现金资产在流动资产中所占的比率
	固定资产比率	PPE	固定资产/总资产
	企业价值	TBQ	企业市价（股价）/企业的重置成本
	独立董事比例	IND	独立董事人数/全部董事人数

3. 模型设定

为了对假设 H7-1 和假设 H7-2 进行验证，本书通过模型（7-1）的构建进行检验。其中 i 代表企业，t 代表年份，β_0 为常数项，β_{1-10} 为各变量系数，Year 为时间虚拟变量，$u_{i,t}$ 为个体固定效应，ε 为残差项。

模型（7-1）：
$$\begin{aligned} Cid_{i,t} = &\beta_0 + \beta_1 LOCATION_{i,t} + \beta_2 GOV_{i,t} + \beta_3 SOE_{i,t} \\ &+ \beta_4 ROA_{i,t} + \beta_5 LEV_{i,t} + \beta_6 CASH_{i,t} + \beta_7 PPE_{i,t} \\ &+ \beta_8 TBQ_{i,t} + \beta_9 IND + \beta_{10} \sum Year + u_{i,t} + \varepsilon_{i,t} \end{aligned}$$

四、实证分析

1. 描述性统计

表 7 - 3 为描述性统计结果，CID 最大值为 27，最小值为 1，均值为 12.135，标准差为 7.682，表明公司之间碳信息披露水平存在较大的差异。LOCATION 最大值为 2555，最小值为 3.6，均值为 549.618。GOV 最大值为 80.8，最小值为 28.175，均值为 61.222，标准差为 12.511，表明各地区政府监管差异较大。

表 7 - 3　　　　　　　　　　描述性统计

变量	样本数	平均值	标准差	最小值	最大值
CID	1979	12.135	7.682	1	27
LOCATION	1979	549.618	694.765	3.6	2555
GOV	1979	61.222	12.511	28.175	80.8
LEV	1979	0.401	0.202	0.05	0.975
CASH	1979	0.132	0.107	0.009	0.676
PPE	1979	0.303	0.167	0.002	0.719
SOE	1979	0.427	0.495	0	1
ROE	1979	0.064	0.06	-0.251	0.254
TBQ	1979	2.252	1.716	0.857	11.588
IND	1979	0.374	0.06	0.188	0.571

2. 相关性分析

表 7 - 4 为相关性分析结果，LOCATION 与 CID 的相关系数为 - 0.140 且在 1% 水平上显著，GOV 与 CID 的相关系数为 0.001 且通过了 5% 水平上的显著性检验，和前文分析一致，其他变量间相关系数均小于 0.5，意味着各变量间不存在多重共线性。

表 7 - 4

相关性分析结果

变量	(1)	(2)	(3)	(4)	(5)	(6)	(7)	(8)	(9)	(10)
(1) CID	1.000									
(2) LOCATION	-0.140***	1.000								
(3) GOV	0.001**	-0.318***	1.000							
(4) LEV	0.172*	0.231***	-0.178***	1.000						
(5) CASH	-0.099***	-0.064***	0.058***	-0.394***	1.000					
(6) PPE	0.195***	0.253***	-0.180***	0.426***	-0.422***	1.000				
(7) SOE	0.226***	0.671***	-0.187***	0.347***	-0.102***	0.383***	1.000			
(8) ROE	0.050**	-0.120***	0.111***	-0.272***	0.251***	-0.142***	-0.180***	1.000		
(9) TBQ	-0.258***	-0.189***	0.015	-0.374***	0.281***	-0.288***	-0.286***	0.291***	1.000	
(10) IND	-0.084***	-0.073***	0.051**	-0.055***	0.032	-0.064***	-0.116***	-0.025	0.058***	1.000

注: ***、**、* 分别表示在1%、5%、10% 的水平上显著。

3. 实证结果分析

表7-5为实证分析结果，列（1）为 LOCATION 和 GOV 对 CID 的回归结果，并未加入控制变量和控制时间、个体固定效应，LOCATION 系数为 -0.002 且在1%水平上显著，GOV 的回归系数为0.031 且在5%水平上显著；列（2）在列（1）的基础上加入了控制变量，LOCATION 系数为 -0.003 且在1%水平上显著，GOV 的回归系数为0.023 且在10%水平上显著；列（3）在列（2）的基础上控制了行业固定效应但并未控制个体固定效应，LOCATION 系数为 -0.002 且在1%水平上显著，GOV 的回归系数为0.025 且在10%水平上显著；列（4）在列（2）的基础上对个体固定效应进行控制但并未对时间固定效应进行控制，LOCATION 系数为 -0.003 且在1%水平上显著，GOV 的回归系数为0.066 且在1%水平上显著；列（5）在列（2）的基础上对个体固定效应进行控制并对时间固定效应进行控制，LOCATION 系数为 -0.004 且在1%水平上显著，GOV 的回归系数为0.068 且在1%水平上显著，意味着在政府监管力度大的区域，企业碳信息披露质量较高，企业距离政府监管者越远，企业碳信息披露质量会越低。

表7-5　　　　空间异质性影响企业碳信息披露质量的实证

变量	(1)	(2)	(3)	(4)	(5)
	CID	CID	CID	CID	CID
LOCATION	-0.002 *** (-6.64)	-0.003 *** (-4.23)	-0.002 *** (-3.71)	-0.003 *** (-4.24)	-0.004 *** (-3.98)
GOV	0.031 ** (2.12)	0.023 * (1.66)	0.025 * (1.77)	0.066 *** (4.88)	0.068 *** (5.02)
LEV		1.930 ** (1.97)	2.261 ** (2.32)	2.070 ** (2.15)	2.346 ** (2.46)
CASH		-0.848 (-0.47)	-0.315 (-0.18)	1.016 (0.59)	1.614 (0.94)

续表

变量	(1)	(2)	(3)	(4)	(5)
	CID	CID	CID	CID	CID
PPE		3.519 *** (2.96)	4.107 *** (3.46)	6.297 *** (4.98)	6.914 *** (5.49)
SOE		2.356 *** (4.91)	2.433 *** (5.12)	1.769 *** (3.65)	1.843 *** (3.84)
ROE		20.718 *** (7.07)	20.093 *** (6.88)	17.349 *** (6.03)	16.812 *** (5.86)
TBQ		-0.970 *** (-9.03)	-0.777 *** (-6.86)	-0.938 *** (-8.99)	-0.745 *** (-6.74)
IND		-5.665 ** (-2.09)	-5.330 ** (-1.98)	-7.234 *** (-2.78)	-7.067 *** (-2.75)
CONSTANT	9.313 *** (9.77)	10.997 *** (7.03)	8.654 *** (5.36)	10.557 *** (5.93)	8.419 *** (4.65)
时间固定效应	不控制	不控制	控制	不控制	控制
个体固定效应	不控制	不控制	不控制	控制	控制
Observations	1979	1979	1979	1979	1979
Adjusted R-squared	0.021	0.122	0.138	0.229	0.244
F	22.07	31.55	27.37	16.45	16.55

注：*** 、 ** 、 * 分别表示在1%、5%、10%的水平上显著；括号内为 t 统计量值。

4. 稳健性检验

本书将碳信息披露分为货币性碳信息披露和非货币性碳信息披露两个维度进行稳健性检验，检验结果如表7-6所示。列（1）为非货币性碳信息披露回归结果，其中 LOCATION 的回归系数为 -0.003 且在1%水平上显著，GOV 的回归系数为 0.048 且在1%水平上显著；列（2）为货币性碳信息披露回归结果，其中 LOCATION 的回归系数为 -0.005 且在1%水平上显著，GOV 的回归系数为 0.068 且在1%水平上显著，结论与前文具有一致性，表明本书结果具有较好的稳健性。

表 7 - 6　　　　　　　　　　　稳健性检验

变量	（1）	（2）
	CID1	CID2
LOCATION	- 0. 003 *** (-4. 28)	- 0. 005 *** (-3. 98)
GOV	0. 048 *** (5. 02)	0. 068 *** (5. 02)
LEV	2. 346 ** (2. 46)	2. 346 ** (2. 46)
CASH	1. 614 (0. 94)	1. 614 (0. 94)
PPE	6. 914 *** (5. 49)	6. 914 *** (5. 49)
SOE	1. 843 *** (3. 84)	1. 843 *** (3. 84)
ROE	16. 812 *** (5. 86)	16. 812 *** (5. 86)
TBQ	- 0. 745 *** (-6. 74)	- 0. 745 *** (-6. 74)
IND	- 7. 067 *** (-2. 75)	- 7. 067 *** (-2. 75)
Constant	3. 419 * (1. 89)	0. 419 (0. 23)
时间固定效应	控制	控制
个体固定效应	控制	控制
Observations	1979	1979
Adjusted R - squared	0. 244	0. 244
F 统计量	16. 55	16. 55

注：*** 、** 、* 分别表示在 1% 、5% 、10% 的水平上显著；括号内为 t 统计量值。

五、结论

本书采用内容分析法对环境信息披露评价体系进行构建，并使用双向固定效应模型对研究样本进行处理，探究了地理位置和环境规制对碳信息披露的影响，并得出以下研究结论：（1）在政府监管力度大的区域，企业碳信息披露质量较高；（2）企业距离政府监管者越远，企业碳信息披露质量就越低。

企业需要建立健全碳信息披露体系，积极响应国家政策。政府应当完善健全有关于环境信息披露的法律法规，加大环境监管力度，对进行环境信息瞒报甚至错报的企业实施惩处。企业面对强大的社会压力，出于维护自己社会形象的考虑，通常对于环境责任相关的信息披露表现出较大的积极性，倾向于披露更多的信息。而形成鲜明对比的是，规模小的企业往往将主要精力放在扩大"经济馅饼"上，对于碳信息披露的关注度不足，也缺乏专业的内部机构和人员，披露多为了满足合规性的需求。碳信息披露水平的高低往往是与公司的经济实力直接挂钩的，大公司天然上对自然环境的影响深度和广度超越小公司，肩负更深的社会责任。除了实践社会责任义务，大公司进行碳信息披露活动也包含了对自身利益、未来发展的深度考量，自愿的披露带来的长久正面形象是企业无形资源，可以降低利益相关者的信息不对称，有效换取消费者的喜爱，更容易获得更多的资金和更先进的技术投入。

第二节　空间异质性对碳信息披露的驱动效应及溢出效应

本小节主要从环境规制异质性及经济发展水平异质性，基于我国 31 个省份 2010～2019 年的年度面板数据，使用空间面板数据模型，估计不同影响因素对企业碳信息披露的贡献，实证分析空间异质性各因素对碳信息披露的影响。根据空间异质性特征研究各区域经济发展水平、监管制度的差异。使用 Moran 指数进行空间相关性检验，研究碳信息披露的驱动效应和溢出效应，据以完善相应的动力机制。

一、引言

由于频繁发生的全球极端气候事件，碳排放及生态环境已成为国际社会所关注的焦点问题。党的十九大报告指出，改善生态环境要从根本上解决各种资源环境问题，控制碳排放量。企业碳信息披露是控制碳排放的前提和基础，由于目前我国企业碳信息披露属于自愿披露，因此采取怎样的措施来提高企业碳信息披露的主动性，成为一个亟待解决的问题。

碳信息披露作为反映企业碳排放的重要方式，受到来自国际社会的广泛关注。全球具有影响力的大型投资者于 2000 年在英国发起碳信息披露项目（CDP），为全球市场提供了重要的气候变化数据，成为企业进行碳排放披露的经典方法。目前大多数关于碳信息披露的研究都是基于 CDP 项目开展的，因此可以把企业碳信息披露现状大致归纳为两类：一类是企业愿意主动披露，认为碳信息披露对企业价值的提升具有正向驱动作用（Wegener，2010；Schiager，2012；杜湘红，2016；李雪婷，2017），因为企业进行高质量碳排放信息的披露可以起到改善股票市场流动性和防止股票价格波动的作用（Chandrasekhar Krishnamurti，2018），可以在一定程度上降低企业的资本成本（何玉，2014，吕牧，2017；马忠民等，2017），对净资产收益率产生显著的正向促进作用（Clarkson，2008）。另一类是企业回避或不愿披露碳信息（唐久芳，2010；张言彩，2014；吕晓明，2016），认为碳信息披露与企业价值之间并不存在显著的相关性（谭婧，2012；王仲兵，2013）或两者之间存在显著的负相关关系（Lee Park et al.，2013），因为企业进行碳信息披露行为需要大量的成本投入从而使得企业盈利有所降低（曾晓，2016），企业披露碳信息所带来的经济利益流入不能与成本抵消（AWen-hsin，2013）。温素彬（2017）在前人的基础上进一步论证，企业价值是企业碳信息披露的主要影响因素，并且企业自愿碳信息披露与企业价值之间的关系可能存在不确定性，这种不确定性会导致企业愿意或不愿披露碳信息。学者们从不同角度分析了碳信息披露对企业产生的影响，但鲜有文献对企业碳信息披露的动力机制进行研究。另外，关于碳信息披露是否能提升企业价值，目前尚未形成统一结论，现有文献尚未从系统和空间的视野进行深入研究。

空间异质性即空间差异性，是指每个空间区位上的事物具有可以与其他区位上的事物区别开来的特点（Anselin，1988）。布伦斯登等（Brunsdon et al.，1999）首次将空间异质性引入区域经济研究中，认为地理空间是缺乏均一性的，导致经济社会发展和企业行为在较大空间上体现出极强的不稳定性和差异性。彭薇等（2013）在综述关于经济学的空间异质性后得出，空间异质性的形成受到经济和制度的影响，这两种因素也是空间异质性的表现形式，在碳信息披露方面，学者们也认识到空间异质性对企业碳信息披露的影响。第一，经济发展水平方面：石泓（2015）以制造业上市公司为研究对象，得出相较于处于经济落后地区的公司，经济发达地区上市公司会更乐意向公众展示公司管理者对于绿色环保以及节能减排的重视以此获得政府对公司的支持，因此公司会更为积极地对外披露更为充分碳信息以此来获取社会公众的认可；第二，监管制度方面：布斯等（Busch et al.，2011）通过实证研究发现，因各地区对企业碳管理不同，导致碳信息披露对企业价值，可能呈现出正向促进作用，也可能呈现出负向抑制作用。现有文献通过实证论证了空间异质性会影响碳信息披露，但影响程度及作用机制未进一步深入研究，尚未有文献从空间异质性对企业碳信息披露动力机制进行系统研究。

综上所述，现有文献在企业碳信息披露、空间异质性等方面已经取得了一定的研究成果，但在以下方面仍有所不足：现有文献通过实证论证了空间异质性会影响企业碳信息披露，但其影响程度及作用机制等未进一步研究。不同空间特征下企业碳信息披露的意愿不同，鲜有文献从空间异质性的视角研究动力机制。

二、理论分析与假设的提出

经济水平作为衡量国家发展的重要指标，在各个领域对企业碳信息披露进行影响：经济发展一方面为企业长久运营提供了可预期的消费群体、稳定的政府管制环境，能够吸引具有竞争力的潜在职员；另一方面经济发展通常也会带来对环境更加敏感的居民和社区、更加注重环境绩效的行政当局、更加畅通的投诉渠道和舆论传播途径。两者"一推一拉"，使得企业即使自身碳信息披露的主动性不足，也会出于消除消费者、所在社区对其所担负的社会责任感的疑虑而进行披露，或是出于政府环境管理的行政政策，对外进行碳信息披露。而享受到经济发展红利的企业，相对于那些所在地区经济发展受阻的企业，往往更愿意披露企业生产相关的信息，因为这些信息与企业年度报告、公司社会责任报告、可持续报告及公司官网的资讯、重大事项临时公告一起，构成了除企业股票变动信息、媒体报告之外，重要的企业内部信息，使得投资者、债权人、消费者、政府、环保团体等利益相关者了解企业的社会责任履行情况，进一步消除"信息不对称"，避免可能出现的负面信息对企业的不利影响。

假设 H7 - 3：所在地经济发展水平与企业碳信息披露水平呈现正相关。

如若考虑经济发展水平这只"无形之手"的影响，也应当重视政府这只"强制之手"对于碳信息披露的监管作用。在企业风险及其管控中，政府的隐性担保（如补贴等）影响着企业的债权结构，直接影响着企业经济发展的稳定性；当政府与企业之间的政治关联程度增强时，政府规制对碳信息披露质量的提升作用也会越发的显著。陈华等通过实证探究公司治理、媒体关注、与碳信息自愿性披露这三者之间的关系发现，上市公司愿意对外披露碳排放信息的原因可以用合法性理论来解释。合法性理论将公司进行碳信息披露的行为视作一种符合社会预期的行为，并维护其合法性。格拉汉姆等（Graham et al.，2015）研究认为证券立法可以迫使公司披露更多关于气候变化方面的信息，能够让公司对温室气体排放进行更有效的管理。因此，提出如下假设。

假设 H7 - 4：环境规制与企业碳信息披露水平呈正相关。

以往相关研究大多都集中于经济发展水平、环境规制对于本地区碳信息披露水平的影响，而研究经济发展水平以及环境规制对于其他地区企业的碳信息披露水平的空间外溢效应的文章并不多见。根据托布勒（Tobler）地理学第一定律："任何事物都是相关的，越接近的事物关联性越强"。之前的研究已经证实了绿色研发投入对相邻地区的企业会产生辐射扩散和带动效益，因此，加强对企业的环境规制和提高经济发展水平也会对相邻区碳信息披露产生影响，鉴于此，本文提出研究假设：

假设 H7 - 5：经济发展水平对邻近省份企业碳信息披露具有正向的"溢出效应"。

假设 H7 - 6：环境规制对邻近省份企业碳信息披露具有正向的"溢出效应"。

三、研究设计

（一）数据来源

本书以 2010～2019 年我国 31 个省份（不含港澳台地区）作为研究对象，数据来源于《中国统计年鉴》《中国科技统计年鉴》《中国能源统计年鉴》以及《省级温室气体清单编制指南》，以及各省份统计年鉴，对极个别缺失数据用线性插值法补齐，碳信息披露数据来源于和讯网。

（二）变量选取

1. 被解释变量：碳信息披露水平（CDI）

目前我国上市企业碳信息披露的实际情况，研究对于影响碳信息披露的空间影响因素的指标体系选取，主要依据以下几类原则：首先选取的指标需要在相当程度上体现出碳信息披露的时间和空间差异，以便进行横纵向比较；其次选取的指标应当具有较弱的相关性，避免某一指标的作用可能被其他指标所替代；最后数据指标需要便于收集，可以通过目前存在的数据计算或整理得到，避免存在大量缺失值造成的计量困难。

在省份选择上，由于我国香港、澳门特别行政区及台湾地区的行政管理制度原因，其企业碳信息披露水平的测度与其他省份缺少统一的测度数据，且企业信息披露遵循的原则和披露内容也与沪深两市上市企业存在较大区别，因此予以空缺，因此本书仅包括除该三个地区外的31个省份。

碳信息披露水平。在评价碳信息披露质量时，现有研究使用的方法主要有以下三种：一是使用内容分析法，对企业年报和社会责任报告进行定性分析并得出披露质量得分；二是数据替代法，采用财务报表中有关碳信息成本与费用的数字，进行运算得出水平得分；三是选用专业机构评分。鉴于前两种方法带有一定的主观性，相对来说由专家根据相关信息构建的评分体系打分得出碳信息披露指数更为科学合理。借鉴崔也光等学者的研究方法，以和讯网发布的社会责任报告测评中环境责任得分来衡量企业的碳信息披露水平。和讯网主要是根据上市企业发布的年报以及社会责任报告对企业的社会责任履行情况进行评定，测定依据来自五个方面：环境管理体系认证、环保意识、排污种类数、节约能源种类数、环保投入金额，以 ［0，30］ 为得分区间，得到的分值越高就表明企业披露的碳信息质量越高。对于部分规模较大、产品销售范围较广且具有相当知名度的上市企业，其环境责任得分在该年内并未给出，研究根据表7-7所示的补充评分标准进行得分赋值得出该企业的碳信息披露得分。基于指标性质将衡量指标划分为两大类：一类是数值型指标；另一类是逻辑型指标。数值型指标根据计算模型得出准确得分；逻辑型指标则根据企业的社会责任报告中是否对该项指标进行了披露以及披露情况的详略程度来综合计算得分。各省份的得分根据本年登记注册在本省份的非ST上市企业的环境责任得分总和，除以上市企业数量得到，以2010年为例，其中行业以证监会标准为依据，同时鉴于金融业的经营和碳信息披露与其他行业存在显著不同，遵照前人研究排除整体中的金融类企业。样本上市企业的行业分布情况如表7-8所示。

表 7 − 7　　　　　上市企业碳信息披露得分的补充评分标准　　　　单位：%

	得分项目	制造业权重	服务业权重	其他行业权重
上市企业碳信息披露得分	环保意识	13	20	10
	环境管理体系认证	17	20	15
	环保投入金额	23	20	25
	排污种类数	23.5	20	25
	节约能源种类数	23.5	20	25

表 7 − 8　　　　　　　　　样本上市企业的行业分布

行业代码	细分行业	上市公司数量（家）	细分行业	上市公司数量（家）
A	农业	17	林业	3
	畜牧业	10	渔业	7
	农业、牧、渔服务业		4	
B	煤炭开采和洗选	25	石油和天然气	3
	黑色金属采选	2	有色金属采选	13
	开采辅助活动		6	
C	农副食品加工	28	食品制造	18
	酒饮料精制茶	27	纺织业	39
	纺织服装服饰业	19	皮革皮毛制鞋	5
	木材加工	4	家具制造	4
	造纸及纸制品	25	印刷和复制	5
	文教工美	8	石油和燃料加工	13
	化学原料及制品	130	医药制造	125
	化学纤维制造	24	橡胶塑料制品	37
	非金属制品	62	黑色金属冶炼	32
	有色金属冶炼	43	金属制造	36
	通用设备制造	69	专用设备制造	91
	汽车制造	50	铁路船舶航空	31
	电器机械及器材	93	计算机及通信电子	176
	仪器仪表制造	12	其他制造业	26
	金属制品机械和设备修理		1	

行业代码	细分行业	上市公司数量（家）	细分行业	上市公司数量（家）
D	电力热力生产	60	燃气生产供应	3
	水的生产和供应		8	
E	房屋建筑	8	土木工程建筑	15
	建筑安装	1	建筑装饰	18
F	批发业	22	零售业	86
G	铁路运输	3	道路运输	7
	水上运输	13	航空运输	7
	装卸搬运	40	仓储业	5
H	住宿业	8	餐饮业	2
	电信广播电视	18	互联网服务	22
	软件和信息技术服务业		65	
J	资本市场服务	17	保险业	3
K	房地产业		117	
L	租赁业	3	商务服务业	22
M	专业技术服务	8	科技推广服务	2
N	公共设施管理业		8	
O	居民服务业	3	其他服务业	5
Q	卫生		2	
R	新闻和出版业	5	广播电视制作	6
S	综合		48	

2. 解释变量

（1）地区经济发展水平。

借鉴何丽敏等（2019）的做法，以各地区人均 GDP 取自然对数后表示（记为 LNGDP），数据来自国家统计局官方网站。

（2）环境规制（EP）。

借鉴已有研究的指标构建方法，应用熵值法基于工业固体废弃物综合利用率、工业二氧化硫去除率以及生活污水处理率 3 个指标所计算得到的综合指数来对政府的环境规制强度进行测定，该数值越大（小）就意味着企业排放的污染物越少（多）。

（3）控制变量。

考虑到碳信息披露可能受到多方面的影响，因此借鉴相关研究，本书再加入以下控制变量进行实证分析：技术水平（TECH）、能源消耗结构（ECS）、产业结构（ISA）、人力资本（EDU）。其中，技术水平（TECH）用每万人发明专利申请授权数表示；能源消耗结构（ECS）用煤炭的消耗量与能源消耗总量之间的比例来表示；产业结构（ISA）用第二产业和第三产业的产业值与地区 GDP 之间的比例来表示；人力资本（EDU）用本地区人均受教育年限表示。

四、实证分析

（一）全局空间相关性检验

在对局部空间自相关和全局空间进行自相关分析时，首先需要解决的问题就是空间权重矩阵的确定，地理权重矩阵的生成主要是运用 Geoda 软件。在生成地理权重矩阵后，根据公式对 2010 ~ 2019 年的全局空间自相关指数 Moran's I 值进行计算衡量。

采用了常用的空间自相关分析指标 Moran's I 指数和 Local Moran Index，其具体性质和公式为 $I = n \sum\limits_i \sum\limits_j w_{ij}(x_i - \bar{x})(x_j - \bar{x}) / (\sum\limits_i \sum\limits_j w_{ij}) \sum\limits_i (x_i - \bar{x})^2$ 其中：n 是研究区内省域总数；w_{ij} 是空间权重；x_i 和 x_j 分别是省域 i 和 j 的平均碳信息披露水平；$\bar{x}$ 是研究区内所有省域碳信息披露水平的平均值。Moran's I 指数的取值区间是 [-1，1]，大于 0 表示省域企业碳信息披露具有正向的空间自相关性，小于 0 表示省域企业碳信息披露存在负的空间自相关性，接近 0 表示省域碳信息披露水平呈随机分布。I_i 值增大，空间均质性和空间集聚性会随之增强，反之，I_i 值减小，空间均质性和空间集聚性也会随着减弱。

　　根据上述对全局空间相关性的定义及计算公式，本书借助 stata15.0 软件计算企业碳信息披露的全局空间 Moran's I 指数，如表 7-9 所示。

表 7-9　　　　　　　　碳信息披露的全局空间 Moran's I 指数

年份	Moran's I	P 值	Z 值
2010	0.193	0.011	2.529
2011	0.191	0.012	2.506
2012	0.188	0.013	2.475
2013	0.186	0.014	2.455
2014	0.187	0.014	2.460
2015	0.195	0.011	2.545
2016	0.205	0.008	2.650
2017	0.215	0.006	2.759
2018	0.213	0.006	2.733
2019	0.224	0.014	2.830

　　由表 7-9 可知，研究年份内全国省域的碳信息披露指数的 Moran's I 指数值均大于 0，整体呈现波动趋势。研究年份的 Moran's I 指数的 P 值均远小于 0.05 即通过了 5% 的显著性水平检验，由此可以说明碳信息披露存在较为显著的空间正相关性，一个地区的碳信息披露水平的提高会通过空间溢出效应正向影响相邻地区的披露总体得分。且从历年的空间 Moran's I 指数上看，尽管中间某些年份的莫兰指数体现出了波动性，但从整体上、总趋势来看空间 Moran's I 指数仍在逐年递增，证实了碳信息披露的确存在空间聚集效应，并且这种空间集聚效应会随着时间的推移不断增强，也反映了存在于相邻区域间的相互的空间影响也在随着时间增强。

（二）局域空间关联性分析

　　通过计算 2011 年、2015 年、2019 年碳信息披露的局部莫兰指数，发现碳信息披露在绝大部分地区均体现了空间自相关的特征，印证了全局莫兰指数检验的结论，这也进一步表明了碳信息披露水平在空间分布上的确存在集聚效应。本书采用莫兰散点图将这种空间相关性更清楚直观地表现出来，结果如图 7－1～图 7－3 所示。

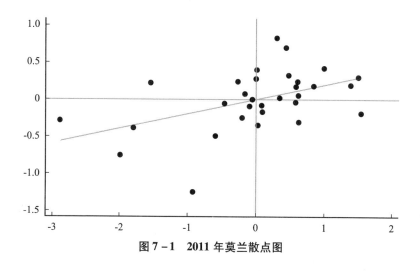

图 7－1　2011 年莫兰散点图

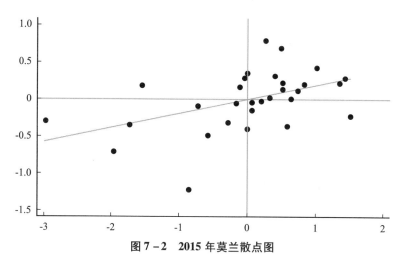

图 7－2　2015 年莫兰散点图

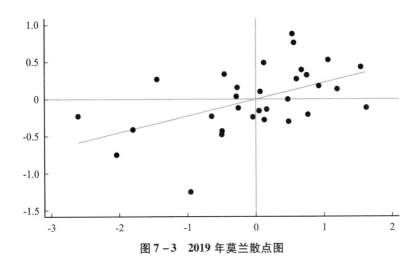

图 7 - 3　2019 年莫兰散点图

（三）空间面板计量模型的选择

由于我国疆域辽阔，导致我国不同省域之间异质性较为明显，如果在实证过程中采用全区域综合性的时间序列为研究样本的话，就不能将这种空间特征体现出来。但正是这种省域之间空间差异的存在，导致如果仍然采用上述研究样本进行修改回归的话根本无法精准刻画出解释变量与被解释变量之间的关系。但如果采用截面回归与时空数据相结合的方法就能很好地弥补这个缺陷，在采用截面回归进行研究时，如果预先就假定空间单元之间存在非异质性，这就导致使用该方法得出结论会忽略掉空间依赖性与相关性从而使结果不具有代表性。由于预先设定的假设（现象和事物在空间上具有均质性，并且两两之间没有关联）的缺陷，同时广泛采用 OLS 估计方法无法考虑到空间效应，导致在实证检验中出现了模型设定偏差错误，从而削弱了实证结论的可靠性与解释力。通过分析 Moran's I 指数可知，我国碳信息披露水平在 2010～2019 年之间存在显著的空间相关性。此外，当前学者在考虑空间计量经济学模型的选择时通常采取常参数计量模型来对企业的资本配置行为进行空间分析检验，即在传统的 OLS 模型的基础上进行改良，破除该模型不考虑空间效应的弊端，将空间相关性考虑在内，如空间误差模型（SEM）、空间滞后模型（SLM）及空间杜宾模型

（SDM）。以双向固定效应的 LM – lag 检验和 R – LM – lag 检验结果来判断空间滞后效应和空间误差效应的原假设，发现两者均至少在 5% 的显著性水平上表明数据模型中应该包括空间滞后项和空间误差项。在两者均无法拒绝的情况下，勒萨热和佩斯（LeSage and Pace，2009）建议进一步考虑杜宾模型（SDM）。为此，本书建立空间杜宾模型，将因变量设定为各省份的碳信息披露的均值，将自变量设定为经济发展水平、环境规制等，构建的模型如式（7 – 1）所示：

$$y = \alpha + \delta W_y + x_1\beta_0 + x_2\beta_1 + x_3\beta_2 + x_4\beta_3 + x_5\beta_4 + x_6\beta_5 + \gamma_0 W_y x_1$$
$$+ \gamma_1 W_y x_2 + \gamma_1 W_y x_3 + \gamma_1 W_y x_4 + \gamma_1 W_y x_5 + \gamma_1 W_y x_6 + u_i + v_i + \varepsilon_i$$

$$(7-1)$$

式（7 – 1）中：y 表示碳信息披露水平；w 为空间权重矩阵，由空间地理权重矩阵经标准化后得到；$x_1 \sim x_6$ 分别表示地区经济发展水平、环境规制、技术创新、产业结构、人力资本、能源消耗结构；β 表示空间滞后变量 W_y 的回归系数，以此来判定碳信息披露分布是否存在空间相互效应以及程度；ε 为白噪声；u_i、v_i 为地区效应和时间效应，通过式（7 – 1）建立 2010 ~ 2019 年我国企业碳信息披露研究的模型公式。

从经济发展水平、环境规制、技术创新、产业结构、人力资本、能源消耗结构因素等方面分析我国上市公司碳信息披露的驱动因子，选择省域上市公司碳信息披露得分（y）为因变量，以经济发展水平（x_1）、环境规制（x_2）、技术创新（x_3）、产业结构（x_4）、人力资本（x_5）、能源消耗结构（x_6）6 个变量作为自变量，并且在开展计量前对上述 6 个自变量以及因变量进行归一化处理，以此来消除量纲所带来的影响。

在对企业碳信息披露水平、经济发展、环境规制的空间溢出效应进行空间回归分析时，需要谨慎选择空间面板模型。基于表 7 – 10 首先通过普通最小二乘法（OLS）对上述三个变量的空间溢出效应进行面板回归，并进行 Wald 和 LR 检验以此来探究 SDM 是否已经成为无法被继续简化成 SLM 或 SEM 的最优模型，表 7 – 10 中空间杜宾模型的固定效应和随机效应的检验结果显示，所有 Wald 和 LR 检验的 P 值均不大于 0.05，并且通过了 1% 水平的显著性检验，结论表明 SDM 已是最优模型，并不能够被简化成 SEM 或 SLM 模型，说明相较于空间滞后模型空间杜宾模型更为适合；其次通过 Hausman 检验来确定空间计量模型固定效应和随机效应的选择。结果显示 Hausman 检验在 1% 的水平下接受了固定效应的备择假设；最后，基于 LR 检验进一步判断发现，应当选择双重固定效应来对经济发展水平和环境规制对企业碳信息披露水平的空间溢出效应作用进行研究。

表 7 – 10　　　　　　　　　　空间计量模型检验

检验方法	统计值	P 值
LR – Spatial lag	39. 26 ***	0. 000
LR – Spatial error	37. 85 ***	0. 000
Wald – Spatial lag	169. 54 ***	0. 000
Wald – Spatial error	156. 04 ***	0. 000
Hausman 检验	72. 31 ***	0. 000

注：*** 表示在 1% 的水平上显著。

（四）回归结果分析

空间计量分析中的面板数据的研究，需要关注在不同效应模型下的显著性情况，如表 7 – 11 所示。

表 7 –11　　　　　　　　　　空间杜宾模型回归结果

变量	OLS	SDM 随机效应模型	SDM 固定效应模型
LNGDP	0. 589 *** (17. 68)	0. 133 (1. 03)	0. 034 * (1. 73)
EP	0. 210 *** (10. 13)	0. 003 *** (4. 32)	0. 037 *** (4. 95)
TECH	0. 214 *** (10. 93)	0. 034 (1. 12)	0. 045 *** (4. 16)
ECS	− 2. 60e − 07 *** (− 4. 65)	1. 32e − 06 *** (3. 70)	1. 62e − 07 *** (4. 90)

续表

变量	OLS	SDM 随机效应模型	SDM 固定效应模型
ISA	−0.0253 *** (−12.05)	−0.009 *** (−7.38)	−0.018 *** (−11.24)
EDU	0.003 (0.95)	−0.034 (−1.21)	−0.026 *** (−6.61)
W × LNGDP		0.235 *** (4.25)	0.136 *** (4.68)
W × EP		0.047 (1.08)	0.086 *** (5.68)
W × TECH		0.025 (0.72)	0.031 (0.81)
W × ECS		−3.21e−07 (−0.93)	−2.89e−07 (−0.72)
W × ISA		0.015 *** (6.27)	0.027 *** (9.24)
W × EDU		0.018 * (1.86)	0.023 * (1.87)
c	−3.662 *** (−5.662)	−2.152 *** (−6.263)	—
R^2	0.940	0.856	0.932
Log Likelihood	—	262.39	383.45

注：***、**、* 分别表示在 1%、5%、10% 的水平上显著；括号内为 t 统计量值。

根据表 7 - 11 中的研究结果看，采用 OLS 的模型估计结果与使用空间固定效应的模型估计结果相比差异较大，而且存在某些变量以及系数不显著的问题，整体模型解释效果不好。经过比较，空间杜宾模型在估计整体上各变量的显著性比较好，各系数符号符合理论预期，便于对本书研究问题进行解释。通过表 7 - 11 列（3）的空间计量模型回归结果，我们发现企业所在地区的经济发展水平、技术创新，对于省域内整体的碳信息披露水平的提高，起到了正向的影响作用。

由于根据 SDM 模型计算得出的线性回归系数并不具有无偏性，不能直接解释各解释变量对被解释变量的影响，由此可见 SDM 模型的估计系数并不能将解释变量对因变量的影响准确地反映出来。为了将这种影响确切地表达出来弥补缺陷，利用勒萨热和佩斯提出的偏微分法，测算因空间依赖而产生的直接效应、间接效应及总效应。

利用勒萨热和佩斯提出的偏微分方法，将溢出效应进行分解，得到表 7 - 12。表 7 - 12 中的总效应可以分解为两部分：其中的直接效应指的是本地效应，表现的是本地区的经济发展水平对于本地区碳信息披露水平的影响程度，间接效应指的是溢出效应，解释的是本地区的经济发展水平对于相邻区域的碳信息披露水平的影响程度。根据表 7 - 12 的数据可知直接效应下的经济发展水平系数（LNGDP）为 0.050，在 5% 的水平下显著，同时间接效应下的 LNGDP 的系数为 0.302，且在 1% 的水平下显著。通过对比以上两个数据可以发现，经济发展水平对于省域碳信息披露水平存在显著的空间溢出效应，假设 H7 - 3 得到验证；直接效应下的环境规制系数（EP）为 0.047，在 1% 的水平下显著，同时间接效应下的 EP 的系数为 0.208，且在 1% 的水平下显著。通过对比以上两个数据可以发现，环境规制对于省域碳信息披露水平存在显著的空间溢出效应，假设 H7 - 4 得到验证。

表 7 - 12　　　　　　　　　空间杜宾模型总效应分解

变量	直接效应	间接效应	总效应
LNGDP	0.050 ** (2.40)	0.302 *** (5.59)	0.352 *** (4.85)
EP	0.047 *** (3.88)	0.208 *** (5.87)	0.255 *** (4.49)
TECH	0.052 *** (3.66)	0.117 (1.50)	0.170 ** (2.03)

续表

变量	直接效应	间接效应	总效应
ECS	1.42e−07 *** (4.57)	−4.08e−07 *** (−3.87)	−2.66e−07 *** (−5.47)
ISA	−0.017 *** (−10.16)	0.034 *** (5.80)	0.017 *** (4.70)
EDU	−0.025 *** (−6.22)	0.021 (0.86)	−0.004 (−0.16)

注：*** 、** 、* 分别表示在1%、5%、10%置信水平下显著；括号内为t统计量值。

（五）区域分析

借鉴杨惠贤、郑肇侠（2017）的做法，依据全国人大以及国家西部大开发规定的东部、中部及西部三个地区的划分方法，具体分类如表7-13所示。

表7-13　　　　　　　　全国区域划分

地区	省份
东部	北京　江苏　浙江　天津　山东　海南　河北　辽宁　上海　福建　广东
西部	山西　甘肃　青海　宁夏　四川　重庆　贵州　云南　新疆　广西　内蒙古　西藏
中部	山西　江西　河南　湖北　吉林　黑龙江　安徽　湖南

从表7-14可以看出，2010～2019年东部、中部、西部地区企业碳信息披露得分的平均值最高值分别为28、26、23，各地区得分较高，但作为一个整体与满分值30相比，我国的碳信息披露水平还处于较低水平，说明在碳信息披露的总体质量上，各省份的碳信息披露水平高低各异，我国企业进行碳信息披露的意愿不高。在研究期内，在大的区域划分范围中我国西部地区整体上进步水平大于中部和东部地区，但从绝对数值上看，研究期间内全国的碳信息披露水平仍然呈现由东南沿海—中部内陆—西北西

南方向的递减情况，西部地区相对于东部、中部在企业碳信息披露的得分上仍有不少的"欠账"。具体地说2010～2019年处于我国西部地区内的企业对外进行自愿性碳信息披露水平指数各年份平均值中的峰值明显低于中部省域，处于我国中部地区省域内的企业的碳信息披露水平指数各年度平均值的峰值明显低于东部省域，综上所述，东部地区的企业对外进行碳信息披露的积极性大于中部地区的企业，中部地区企业对外进行碳信息披露的积极性大于西部，从地域上来看，我国的碳信息披露水平呈现出由东向西的递减趋势。

表7-14　　　　2010～2019年东中西部地区企业碳信息披露得分情况统计

年份	东部地区		中部地区		西部地区	
	最大值	平均值	最大值	平均值	最大值	平均值
2010	12.5	5.21	8.5	4.14	3.5	2.25
2011	14	8.32	10	5.25	8	3.52
2012	18	13.25	13	7.98	10	4.13
2013	17	11.13	15	10.53	12	5.65
2014	23	16.26	13	11.67	13	7.72
2015	22	15.51	19	14.21	16	7.84
2016	27	18.72	23	17.54	20	13.11
2017	27	20.31	25	17.56	22	13.52
2018	28	21.15	25	18.33	22	14.21
2019	28	21.34	26	18.42	23	14.52

（六）稳健性检验

上述估计结果均是以空间地理距离权重矩阵的构建为基础得来的，因此空间权重矩阵的构建方式不同，估计出的结果可能也会存在较大的差异。为验证以经济距离权重矩阵为基础构建出的空间SDM模型估计结果的稳健性，本书将空间邻接权重矩阵引入实证研究。不同空间权重矩阵下SDM模型的估计结果如表7-15所示。

表 7 - 15   稳健性检验

变量	回归系数	P 值	Z 值
LNGDP	0.550	0.000	17.90
EP	0.193	0.000	9.67
TECH	0.242	0.000	12.92
ECS	$-2.92e-07$	0.003	-4.97
ISA	-0.025	0.000	-13.44
EDU	0.008	0.018	2.36
R^2	0.971		

五、主要结论和展望

近年来，我国企业的碳排放活动越加引起利益相关者的关注，企业碳信息披露水平在整体上有明显的提高，但对标其他进行碳信息披露的国家，目前碳信息披露仍存在若干不足之处，对其背后的披露动力变量和形成机制仍存有模糊的空间。基于 2010~2019 年上市企业的全行业样本，本书利用空间计量方法，对不同区域的碳信息披露水平进行研究，最终得出了若干结论，具体如下：

企业所在地区经济发展水平对上市企业的碳信息披露水平具有显著的正向促进作用。研究结果表明，在 1% 的显著性水平下，企业的碳信息披露水平和它的注册地经济水平是正相关的。当地的经济发展水平在不同层次影响了公司的管理偏好和运营模式，进而影响了碳信息披露水平的高低。企业所依靠的职工来源在目前的情况下仍多来自本地，经济发展顺利则全社会更多方面会发展得更加兴盛，也能够为社会提供更加丰富的教育资源，有利于企业高素质人才的培养，进而打造出一支高能力高效率的员工队伍。公司的产品首先需要有充足的需求，而能够在当地进行销售，及时吸收产能，相对于运往其他地区，节省了大量运输、销售费用。所在地的经济发展水平帮助企业在一定程度上解决了员工素质、产品销售等问题，为下一步的拓宽销售渠道、吸引优秀人才加入提供了可能，为进一步扩充企业社会责任活动，积极进行环境责任相关披露实践提供了内容上、组织上、思想上的准备，而享受经济发展红利的上市企业为政府提供充足的税收，是当地稳定的税收来源，使得这一循环得以长期持续下去。在经济发展较快的地区，享受经济红利的同时，自觉履行必要的环境信息披露的责任，从而塑造良好社会形象，完成纳税义务，吸纳人员就业，是公司—社区—政府"多赢"的理想状态，长远来说也是有益于企业发展的。

在全国范围内，各省份的企业碳信息披露水平整体不高，在各省份范围内，碳信息披露水平相对较高的企业数量占比不高，但在不同地域之间企业的碳信息披露也呈现出较大的差异，处于西部地区的企业进行碳信息披露的水平会明显低于中部地区企业，处于中部地区的企业进行碳信息披露的水平又会明显低于东部地区企业。

在以全国上市企业作为研究样本的研究中，如果企业注册地显示其坐落在东部地区，其所披露的碳信息数量和质量总体上是高于西部和中部地区的。在对我国不同区域的碳信息披露水平进行比较时可以发现，相比于处于中部地区的企业而言，处于西部地区的企业进行碳信息披露的意愿更低、对外披露碳排放信息的水平更低，而中部地区的碳信息披露水平明显低于东部地区，最终形成了一种由沿海向内陆、由东部向西部呈梯度递减的趋势。对产生此现象的原因，从企业合法性和管理压力出发进行解释，应当是东部地区的经济发展水平更高，政府对于企业管理的政策法规执行力度和监管密度更大，企业收到的来自社会的压力更大，使得东部地区的企业的碳信息披露水平相对较高。

2010 年《上市公司环境信息披露指南》将重污染行业聚焦为以下几种行业类型：火电、钢铁、水泥、电解铝、煤炭、冶金、化工、石化、建材、制药、发酵、纺织造纸、酿造、制革和采矿业，相比于其他行业类型这几类行业的显著特征是：往往占地面积较大，生产的产品通过运输能够覆盖更广的区域，公司产品往往依赖大量的矿石能源、石化能源，在过程中产生大量的空气污染物，不少行业在建设过程中需要专门配置污水处理厂、垃圾处理厂，在设备使用寿命到期后还需支出一笔专门费用用于所在地的环境恢复和水源改造，即使在建立时期也容易遭到建设地附近社区的居民反对，影响周围地区的居住环境和住房价格。由于重污染行业的生产特性和目前整体的政策导向，碳排放量大的公司相比于非污染行业内的公司，面临着更加大的社会压力和政府监管力度，一项碳排放活动可能引起的媒体关注、舆论反对、政府监察、民众抗议的严重后果，使得管理者和治理层对于碳信息披露的相关活动持有高度的敏感性，更愿意通过自觉主动披露来化解公众的疑虑，获得行政当局的信任。

第三节　本章小结

本章是基于空间异质性对企业碳信息披露的动力机制进行实证分析，深刻分析了地理位置对于企业碳信息披露的影响，实证探究了空间异质性对于企业碳信息披露的驱动效应以及溢出效应。

第一节选取 2016~2019 年在我国沪深两市上市的 A 股上市企业作为研究样本，并采用双向固定效应模型对其进行处理，以此为基础来对政府监管空间异质性与地理位置对于企业自愿碳信息披露的影响机制进行实证探究。结果表明，政府监管力度与企业碳信息披露之间存在显著的正向促进关系，即政府监管力度越大的区域，企业的碳信息披露质量越高。此外，本节以企业与政府监管部门之间的距离长短作为地理位置变量，发现两者之间的距离与企业碳信息披露之间存在显著的负向关系，即企业与政府监管部门之间的距离越远，企业的碳信息披露质量水平越低。

第二节基于我国 31 个省份 2010~2019 年的年度面板数据，根据空间异质特征研究各区域经济发展水平、环境规制的程度对于企业碳信息披露的影响，并采用 Moran 指数进行空间相关性检验，探究碳信息披露的驱动效应和溢出效应。研究表明，经济发展水平与环境规制对于省域碳信息披露水平存在显著的空间溢出效应。区域分析结果表明，在全国范围内，各省份的企业碳信息披露的整体水平普遍不高，但不同地区之间企业的碳信息披露具有较大的差异，具体表现为东部地区企业所披露的碳信息数量和质量明显高于中部地区，中部地区企业所披露的碳信息数量和质量明显高于西部地区，呈现出一种由东向西的递减趋势。

通过以上两节内容我们可以发现，我国碳信息披露存在较为明显的空间异质特征，主要是由于各个地区的经济发展水平与政府的监管力度差异所导致的，并且对于省域的碳信息披露水平存在溢出效应。因此政府应当建立健全有关于环境信息披露的法律法规，加大对于企业环境监管力度，关注企业的碳信息披露质量。增强企业所面临的监管压力，使企业更关注其生产经营活动对于环境的影响，提升企业的碳信息披露水平。

第八章 空间异质性下企业碳信息披露综合动力机制的构建

前面章节对企业碳信息披露的内部源动力机制和外部驱动力机制进行了相关研究,并结合空间异质性对企业碳信息披露动力机制进行了实证分析,本章将从国家、区域和企业三个层面对企业碳信息披露提出相关建议,以此构建企业碳信息披露综合动力机制。

本章以企业碳信息披露为核心,以国家和区域为两翼,构建国家引导、企业主导、区域推动的综合动力机制。归纳为:"一个中心,双边联动,三面出击"。"一个中心"即是以提高企业碳信息披露积极性为中心;"双边联动"即从国家和区域两个层面探究政府机制与区域机制相互协调的动力机制体系。"三面出击"即具体研究三个问题:(1)国家如何优化制度设计,加强碳交易市场的顶层设计,引导企业碳信息披露。(2)区域如何完善资源协调机制和分配机制,建立健全碳信息披露激励机制和约束机制,推动企业碳信息披露。(3)企业如何通过内部控制制度,披露碳信息以获取竞争优势,实现经济效益、生态效益和社会效益的多赢。如图8-1所示。

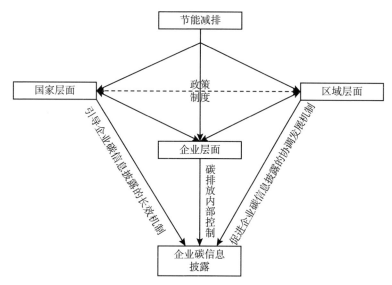

图 8-1　企业碳信息披露综合动力机制

第一节　国家层面：构建长效机制
引导企业碳信息披露

从 2020 年 9 月以来，习近平总书记多次在国际会议上提出我国将努力争取 2030 年前实现碳达峰、2060 年前实现碳中和的减碳目标，可见，两个目标彰显了我国决心要走低碳经济的绿色发展道路。"十四五"作为"碳达峰、碳中和"的起步期，是重要的发展期，同时也是碳市场进入平稳运行的关键时期，企业碳信息披露是低碳发展的前提和基础，本节主要从国家层面，即宏观层面全方位多角度对企业碳信息披露进行规划和管理，研究如何优化制度设计，加强碳交易市场的顶层设计和各类制度建设，引导企业碳信息披露。具体思路如图 8-2所示。

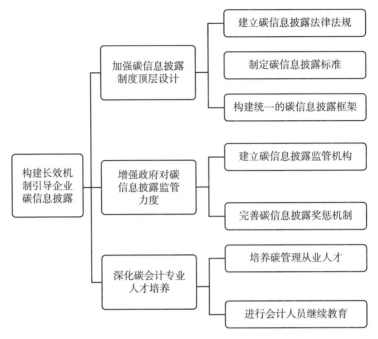

图 8 - 2　构建长效机制引导企业碳信息披露

一、加强企业碳信息披露制度的顶层设计

（一）完善相关法律法规，制约企业碳信息披露行为

法律法规、行业准则是国家强烈意志和社会诉求的具体表现形式，其所特有的强制性是企业规范自身行为的重要依据，更是解决我国当前碳信息披露不准确、不具体、不完备等问题的重要手段。近年来，我国颁布的与碳信息披露有关的法律主要有 2018 年的《中华人民共和国大气污染防治法》、2014 年的《中华人民共和国环境保护法》、2012 年的《中华人民共和国清洁生产促进法》等；我国颁布的与碳信息披露有关的部门规章主要有 2020 年的《碳排放权交易管理办法（试行）》、2014 年的《企业事业单位环境信息公开办法》等，我国颁布的与碳信息披露有关的规范性文件有 2022 年的《企业环境信息依法披露格式准则》、2021 年的《2030 年前

碳达峰行动方案》等。但从狭义范围来看，目前我国尚且缺乏对上市企业碳信息披露的专门性法律法规文件。

首先，从上述法律法规可以看出，我国目前并不存在企业碳信息披露的专门立法，虽然理论上可以沿用环境信息披露的法律规范，但在实践中难以真正落实。因此，可以在现行的环境信息披露法规的基础上，对企业碳信息披露作出具体的规定，并根据碳信息披露的实际工作需要作出有针对性的安排。

其次，针对企业生产经营活动带来的环境破坏，我国在环境保护方面出台了一系列法律法规政策，但对于碳活动而言，其可操作性不强，难以对企业碳信息披露工作进行约束和控制。

最后，由于企业缺乏碳信息披露的主动性和积极性，如果将法律法规的不健全依靠企业的主动性弥补，企业通常会为了追求短期利益而牺牲环境，使得全国碳治理、碳减排工作难以达到预期状态、难以快速步入正轨。虽然我国在"十一五"时期就提出了节能减排目标，但由于缺少强制的法律约束，企业很难将节能减排目标转为具体的减排行动。因为对于企业而言，实施减排行动需要投入大量的精力和财力，而收益的期限和成果在短期内无法确定，有悖短期利益目标。

因此，面对现阶段我国企业自愿披露碳信息的意识较低且缺乏针对性的法律法规的现状下，亟须国家出台更具有针对性的法律文件。通过积极开展碳治理、碳信息披露立法工作，以法律手段明确企业碳信息披露的重要性，并提升企业关注气候变化、积极实施碳减排的责任意识，培养企业的社会责任感。强化政府碳减排责任的同时为监管企业碳信息披露工作的执法部门提供切实可靠的法律依据，发挥法律的主导作用，增强国家对企业碳信息披露相关法规的执行力，使企业规范自身披露行为，做到有法可依、有据可循，从根本上解决碳信息获取难的问题，满足社会公众对环境信息的知情权，为我国低碳发展创造条件。

科学制定促进企业碳信息披露的规章制度，以权威性确保制度的贯彻，即以基础性的制度为其他制度提供法律依据，可以充分吸收各国先进经验，鼓励企业低碳技术创新，最大限度地发挥市场机制，让不同地区自主协调发挥作用，有针对性地解决新问题，提出新办法。

政府及相关部门应不断完善与碳信息披露相关的法律法规工作，加强政府对企业碳信息披露的宏观监控；尽管我国已经出台了涉及环境信息披露方面的规章制度及地方层面的政策法规，对我国企业环境信息披露的初期工作起到了指导作用，但是目前还没有关于碳信息披露的具体方案和措施，企业碳信息披露的可靠性与完整性问题并未得到解决。目前我国企业碳信息披露处于立法与监管双重缺失的情境。因此，一方面，国家需要规范碳信息披露制度体系，使企业在进行碳信息披露时有法可依。我国碳排放交易体系仍旧处于初期阶段，我国相关政策制定部门可以借鉴发达国家的经验，如英国的CDP，根据碳交易市场的实际情况制定适合各行各业的碳信息披露制度体系，例如，要求企业在社会责任报告或财务报表附注中披露碳信息。另一方面，2019年财政部发布了《碳排放权交易有关会计处理暂行规定》，但是该政策仅是针对实施碳排放权交易的上市企业，没有对全行业的碳信息披露制定具体且权威的准则或指南，适用范围还存在很大的局限性，另外，碳资产核算表中的相关指标并不能完全涵盖碳信息披露的关键指标，尚且不能满足碳信息需求者的需求，说明该政策尚不完善，还具有一定的发展空间。要想让碳会计和碳信息在实务中得以应用，政府等有关部门应当结合我国低碳经济发展的具体情况，从法律法规的强制性、行为准则的实操性出发，制定具有针对性的法律法规或披露准则，明确资产负债表、利润表、现金流量表、所有者权益变动表和财务报表附注，即四表一注与碳资产核算表的联动关系，促使我国碳会计法规与国际会计准则的逐步趋同，推动碳会计的快速发展。

（二）制定企业碳信息披露标准，规范企业碳信息披露

国家出台法律法规或碳会计准则是对企业碳信息披露工作的强制性体现，通过强制手段激发企业主动对外披露碳信息。但由于我国当前的碳信息披露制度还不够完善，没有一个具体的披露标准可循，使得企业在披露碳信息的过程中难以把握详细的披露事项，无法确保碳信息的可比性和完整性；而且也由于缺乏制度上的支持和引导，使得碳信息披露存在一定的

滞后性。因此，为优化碳信息市场，提高碳信息需求者的可读率，政府等有关部门亟须健全和完善企业碳信息披露的制度和办法，积极发挥政府的引导调控作用。制定碳信息披露行业标准，能够更有效地规范企业碳信息披露行为，提高碳信息披露效率，加强政府对企业碳减排的管理。

首先，政府需要制定碳信息准则和披露指南，规定企业碳信息披露的具体内容、范围和形式等标准，甚至明确到特定行业碳信息披露的详细条款或披露样式，逐步将碳会计和碳信息披露发展成为企业上市或对外发布公告的门槛条件，在增强碳信息可操作性和可比性的同时，可作为资本市场中投资者作出决策的有效依据。

其次，在建立起完善的碳信息披露制度的同时，出台配套的奖罚制度措施，对企业实行既约束又鼓励的双重管理办法，推动企业在完成制度规定的基础上提高碳信息披露质量。

最后，还需要进一步完善碳信息披露制度中企业碳信息的量化方式，通过定量数据反映企业碳信息披露的详细情况，便于监管者的核查及信息需求者的阅读，增强企业间碳信息披露的可比性。

总体而言，完善碳信息披露制度并细化披露制度的各事项标准，不仅可以增强企业披露工作的可操作性，而且便于政府对企业应对气候变化的社会责任承担情况的考察。因此，完善碳信息披露制度、制定碳信息披露标准应是未来一段时间内碳信息披露工作的重要内容。

（三）构建统一的碳信息披露框架，增强企业碳信息的可比性

正如本书前面所言，我国亟须完善碳信息披露制度，确保资本市场中各企业披露的碳信息具有可比性。但对于企业该如何披露碳信息，具体披露哪些内容，需要在制定披露制度时有具体的说明和统一的规定，通过构建一整套统一的碳信息披露框架体系，达到规范企业碳信息披露行为、进一步增强企业碳信息可比性的目的。

2010 年发布的《上市公司环境信息披露指南》，用以规范我国上市企业的环境信息披露行为。但目前关于上市企业碳信息披露尚未有统一的框架体系，因此在碳信息披露的内容、范围和形式等方面没有明确规定和标

准的情况下，不同行业和企业根据自身需求只对外披露利于本企业的碳信息，行业差异较大，而这种较大的披露随意性将降低碳信息的横向可比性。此外，由于没有统一的碳信息披露框架，对上市企业碳信息披露的评估办法不能统一，使得由碳信息披露引起的经济后果无法衡量，市场上的投资者也将无法根据企业碳信息披露情况作出合理的投资决策。

基于此，我国需逐渐构建一套面向全体行业的、完整的、统一的且适用于我国国情、具有中国特色的碳信息披露框架体系，让上市公司在披露碳信息时有据可循、有理可依。在制定企业碳信息披露框架体系中可以参考 2003 年国家环境保护总局发布的《关于企业环境信息公开的公告》，对企业强制性和自愿公开的环境会计信息内容和披露形式做出具体规定；与此同时，立法部门还可根据具体情况制定《企业碳会计信息公开管理办法》《企业碳会计信息披露指南》等兼具指导性和约束性的法规办法，对碳信息披露的内容、范围、方式等作出规定。在加强企业碳信息可比性的基础上，投资者可对不同企业的碳信息披露情况进行对比，从而减轻资本市场的信息不对称问题。

此外，由于市场中上市企业对于碳信息的具体披露内容多局限于定性描述，内容略显单薄，缺乏定量数据来证明企业承担碳减排社会责任的具体情况，利益相关者需要花费一定的时间和精力从公司年报、社会责任报告或可持续发展报告中摘取到可比性不强的碳信息，严重影响到碳信息需求者获取信息的效率，使得某些耐心较差的投资者放弃对企业的深度了解，无形中增加了企业的筹资成本。因此，除了统一上市企业碳信息披露的内容、范围和形式，还需建立一套科学统一的碳排放量化体系以及碳信息披露质量评价体系，通过对碳信息的量化管理和披露质量的评价，对企业碳信息披露情况作出适当的评估，借此优化政府对碳排放权的管理，根据碳信息量化披露得出的评价结果可促进投资者作出合理的投资决策，合理配置市场资源的同时提高经济效率，从而为相关理论研究和实践活动的开展提供更为科学的基础。

简而言之，构建统一的碳信息披露框架，不仅为上市企业碳信息披露提供了便利，而且在规范企业碳信息披露行为的同时改进政府的环境管理体系，同时也为信息需求者对企业作出准确判断时提供了客观的依据。

二、增强政府对企业碳信息披露的监管力度

（一）建立相关部门联动监管机制，推进企业碳信息披露

政府监管是指政府相关部门依据相关法律法规对企业碳信息披露行为进行监督和管理。政府监管不仅影响企业的碳信息披露，还会影响企业的融资约束。强有力的政府监管使得企业为了达到合法性的目的，改善碳信息披露状况，提升碳信息披露水平。同时，政府监管会增强投资者对企业碳信息披露的信赖程度，提高投资者信心，在一定程度上有利于缓解企业的融资约束。

但目前由于缺乏外部监管，我国上市企业碳信息披露的真实性、准确性和可靠性难以得到保障，大大影响了各行业的整体披露水平，阻碍碳信息披露工作的进展。因此，国家管控机制在推动我国碳信息披露的发展过程中，除了出台相关法律法规和完善碳信息披露体系以外，同时需要建立强有力的监督机制并组建专业监管人员，以保障相关法律法规政策得到贯彻落实。鉴于碳信息披露的复杂性和多样性，仅依靠政府部门监管远远不够，还需要从财政部、证监会、生态环境部、国家金融监督管理总局和国家税务总局等部门多方面联动监管。

一方面，应当强化以财政部、证监会、生态环境部等监管部门的管理职责，明确各部门对碳信息披露的监管职能，根据市场化进程的不同阶段施加不同程度的监管压力，逐步引导上市企业披露真实准确的碳信息。借鉴财务信息披露的监管问询制度，联合生态环境部和国家能源局从技术层面检查企业碳信息披露的真实性之后，分级对企业发出关注函、问询函与监管函，充分发挥三种函件的作用，督促碳信息披露存在风险的企业进行补充解释和更改，提升碳信息披露的透明度。在加强监管力度的同时，要充分发挥碳信息披露法规和制度在资本市场上的作用，最终建立起健全的市场监管制度和信息审核机制。

另一方面，为了使监管机制得到更好的落实，相关环保部门在配合监管部门建成碳信息监管机制时，要加强对监管人员的专业化培训，以辅导、检查、审核等形式督促企业按要求披露碳信息，以此强化政府在碳信息披露中的监管与引导作用。其中，在对上市企业披露的碳信息进行审核过程中，为促进上市企业碳信息披露规范化，防止出现由于披露碳信息不真实不准确而误导信息使用者作出错误的投资决策，监管部门应对上市企业管理层的具体披露行为进行监督，并详细审核企业碳信息内容是否遵循了相关法规制度的规定、是否按统一标准和框架进行了披露。

为了防止企业披露不真实不完整的碳信息，避免企业的碳信息披露流于形式，减少企业的"飘绿"行为。环保部门、财政部门以及税务部门可考虑采取政府补助、税收优惠等措施，使法律法规等强制监管手段与利好政策相结合，对违法企业进行公开审理，实时公开调查进程，以行政处罚的方式对其进行惩戒，相对的，对严格按照低碳发展路线的绿色企业给予嘉奖，做到奖惩分明。另外，可培育和发展第三方机构，推动企业碳信息披露。目前，欧盟排放交易体系已引入第三方机构（如会计师事务所）去保证碳信息披露的完整性、真实性。我国目前尚未有具体部门监管碳信息披露情况，因此，有必要利用第三方机构协助审核部门对企业碳信息披露进行核查，保证披露的真实性与可靠性，以推动碳交易市场的有序运行。

（二）建立奖惩机制，提高低碳补贴并加大对超额碳排放的处罚力度

当前，由于我国碳信息披露监管体制不健全，以及监管部门缺乏统一有效的监督，导致企业不重视其超额碳排放对环境造成的破坏，甚至有的企业为了追求短期利益而肆意为之，但却没有受到相应的处罚或者处罚力度不强。而那些积极响应国家低碳政策、严格控制碳排放量的企业也没有得到相应的低碳补贴，这使得企业对低碳排放的积极性和主动性降低。因此，有关部门在积极引导企业进行碳减排活动时，有必要通过建立超额排放惩罚机制和提高低碳补贴的激励机制，强化对上市企业的监督与管理，这不仅可以约束企业消极应对气候变化的行为，还可以鼓励坚持低碳排放的企业，从而激发企业披露碳信息的积极性，推动上市企业主动有效披露碳信息。

在建立完善的奖惩机制时，监管部门应对企业碳信息披露工作进行评价，依据评估结果作出相应的惩罚或奖励措施。一方面，对违反碳信息披露制度，破坏环境，且不按要求披露碳信息的企业给予惩罚，如罚款、加收碳税、取消相关优惠政策、借用媒体工具对违法企业通报批评等；另一方面，对于按规定制定减排目标并积极落实减排措施表现优秀的企业，可以通过减轻税负、加大政策优惠力度、提高低碳补贴等方式进行鼓励。使得更多的企业在压力和动力的双重影响下，配合并保障碳信息披露制度的顺利执行。

另外，由于我国企业碳信息披露存在显著的空间异质性，其中一个重要的因素是各地区经济发展水平的差异，导致不同地区间的公共服务和居民收入水平的差距明显。因此，国家应调整区域经济协调发展目标，将区域发展的总量目标调整为公共服务与人均收入，体现"以人为本"的发展理念。一方面要求政府从已经具备经济调节的市场领域退出来，转向公共服务；另一方面应通过增加财政收入加大转移支付的力度，扩大支付规模，提高公共服务水平，逐渐缩小中西部落后地区与东部发达地区之间的公共服务水平差距。

三、深化对碳会计方面专业人才的培养

碳会计是一门多学科交叉的综合类科目，涉及法学、会计学、环境学、生态学等学科。上市企业在资本市场中披露碳信息涉及碳交易的相关活动，需要具备碳知识的专业综合性财务人员，合理地配置碳交易中的排放权，帮助企业调控碳管理能力，更好地指导碳排放权交易等低碳经济活动，实现碳排放权的资产化。因此，相关企业需要碳会计方面的复合型人才，在以企业碳资产为支点通过碳循环动力机制的经营过程中，发现低碳转型和可持续发展的商机，为企业创造多方位的价值增值。

从 2013 年起，我国在多个省份建立了碳排放权交易试点，2021 年全国碳排放权交易市场正式启动，碳交易机制日渐完善。随着碳交易市场的不断发展，绿色劳动力也应紧随发展的脚步日益成熟。但目前我国碳交易师、碳审计师、碳资产管理师等专业岗位人才较为匮乏，不仅缺乏专业对口的人才，而且缺少跨学科的掌握碳知识的人才。可见，我国对该领域相关人才的培养和发展缺乏应有的重视。这不仅表现在基础教育环节缺乏投入，而且在财务人员上岗后的继续教育培训体系也存在缺失。此外，我国在 2017 年建成全国统一碳交易市场后，参与碳交易企业的主要利益相关方不再满足于之前的碳信息披露水平，对企业的碳信息披露提出了更高的要求，对碳会计人员的工作要求也相应提高，加大了对碳会计人员的专业考察。可见，培养具有市场敏锐观察能力的碳会计人才显得尤为重要。因此，在碳交易市场逐步迈向成熟的大背景下，我国亟须加强对碳会计方面的人才培养。

在培养碳会计领域专业人才方面，政府需要担任先行者的角色，对教育体系内的人员开展碳会计的基础教育和岗位培训，例如，对高校提出碳知识教学要求、对企业开展集中培训，将低碳教育转变为政府行为，通过建立系统的低碳教育体系，大力培养碳会计方面的专业人才，带动全行业对低碳教育的重视，推动低碳经济的发展，在提高全社会低碳意识的同时实现碳知识的普及。

因此，在我国"双碳"目标任务非常严峻的当前，要发展碳管理人才，首先，需要通过一套合理科学的评价体系精选出优秀的碳资产管理人才，壮大人才队伍。其次，进行专业化、系统化的岗位培训，提高行业服务意识和服务水平。具体而言，要对碳资产管理从业人员开展有关碳知识的讲解和宣传，重点对教育体系内的人员开展碳会计的基础教学和碳管理的岗位培训，将"双碳"教育和宣传转为政府的重点行为，通过建立完善、系统、全面的"双碳"教育体系，培育一批高素质、专业化的碳会计、碳管理人才，提高整个行业和区域的人才专业素养，以此带动区域对低碳教育的重视，推动区域绿色劳动力市场的健康发展。

第二节 区域层面：构建区域协调机制
推动企业碳信息披露

本节主要研究在空间异质性的视角下，区域间如何完善资源协调机制和分配机制，通过合理划分区域职能、优化区域分工，构建多层次多样化的区域合作体系；区域内如何进行战略联盟，构建低碳产业一体化发展的联动机制；区域层面提供专项基金的扶持和税惠政策的鼓励，建立健全碳信息披露激励机制和约束机制，推动企业碳信息披露，具体思路如图 8 - 3 所示。

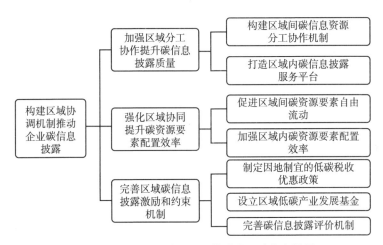

图 8 - 3 构建区域协调机制推动企业碳信息披露

一、加强区域分工协作以提升碳信息披露质量

由于我国碳信息披露存在较为明显的空间异质性特征，同时碳信息披露水平存在显著的空间溢出效应，因此，各区域间企业应优化区域分工，加强合作，共同推进企业的碳信息披露。

（一）构建区域间碳信息资源分工协作机制

各区域之间打破政府机构的行政分割，根据不同区域之间主体功能的不同进行环境资源优势互补，通过对区域间碳信息资源优化分工的方式，推动区域整体低碳经济协调发展，增强区域间的低碳经济联系，从而促进各区域碳信息披露水平。

区域分工是区域之间建立联系、开展合作的重要基础。从空间组织的视角观察，区域分工就是空间分工，且在不同区域实施所产生的效果不同，主要分为垂直分工、水平分工和混合分工。单一的碳信息资源垂直分工容易形成某产业或某地区的独有资源，从而导致市场碳信息不全面、碳资源分配不均衡不合理。因此，区域碳信息资源分工应形成以垂直分工为内驱，结合水平分工的方式扩大受众范围的混合分工方式，即外围—中心的垂直分工向水平分工过渡的混合区域碳信息分工。其中，中心区域具备先天自然地域优势，外围区域主动积极进行碳技术升级，提升自身在碳信息披露链上的价值。通过外围带动中心，中心配合外围，逐步向水平分工过渡，最终形成既具备垂直分工又具备水平分工的混合区域分工形式，通过缩小各区域低碳经济差异的方式均衡各区域的碳信息披露水平，实现碳信息披露一体化发展。

区域协作方面，根据低碳经济发展状况划分为东部、中部和西部三大区域。东部地区较为发达，中部地区次之，西部地区则相对落后。

首先，东部沿海地区地理位置优越，经济发展较快，产业结构较为合理，且劳动生产率较中西部地区高，因此，在接收碳信息以及吸取先进排碳技术方面速度较快，可为中西部地区提供优质的碳信息资源和先进的技术指导，带动区域碳市场发展。其次，西部地区自然资源丰富，在区域分工中可担任"试验者"的角色，通过不断地试验—改革—反馈—再试验，以此循环层层推进，为我国碳信息披露政策准则的制定提供实践基础。最后，中部地区作为与东部和西部地区的交接区，紧密地联结着东、西两大区域，是两大区域经济、文化和社会发展的融合区，更是天然的沟通桥梁，因此，在区域分工中，中部地区既要精准地借鉴东部地区的政策、技术并很好地运用于自身，同时要传递到西部地区，可见中部地区在区域碳信息分工的发展中必不可少。

基于以上对三大区域的相对优势分析，分别对各个区域进行角色判定，根据不同分工和各区域间的空间合作，实行非均衡发展战略，使碳信息披露某些方面具有优势的地区优先发展，发展到一定阶段后，实行均衡发展战略，最终实现区域碳信息披露协调发展，总体上提升各地区碳信息披露质量。

（二）打造区域内碳信息披露服务平台

在区域内，以"低能耗、低排放"作为出发点，对区域内低碳产业进行一体化发展的制度设计，制定相关规划、激励、约束等机制为区域低碳产业发展提供制度引导，构建有利于企业碳信息披露的服务平台，因势利导制定协调区域产业发展的协调机制、推动低碳产业协同合作的整合机制、量化节能减排指标的考核机制等，避免形成要素流动的樊篱，避免出现过度极化的各种不平衡，从而在区域互助、共赢的前提下建立分工协作关系。

区域内企业应围绕低碳产业链进行资源整合、优势互补、相互协同，打造碳信息披露服务平台。首先找到区域内低碳产业之间的关联环节，在合理分工的基础上，加强产业功能区和产业基地之间的关联，形成"核心—外围"结构，构建不同产业发展轴带之间的关联，形成联系紧密的低碳产业链网络。其次对低碳产业链上的技术节点进行产学研合作，开展关键技术和共性技术攻关，以区域内的支柱产业和特色产业为中心，分析相关产业的关联度和可塑造性，优化产业链，以完善区域内功能合理、分工明确、具有互补性竞争优势的低碳产业链。最后构建低碳技术共生网络扩散模型，让低碳技术在区域内共生和扩散，实现区域间各种要素、多领域、多形式的对接互补，促进低碳产业链全链条对接，实现低碳产业链在源头上创新，发展内生性经济，避免走"先发展、再治理"的老路，达到区域低碳产业协同持续创新的良性循环，从根源上助力企业披露碳信息。

通过机制设计，构建有利于企业低碳信息披露的平台，为企业碳信息披露提供外部环境，同时推动区域内企业资源共享、优势互补和协同合作，降低技术开发、研究成本和研发风险，形成利益共享和风险共担的区域经济共同体，最终实现互利互生，合作共赢。

二、强化区域协同以提高碳要素资源配置效率

（一）促进区域间碳资源要素自由流动

各区域充分发展区域优势，进行资源互补，引导碳资源要素进行区域间自由流动，提高碳要素资源配置效率。

一方面，区域间应建立协同规划机制，根据各区域的特色产业和优势产业进行合作，促进碳资源要素在区域间进行自由有序流动，共同推进低碳产业发展，东部地区具有一定的地理优势，可率先接触到先进的低碳技术，在技术合作中可作为减排技术引进的领头地区。相较而言，中西部地区地处我国内陆，与东部相比无论是在技术的接收时间上还是后续的推广和运用上都存在一定的差距，从而导致中西部地区的低碳减排技术发展缓慢。西部地区要重点关注重大基础设施和生态环境保护，既要改善西部地区投融资环境，培育发展极具潜力的特色产业，也要加大对技术人员的培训和教育力度等。

同时，要盘活东北老工业基地资源，重点放在第二产业的结构调整和国有企业的改造升级上，要发展具有比较优势的装备制造、原材料、农产品深加工等产业，倒逼资源型城市向绿色经济转型。中部地区则要在现有基础上，持续提升产业竞争力，构建"绿色＋智慧"的综合交通运输体系，推动物流业与商贸服务业的共同发展，整合区域市场。东部地区作为发达地区要做到稳中求进，继续不断提升创新能力和研发实力，努力掌握具有自主知识产权的低碳核心技术，形成完善的区域特色产业联盟，充分发挥品牌效应。总之，各区域应充分发展区域优势，进行资源互补，提高碳要素资源配置效率。

另一方面，按照市场规律促进碳资源要素在区域间的自由流动，促进低碳技术创新。首先，要充分发挥市场在资源配置中的基础性作用，尽可能消除阻碍生产要素跨区域自由流动的各种壁垒，如制度、基础设施等因

素，通过要素自由流动实现各区域利益的最大化。其次，中央政府与地方政府要发挥主动干预的作用，通过区域合作，实现要素流出与流入地的"双赢"。

可以从资本、人力资源和低碳技术等方面引导碳信息披露要素实现跨区域流动，构建多层次多样化的区域碳信息披露合作体系，其中多层次即为跨区域发展碳信息披露，多样化即为资本、人力和技术关于碳信息披露方面的合作形式，如图 8 - 4 所示。资本方面，实施财政转移支付，大力发展欠发达地区低碳经济。要加大中央政府对欠发达地区的财政转移支付，以项目投资、专项支付等方式支持欠发达地区经济社会发展，促使落后地区提高政府公共服务水平；同时，鼓励地方政府之间进行合作以及发达地区对欠发达地区实施帮扶，通过对帮扶合作给予实质性支持，创新合作方式、合作渠道与合作领域，规范各级政府行为，将新的合作探索及其支持政策以法律的形式加以确认，用法治化保证市场机制作用的发挥。人力资源和低碳技术方面，通过对相关人员开展有关绿色低碳发展方面的知识培训，成立区域碳信息披露技术联盟，构建区域碳交易共同市场，形成碳信息资源共同发展的互动关系，促进区域间碳信息披露和谐发展的同时，减少区域间的无效竞争，实现区域间优势互补、资源共享、互惠互利、共同发展的绿色合作关系，以充分调动各区域碳信息披露积极性，让更多企业主动参与碳信息披露区域合作，实现碳信息披露跨区域发展，并以此带动区域低碳经济发展。

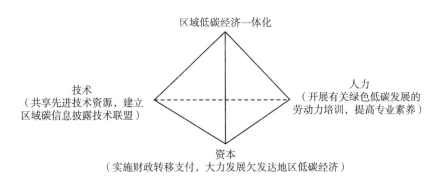

图 8 - 4　区域碳信息披露合作体系三维模型

（二）提高区域内碳要素资源配置效率

首先，各区域要根据区域的特点，因地制宜地建立区域低碳产业一体化发展，加强区域低碳经济一体化合作过程中的低碳技术合作，提高碳要素资源配置效率。考察区域内不同企业的发展战略和核心技术，科学合理地制定可持续发展的低碳技术协同战略，合理运用各企业的研发技术，形成碳技术市场的长期合作关系，消除技术资源的流动壁垒，从知识、设备、人员等多个方面建立成熟的区域碳信息披露和碳排放技术联盟，通过有效整合区域行业和领域的科技资源，通过碳信息披露平台披露企业碳技术的研发投资及产生的效应，共享先进技术资源，带动各区域低碳减排技术市场的健康稳定发展。

区域低碳产业一体化作为一个特殊的产业联合体，在实际操作中应注重构建联动发展机制。首先对区域内相关产业进行统筹规划，从低碳发展的角度，遵循"资源消耗低、环境污染少"的原则，加强现代服务业、先进制造业和现代农业之间的联动发展。一方面，以现代服务业等相关产业为切入点，引导传统产业向先进制造业转变，并带动传统农业向现代农业转型；另一方面，以发展先进制造业为基础，推动现代服务业的改造升级，并为传统农业转型提供物质和技术上的保障。同时，把握好科技发展方向和市场需求变化趋势，发挥区域内科技优势，培育发展潜力大、技术水平高、市场前景广阔的"新型业态"，提高碳要素资源配置效率，以形成区域内各产业合作共赢的联动发展局面。

其次，构建相互促进的区域碳信息披露合作互动体系，在促进区域内碳信息披露和谐发展的同时，避免区域内的无效竞争，推动实现区域优势互补、互惠互利。在不同合作方式及不同层次上构建科学合理的合作模式，充分调动各企业的积极性，鼓励不同企业主动参与碳信息披露区域合作，实现碳信息披露要素区域内自由流通，以此带动区域低碳经济发展，实现区域低碳产业一体化发展。

同时，构建区域低碳产业一体化中各企业的利益分配机制，促进低碳产业链中各企业的利益共享。分析区域低碳产业一体化中各企业的利益诉求，根据区域低碳产业链中各企业的合作互利原则，解决区域低碳产业一体化中各企业的合作、分配、激励以及收益等问题，建立低碳信息披露平台，根据企业的碳信息披露情况，建立相应的激励约束机制，促进各企业全方位多角度的融合，形成一种合力推动企业碳信息披露。

三、完善区域碳信息披露激励和约束机制

要实现区域低碳产业的一体化发展，协调和维护各利益主体的关系，促进各主体之间的利益共享，是维护区域低碳产业是否协同发展的关键。因此，完善低碳管理的区域利益分配机制要考虑到区域低碳产业内各企业合作、分配、激励、收益等问题，建立低碳产业创新主体战略联盟，保障企业在完成碳信息披露基础上扩大收益。

（一）制定因地制宜的低碳税收优惠政策

纵向来看，由于区域内各企业的产品属性、行业背景、文化理念等因素的不同，碳信息披露水平的高低出现参差不齐也在所难免。如果根据不同区域经济发展状况颁布有针对性的低碳税惠政策，可有效调动落后区域整体对碳信息披露的积极性，同时也能优化该区域的生态环境和气候条件。有针对性的低碳税费政策具体表现为，不同程度税收政策的调节力度和扶持力度。对于违反碳信息披露制度、破坏气候环境，或不按规定要求，真实、全面、准确地披露碳信息的企业，如碳超额超标排放的企业，可通过加收碳税来约束企业破坏大气的行为；而对于碳管理表现优秀，按规定制定减排目标，积极落实减排措施，及时披露相关碳信息、努力做好低碳工作的企业，可实施不同程度的碳税减免优惠政策和低碳补贴，如通过对投资可再生能源、研发清洁能源等提高能源利用效率的企业减轻税负、加大政策优惠力度、提高低碳补贴等方式进行褒奖和支持。

横向来看，不同区域之间的税收分配应实施柔性原则灵活分配，将更多的税收收入投入欠发达地区，推动该地区大力发展低碳经济，以此拉平

不同经济发展水平区域的碳信息披露质量，提升整体披露水准，在实现税收与税源一致性的基础上构建横向区域税收分配均衡机制。当前，我国区域之间税收与税源背离现象较为明显，部分地区的税源贡献与应收的税收收入不匹配。近几年，由于地区发展条件不同，税收收入多从中西部地区流向东部地区，而且趋势逐步加大。这非常不利于"经济活动多且税源多而税收少"的地区发展。因此，要均衡发展低碳经济，拉平碳信息披露水平。为此，需要树立科学的税收观念，根据税源贡献度配比分配税收收入，构建起区域间均等税收分配制度。一是按照促进区域分工的要求，改革产业税收政策。实践表明，差异性的税收政策有助于引导区域调整产业结构，推动产业升级。为此建议把促进区域分工当作一个重要的实施目标，把税收政策与国家的区域政策和促进区域分工的产业政策进行有机融合，实现差异化的产业税收政策。二是按照促进区域公平的要求，加强跨区域税收的制度建设。遵循有助于推动区域分工的理念，尤其要增强欠发达地区的绿色发展能力，合理调整跨区域企业集团税收改革和资源税征收改革，并建立起区域间增值税分配体系。三是坚持区域间税收合理分配的三大原则：协同制定原则、协同分配原则和协同处理原则。在能源开发区域的税收合理分配中，以税法为基础，以协调规则为依据，建立规范化、制度化的协调机构，保证碳资源地的财政利益，这是碳资源跨区域开发中政府间税收管辖权协调的重点方向。

（二）设立区域低碳产业发展基金

通过专项基金对口扶持欠发达地区或企业，保障碳信息的基础披露，帮助企业应对气候变化。目前，不同对口支援的省份采取了不同的对口支援模式，包括硬件支援和软件支援两种。

硬件支援主要包括对欠发达地区直接提供资金、项目等支持，使受援地区能够从支援中迅速获益，快速改变现有不利条件。硬件支援中，经济支援是最重要的环节，其中最直接的便是资金支援，一般适用于救济性援建，属于"输血"型支援，主要用于灾后恢复重建。而项目支援则是发展性援建，通过发挥援建机制的"造血"功能，增强受灾地区经济发展潜力。软件支援的范围较广，包括技术支援、人才支援、信息支援、制度支援等。硬件和软件支持对欠发达地区的发展都是必不可少的，只有做到"输血"和"造血"相结合，才能从根本上改变受援地区面貌，使其尽快实现经济增长与社会进步。

我国区域协调发展的实践表明，需要科学界定中央政府和地方政府在区域协调发展中的职能。通过制度改革和创新，推动市场机制、空间组织机制、合作机制和援助机制的形成，促进空间、合作和援助三个层面之间的相互协作，充分发挥协同作用，引领区域碳信息披露的和谐发展。

（三）完善地方政府碳信息披露工作政绩评价机制

地方政府是碳信息披露工作中的重要主体，地方政府的环保落实程度直接关系到整个国家相关环保法律和政策规章的实施情况。然而，从我国以往的落实经验来看，部分地方政府为了地方个体利益和官员个人利益，只做"面子工程"，政绩观念严重，盲目追求地方经济粗放式增长，而环保执法不到位、监管力度不够的现象普遍存在。近些年，我国发生的多起重大环境污染案件都与地方政府在履行环保职责方面失职有着密切的关系，这种做法严重阻碍国家环保法律颁布和政策目标的实现。因此，有必要建立地方政府碳信息披露工作政绩评价机制，科学合理考核地方政府，约束自利行为，进而推动我国碳减排工作进程。

一方面，减少对纯粹经济性协调的目标权重。中央在区域协调问题上的多年努力，主要集中在经济问题上，这在以经济建设为中心的发展战略和地区经济差距巨大的背景下是成立的，但是随着国家战略重心向高质量发展转移，以经济指标、总量指标决定的地区政绩已经不合时宜。因为过多地强调经济建设，尽管得到短期快成长却损害长期利益，表面上热火朝天，实际留下了许多隐患，这对国家长治久安非常不利；而且过快的经济发展带来的资源耗竭与环境破坏，会让人们无法承受，并在不远的未来品尝到快速增长的苦果。因此，为了缩小地区差异和实现地区经济、社会与环境协调发展，需要改变政绩考核核心指标，即减少经济指标的权重。

另一方面，在互动层次上增加考察要求。从发展观来说，减少经济指标的考核权重与增加社会发展和环境保护指标的权重应该同步；但是，就我国而言，相对突出的问题是如何控制收入差别的扩大化，其中地区收入差距过大是收入差距扩大的重要问题。因此，对中央而言，需要用制度来保证转移支付的实施，促进地区收入差距的缩小。其中，对发达地区而言，使用互动方式缩小地区差异显得更加重要，它是地方主动缩小地区差距的重要手段。然而对发达地区与落后地区，缩小差距的主动权在发达地区，发达地区不作为，落后地区再努力也不可能获得快速发展的结果，所以，以较大权重考核地区政绩、激励发达地区政府在对口互动中寻找新的缩小地区差距的答案应成为考核体系的主体。

四、科学把握低碳发展节奏，改善碳信息披露质量差异化问题

（一）从宏观层面改善政府干预和市场调节的关系

从外部条件来看，我国国土面积广阔，各省份各地区的制度环境和经济发展程度等方面存在较大差异，在我国的经济制度下，全面提升我国企业的碳信息披露质量需要依据各区域的实际情况合理处理政府干预与市场调节的关系。

依据第七章企业碳信息披露质量价值效应的异质性研究发现，较之于甘肃、广西等经济欠发达地区，浙江、广东和江苏等经济发达地区具备良好的制度环境，市场化程度更高，企业披露高质量的碳信息的价值效应更加显著，因此，在这些区域，应充分发挥市场在要素资源配置方面的调节机制，做到市场自由发展为主，政府干预为辅。相反地，在经济欠发达和市场化程度低的地区，制度环境尚不完善，市场在要素资源配置方面的作用较弱，此时，需要较大程度发挥政府干预的力量施以有力的外部援助政策，构建良好的市场氛围，改善市场秩序，完善市场体系，通过政策大力扶持欠发达地区，配合区域内外部的税惠鼓励政策、减免政策等，多种方式齐头并进，共同推动企业实施低碳运营模式，激发企业披露碳信息的积极性和主动性。

（二）从微观层面提升企业与相关政策的适配度

在低碳转型的过程中，高碳企业是实现中国"双碳"目标的重要着力点，依据前文的实证检验，我国高碳行业目前缺乏碳信息披露的内在动力。对于小规模企业来讲，高质量的碳信息披露成本过高，需要具有充足的资本、人才与科技，其自主披露碳信息的意愿并不高。鉴于我国的基本国情，各行各业的各个企业各有不同，全面提升碳信息披露质量并不存在"统一"的方法和路径，应根据异质性的碳信息披露质量，制定针对性的规制方案和规制力度，从而解决碳信息披露"不充分，不平衡"的现象，如加强高校与中小企业和高碳企业的研发合作，从而为中小企业和高碳企业提升碳信息披露质量提供技术助力；出台细分的政策扶持，按照企业的具体特征阶梯形发放环保补助资金，从而为企业提供资金支持，激发企业高质量披露碳信息的积极性。

第三节　企业层面：完善内控机制强化碳信息披露

企业是碳信息披露的主体，企业的内部控制是决定其碳信息披露水平的关键因素，本节遵循之前章节分析的企业内部源动力机制的理论和实证分析，从企业内部控制出发加强碳信息披露管理。首先，企业要正确认识和把握内外部环境，识别气候变化的风险和机遇，加强碳风险评估与监督机制以规避碳风险。其次，与科技接轨，建立碳排放数据管理系统，把控各个环节的碳排放活动以期降低企业成本。最后，充分利用国家和区域提供的政策和信息，推进全方位信息沟通管理，加强与外部利益相关者的沟通合作，从而提高企业的经济绩效。众所周知，将低碳经济理念融入企业发展战略和内部控制当中有利于优化碳信息披露的内部环境以提升企业核心价值，有利于全面、深入地推动碳减排与碳管理，通过碳信息披露获取核心竞争力，实现经济效益、生态效益和社会效益的多赢，具体思路如图8-5所示。

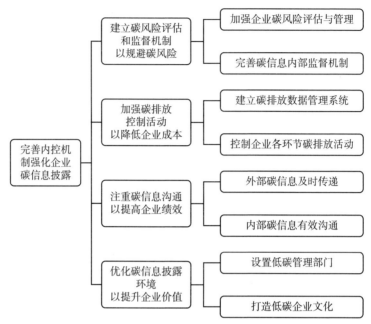

图8-5 完善内控机制强化企业碳信息披露

一、建立碳风险评估和监督机制以规避碳风险

完善的内部治理制度和监督强度可有效提高信息披露的质量。因为良好的公司治理水平是企业履行社会责任的基础，企业在履行应尽的环境责任等社会责任的同时有利于促进经济、社会、环境效益相协调。通过完善的内部治理结构，提高内部监管效率，增进内生源动力，有效缓解企业所有者与管理层之间的代理冲突，降低因信息不对称引发的经营风险，形成企业可持续发展的良好环境，从而促进我国上市企业的碳信息披露进程，有效降低来自企业和行业层面的碳风险。

（一）加强企业碳风险评估与管理

在低碳经济背景下，《联合国气候变化框架公约》明确要求，温室气体减排行动必须"可测量、可报告、可核实"，量化管理并不仅是代表碳减排要科学管理和控制，更是有助于企业发现潜在的碳风险。因此，企业制定碳风险评估和管理办法时，要立足可持续发展目标，积极承担社会责任，及早发现企业潜在的碳风险。

然而，目前我国大部分企业缺乏碳管理的经验，碳排放数据缺失严重。因此，企业应做好碳盘查工作，建立贯穿于研发、设计、生产、仓储、运输、销售、使用、废弃等各个环节的碳排放统计核算体系，对政策风险和利益连带风险加以重点防控，对能源管制风险、上下游转嫁风险、排放总量管制风险加以规避，从而掌握企业自身温室气体排放情况，为发展低碳项目提供依据。

（二）完善企业碳信息披露内部监督机制

在评估过企业的碳风险后，完善的监督机制有助于企业有效规避碳风险，从企业内部监督来说，一方面，要做到完善内部股权的组织架构，通过积极引进外部机构投资者和环境保护独立董事、平衡各股东持股比例等方式优化股权结构，增强大股东与管理层之间的监督，从人员设置方面约束管理者自利行为，进而达到有效监督管理层，完善碳信息披露结构；另一方面，不仅要设置责任人，还需要规范公司人员的职责和权限，包括清晰地划分股东会、董事会和监事会之间的职能，明确地界定碳信息披露责任人和部门的职责，以此提高碳信息披露的可行性和准确性，充分发挥各部门的协调效应，及早切断风险源。

然而，由于不同上市企业对碳信息披露和气候变化的认知存在差异，反映到内部职能部门配置就呈现出较大的差距，所以需要企业通过内部机制把环境保护的理念引入公司章程中，以此规范企业经营行为，促使企业严格履行披露碳信息的环保责任。具体来讲，企业应将碳信息披露纳入业绩考核中，建立激励机制和责任机制相结合的内部控制体系，通过责任与激励并存的治理模式，强化企业整体披露碳信息的意识。其中，责任机制是企业内部职能配置的前提，通过"任务具体明确，责任落实到人"的理念，增强内部人员的整体责任意识，将治理环境的社会责任贯彻到公司经营中。激励机制则是建立在责任机制的基础之上，配合责任机制正常运作的同时对公司内部治理结构起到"锦上添花"的作用，不仅可以实现企业拥有者和经营者效益函数的趋同，将股东与管理层的利益捆绑在一起，还可以调动员工的积极性，以此提高企业内部动力的运转效率，建立企业披露碳信息竞争能力的初步基础。

从外部监督来说，要完善企业碳信息披露鉴证机制。我国目前对企业的年度财务报表有第三方审计的强制要求，有了第三方的鉴证保障，年报的预期使用者可以通过审计单位出具的审计意见对目标企业作出正确的判断和合理的投资决策。同理，为了提高企业自身碳信息的真实性和可靠性，虽然国家对碳信息的第三方审计没有强制要求，但企业可通过独立第三方审计这种保证机制吸引更多的投资者，同时也从侧面证明了企业积极应对全球气候变化和披露碳信息是具有一定意义的。但目前我国很少有企业获得第三方审计机构的审验鉴证，因为要完善企业碳信息披露的审验鉴证机制需要耗费一定的时间成本和人力资源，从短期来看，是一项很难从中获取收益的投资项目。尽管获得高质量的环境信息鉴证能够体现企业积极承担了应对气候变化的社会责任，树立企业环保形象的同时提升了公众对企业的认知度，但对于只追求短期利益的企业而言，该披露项目很难吸引到企业管理层。可见，企业拥有长期发展目标对企业的碳信息披露及鉴证机制有一定的推动作用。此外，随着我国碳排放权交易市场的初步建成，交易市场中更需要真实可信的碳信息来维护市场秩序。因此，政府和相关社会机构有必要发展碳信息披露的鉴证机制，优化市场中的碳信息水平，从而从宏观层面降低来自行业层面的碳风险。

二、实行碳排放控制活动以降低企业成本

目前，我国上市企业实质性碳信息内容是对外披露企业内部信息的一块短板，碳信息的披露方式主要以定性的文字叙述为主流，"节能减排""低碳经济""绿色环保"等字样几乎出现在每一份社会责任报告的碳信息披露中，"擦边"披露碳信息的行为使得很多企业的披露水平相当，这就导致信息需求者可获取的实质性碳信息较少，信息有用性较低。因此，为了提高碳信息披露质量，要做到对碳排放数据进行量化管理，从信息内

容本质着手，完善企业碳信息，将难以对比的文字转化为容易理解的数字，改变信息呈现方式，与其他企业拉开距离，形成本公司的独有实力。

（一）建立碳排放数据管理系统

完整的碳信息披露包括企业应对气候变化的战略和管理、减排的目标和行动、气候变化带来的风险和机遇以及温室气体减排核算、管理和鉴证等方面，但是如何将这些定性概念进行统一的标准量化，并且充分体现行业间、公司间的差异，帮助企业节约能源成本，这就需要公司主动构建和设计碳排放数据管理体系。

构建完善的碳排放数据管理体系，核心是对碳排放数据进行统一核算，及时对企业碳排放情况进行记录和汇总，并加强管理和监督，为企业碳资产管理提供相应的资料和保障。碳排放数据管理体系可由三个模块组成，第一个模块为：关于碳排放的核算和填报模块。此模块需要按照相应行业的温室气体排放核算及报告指南的相关规定进行核算和填列，对企业碳排放情况进行及时、准确的报告，并且对于碳排放源以及碳排放边界，进行详细精准的记录，观察其临界值的变化。另外，还要对相关的记录进行分类汇总和备份，以确保数据资料的安全和有效。第二个模块是碳排放的监测与分析模块。此模块应根据企业年初碳排放的计划，对本期的碳排放情况进行控制和分析，核查企业碳排放情况是否符合预期，若有偏差，应及时分析其原因，并采取相应的措施予以解决。第三个模块是关于核查机构，对于相关部门对企业碳排放情况的核查，企业应积极配合，及时安排核查人员到访，提供相关的数据资料给核查人员，对于核查人员提出的问题给予详细、准确的解答，并将核查情况进行记录，形成核查报告并进行确认。

综上所述，企业积极主动地构建碳排放数据管理系统，方便对碳排放数据进行统计与管理，增强碳信息在行业内的可比性，有效降低能源成本，从而提高企业在碳减排方面的经济效益，为完善碳排放权交易市场提供了有力支持。

（二）控制企业各环节的碳排放活动

企业应根据自己的实际业务，以节能减排、节约成本为中心，对碳排放管理严格把控。企业的研发、采购、生产、销售等一系列业务应以低碳环保为宗旨，通过运用监督评价机制，及时掌握节能减排的实际情况，从源头上进行低碳管理，避免走"先发展、再治理"的老路，达到低碳、绿色、可持续发展的目标。为提高企业碳管理的意识，全方面降低能源成本，企业可在各环节加入碳排放管理模块。

例如，在财务方面做好碳预算的管理工作，在日常管理中及时淘汰不符合环保的设备，在科技方面加快研发低碳技术，例如，与高校或科研院合作开发相关技术，加强与环保组织或第三方机构之间的合作，第三方机构不仅会对企业预算表内的量化信息进行审计，也会审计预算表外的描述性信息，以确保企业碳信息披露的真实性，企业也可以通过第三方机构的合作去发现企业所存在的问题，这样才能更具有针对性地去解决企业的碳信息披露问题。

此外，企业在低碳发展过程中，可通过与上下游企业共同合作从而获得行业竞争优势。企业不仅要从自身生产运营环节中寻找低碳经济的切入点，同时也要积极带动上下游企业合作披露碳信息。通过大力开发低碳生产技术，提升企业自身的节能减排能力和碳信息披露水平，然后带动整条价值链的低碳技术合作，进一步加强价值链上各企业披露碳信息的能力，在促进价值链企业碳信息披露协作的同时实现产业链碳信息披露质量的一体化。

三、注重碳信息沟通以提高企业绩效

信息沟通是企业实施碳信息披露的重要条件，企业应及时准确地收集、整理、传递与内部控制有关的各项信息，以保证信息能够在公司内部、公司与外部之间进行顺畅有效的传递。企业的碳信息披露会受到外部和内部多种因素的影响（见图8-6），这些信息沟通会对企业的碳信息披露产生动力和阻力，因此，企业应加强信息沟通的全方位管理，从而提升企业绩效，促进企业健康可持续发展。

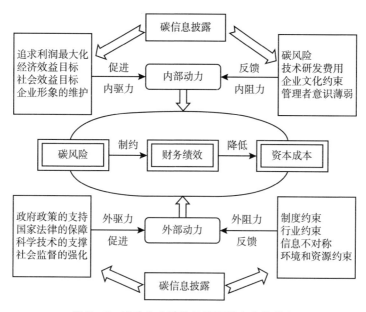

图 8-6　影响企业碳信息披露的全方位信息

（一）外部信息及时传递

国家政策的支持、法律的保护、技术的支撑、社会的监督会影响企业碳信息披露，企业捕捉到相关信息时，应及时沟通传递，审时度势，努力把握低碳经济所蕴含的发展机遇和巨大的利润增长空间。根据政策导向，捕捉国家对环保节能产业、清洁能源等领域在财政、信贷等方面的机会，从低碳化转型中受益，增强低碳竞争力。当然，企业在低碳发展过程中，可能也会遇到相关阻力，包括制度约束、行业约束、资源和环境约束等，此时，企业更应及时进行信息沟通，努力规避低碳风险，化解相关阻力。例如，在政府监管严格时，企业为避免因违反环保政策而带来的惩罚，会披露更多的碳信息。基于再融资的动机，企业想得到资本市场上债权人和投资者的认可，此时企业会主动披露高质量的碳信息，以降低投资者和债权人等利益相关者和企业之间的信息不对称，提高信息透明度，从而降低其外部融资成本，最终实现提高企业绩效的目的。

此外，在对外部信息充分解读和及时传递之余，企业应大力提高碳信息披露能力，依靠低碳科技创新打造低碳产业链，减少对环境的污染，加大环境承载力，培育新的利润增长点，提高市场竞争力和经济效益。同时，企业应加强利益相关者间的合作与交流，开展低碳生活推广活动。通过研究各经济体间合作的互补性、融合性，在低碳战略上开展一些重大联合攻关项目，并及时披露传递相关碳信息，提升企业形象，获得相关支持，从而推动企业进入低碳可持续发展的良性循环。

（二）内部信息有效沟通

企业应将"经济社会环境效益协调发展"的概念融入经营理念，将节能减排作为核心目标融入企业经营管理的每个环节，注重经济效益、社会效益和环境效益相统一，真正实现企业高质量可持续发展。

从短期来看，企业发展低碳经济，进行低碳技术研发，会导致研发成本增加，财务负担加重，而且承担一定的风险，可能会遭到一些管理者和员工的质疑和反对，对企业产生负面影响。此时的信息沟通和传递显得非常重要，企业应及时将经营理念、发展战略、暂时面临的问题、解决问题的方案、未来发展前景等相关情况及时传递给每一位内部人员，针对员工的反馈意见及时沟通，并采取相应的解决措施，完善碳管理制度。

从长期看，企业进行低碳发展，有利于增加员工的社会责任感，树立企业良好的低碳形象，同时适当规避碳风险，增加投资者和债权人的预期和信心，从而降低资本成本。另外，由于企业开展节能减排，资源循环利用，可适当降低经营成本，资本成本和经营成本的降低会相应增加企业盈利水平，使财务绩效得以提升。因此，企业应将相关信息在企业内部进行充分的传递和沟通，让员工看到企业低碳发展的预期收益，提高员工士气，使企业走上低碳可持续发展之路。综上所述，将外部信息和内部信息在企业进行传递和沟通，可及时有效化解暂时遇到的阻力，规避经营财务风险，降低企业资本成本，提升财务绩效，激励员工士气，全方位形成合力促进企业进行碳信息披露。

四、优化碳信息披露内部环境以提升企业价值

内部环境是企业建立与实施低碳管理内部控制的重要基础，主要包括机构设置及权责分配、内部审计、人力资源政策、公司文化等相关内容。内部环境是公司软实力的重要体现，良好的内控环境将在很大程度上促进碳信息披露，提升企业价值。

（一）设置专门的低碳管理部门

职能及岗位设置的有序性是良好内部环境的根本保障。而专门的低碳管理部门可以有效体现公司可持续发展战略的意图。为了从低碳环保方面提升企业在资本市场中的竞争优势和发展能力，企业应当组建低碳管理部门和人员团队，专门负责企业的碳信息披露工作，并制订碳减排计划和方案，设立碳绩效考核体系，监督企业碳排放情况，形成企业内部独立的监管制度，同时完善有关碳减排的流程体系，真正地将"低碳"纳入战略管理目标，集中化向企业传播低碳经济理念，使碳信息披露工作不但有方向性和针对性，更有实质性和建设性。

首先，应当明确低碳管理部门的工作范围、岗位职责和管理权限，构建独具特色的企业碳治理结构与制衡机制，充分发挥其对碳减排、碳治理等碳活动工作的监督和管理作用，提高企业减排战略决策的科学性和可行性。其次，通过赋予其一定的碳活动管理权和决策权，有效保证碳管理工作顺利开展，强化企业积极披露碳信息的内部动力机制，从而逐步提高企业节能减排的能力，在改善碳信息披露水平的同时提升企业碳绩效。最后，制定实施碳减排项目和碳减排项目完成后的审查，例如，对环境有影响的碳项目立项评估、项目实施过程中的跟进和定期检查以及项目完成后的评价与审核，监察碳信息披露的情况，确保企业披露高质量的碳信息。

完善的低碳管理部门和专业的低碳管理人员，可确保企业其他各部门与低碳管理部门之间在碳活动实施和管理上的沟通和传达能够顺畅运行，

同时通过低碳管理部门和人员的监督指导和反馈管理，保证了企业各部门碳信息披露工作的质量，以便企业能够根据内部披露情况对碳管理工作作出适当调整，进一步构建科学合理的碳信息披露体系。此外，结合企业内部各部门的工作反馈情况及时捕捉市场动态和投资者心理变化，披露利益相关者更需要的碳信息，在满足利益相关者需求的同时促使企业获得更多额外的经济效益。

（二）打造低碳环保的企业文化

企业文化象征着一个公司的生命力，同时也代表着企业坚定的理想信念和核心价值观。企业将低碳环保理念注入企业文化中，并作为对内培养和宣传的重点建设项目，不仅可以强化各级员工的低碳环保意识，还可以增强企业内部低碳环境建设，从企业做起，从而推动行业的低碳经济发展，达到经济效益、环境效益、社会效益多赢的发展局面。

企业管理层要注重树立低碳文化理念，形成正确的低碳发展观，将节能减排理念纳入企业总体低碳减排的清单中。此外，企业通过转变经营理念，倡导低碳环保的企业文化，逐渐树立起绿色低碳的品牌形象，向社会公众展现出绿色低碳的文化理念。由此形成由低碳环保企业文化发起的内外部联动机制，通过企业对外展现的绿色低碳形象，一方面可以提升投资者信心，获取投资，促进市场价值的增值；另一方面也有利于提高消费者对企业的认可度，让消费者更看好企业，通过这两条途径来获取竞争优势，进一步增强企业的竞争力，从而提升企业整体核心价值，促进企业碳信息披露。

第四节　本章小结

本章主要根据前面的理论和实证分析，研究如何构建国家引导、区域推动、企业主导三位一体的综合动力机制。

国家方面：构建长效机制以引导企业碳信息披露。首先，通过制定相关法律法规，构建规范的碳信息披露标准和框架，增强企业碳信息披露的可比性，从而完善企业碳信息披露制度的总体设计。其次，通过建立监管机制和奖惩机制，在法律的保障下给予低碳企业政策补贴，严惩超额碳排放企业，从而提升政府对碳信息披露的监管作用。最后，政府应加强培养碳会计专业人才，以规范企业碳信息披露行为，助推企业低碳转型。

区域方面：建立协调发展机制以推动企业碳信息披露。一方面，通过建立区域分工协作来优化低碳产业协同管理，打造区域碳信息披露平台，以此推进企业碳信息披露。另一方面，促进区域间碳资源要素自由流动，构建区域低碳经济一体化发展体系，加强区域内碳资源要素配置效率，促进企业主动披露碳信息。此外，根据目前我国不同地域碳信息披露存在较大差异的现状，应通过建立区域协调发展基金和地方政府工作绩效评价机制，完善区域间低碳管理的利益分配机制和竞争机制，激励区域间形成既竞争又合作的低碳发展局面。

企业方面：完善企业内部控制机制以强化企业碳信息披露。第一，通过完善内部治理制度，加强碳风险的评估管理以规避来自行业和企业层面的碳风险。第二，运用计算机技术建立碳排放数据管理系统来控制企业各生产环节的碳排放活动，从而降低生产成本。第三，在及时获取外部信息的同时有效利用内部信息，促进信息全方位沟通，从而提升企业绩效。第四，设置专门的低碳管理部门，使低碳文化融入企业文化中，优化企业内部环境，从而形成企业独特的竞争优势，以此提升企业价值，促进企业碳信息披露。

综上所述，本章综合空间异质性特征和企业碳信息披露动力机制，以企业碳信息披露为核心，以国家和区域为两翼，从政府机制、区域机制、企业内控机制三个维度，构建国家引导、企业主导、区域推动的综合动力机制，对促进企业碳信息披露提出相关建议。

第九章　研究结论与展望

我国当前正处于"十四五"规划的重要时期，国家对于低碳环保又提出了许多新要求、新任务、新目标。此外"十四五"规划正是我国实现碳达峰的攻坚期，要以抓铁有痕的劲头扎实推进 2030 年碳达峰计划的实现。碳信息披露作为揭示企业节能减排、低碳管理能力、环境保护意识的有力工具，与企业、社会、国家甚至全球的发展都有着紧密的联系。因此，提升企业的低碳环保意识，更好的落实节能减排政策，对于碳信息披露的研究就显得尤为重要。

第一节　研究结论

碳信息披露研究是生态文明建设的重要内容。研究碳信息披露不仅为政府部门完善环境监管体系提供参考依据，也可为促进企业碳信息披露质量提供启发和思路。本书通过收集、整理大量碳信息披露相关文献，以理论作为依撑，结合环境、制度、市场等条件，运用多种方法，全面深入地探索了碳信息披露的内在机理和外部驱动因素，并考虑空间异质性的影响，结合理论进行实证检验，最终形成以下几个结论：

1. 碳信息披露内部源动力因素之间不仅存在单向影响关系，同时具有双向互动的循环关系

本书通过相关的理论及模型推导，分析了碳信息披露的主要内部源动力因素之间的关联性、传导性和互动性，并构建了"碳信息披露→规避碳风险→降低资本成本→提高财务绩效→提升企业价值→进一步推动碳信息披露"的循环系统。为了证明以上理论推导的科学性，课题选取 2015 ~ 2019 年在沪深上市的重污染行业 A 股上市企业作为样本进行实证研究，结果显示，碳信息披露质量对碳风险、债务资本成本有显著负向作用，即碳信息披露质量较高的企业，其碳风险和债务资本成本均会有所降低，高质量的碳信息披露有利于控制碳风险，向资本市场中资金持有者传递积极信息，以此降低债务融资成本。另外，研究发现碳信息披露对财务绩效有正向影响，即碳信息披露水平的提高会缓解融资压力，促进财务绩效的提升。研究结果证实上述理论分析具有合理性和有效性。

2. 提高碳信息披露质量有助于提升企业价值

高质量的碳信息披露有利于企业控制碳风险，降低债务融资成本，促进财务绩效的提高，从而提升企业价值。本书基于 2015 ~ 2019 年在沪深上市的重污染行业 A 股上市企业的样本，采用双向固定效应模型，以资本成本为中介变量，采用中介效应模型进行分析。结果显示，碳信息披露质量与企业价值显著正相关，与资本成本显著负相关，说明提高重污染企业的碳信息披露质量有助于提升企业价值、降低企业的资本成本。另外，资本成本在碳信息披露质量对企业价值的影响中存在部分中介效应，这意味着企业碳信息披露对企业价值的影响可以通过降低企业的资本成本来实现，即降低资本成本的同时能够提升企业价值。

3. 企业价值的提高反过来又影响企业碳信息披露质量

本书通过理论和实证检验发现，企业价值越高的公司，其碳信息披露质量越高。本书基于 2015 ~ 2019 年在沪深上市的重污染行业 A 股上市企业的样本数据，采用内容分析法，运用双向固定效应模型进行了实证检验。研究结果表明，企业价值正向影响碳信息披露质量，即随着企业价值的提升，碳信息披露质量也会随之提升。而且进一步研究发现，在不同的市场化水平下，企业价值与碳信息披露质量的关系会有所不同。在高市场化水平地区，具备完善的资本市场和良好的经济基础，企业价值对碳信息披露的正面影响更为显著。

4. 我国碳信息披露存在较为明显的空间异质特征

本书从空间异质的角度出发，设置了自然禀赋、经济发展水平及监管力度三类一级空间异质指标，并进一步根据其特征具体划分为自然资源、地理位置、产业聚集、市场化程度、政府管制、媒体监督六类二级空间异质指标。通过理论和实证方面的研究，探讨了不同空间异质性条件下企业碳信息披露的情况。研究表明，在政府监管力度大的区域，企业碳信息披露质量越高。同时，企业离政府监管部门地理距离越远，其碳信息披露质量水平越低。此外，不同地域之间企业的碳信息披露具有较大的差异，经济发展水平与环境规制对于省域碳信息披露水平存在显著的空间溢出效应。

第二节　不足与展望

"碳信息披露"作为低碳经济背景下一个重要的研究论题，受到国内外众多学者的关注，本书也围绕该论题在理论机制和实证分析层面进行了探索性研究，试图构建促进企业碳信息披露的协调发展机制，以突破相关量化研究匮乏及实证研究方法创新不足的缺陷。尽管本书在碳信息披露的驱动机制等方面做了一些较为系统的探讨，但是由于我国企业碳信息披露目前仍主要采用自愿性碳信息披露的方式，尚未形成统一的标准和范式，而且每个企业的低碳化建设不同步，使得本书尚存在许多不足与局限，针对以下方面，本书认为尚待进一步深入探究。

1. 样本数据有待进一步扩充

由于我国碳信息披露起步较晚，国内企业碳信息披露存在结构散乱、行业差异大、披露质量不高等特点，使得碳信息披露数据的可获得性和可靠性较低。本书数据多源于企业年报、社会责任报告等手工收集的资料，未披露的关键信息难以获得，可能存在一定疏漏。样本数据在剔除了不合适的企业后，总体样本体量相对较小，使得行业选择和数据来源具有一定局限性。其中关于碳信息披露的大量实证检验大多以碳信息披露项目调查数据为研究对象，共同存在的样本和数据的局限性可能会影响研究结论的普适性。以期在未来的研究中借助大数据挖掘工具、网络平台和媒体披露的碳信息作为数据来源的突破点，扩大样本范围，获取关键信息及更广泛的数据，使研究更为全面和完整。

2. 研究范围有待进一步拓宽

本书构建的企业碳信息披露动力机制，主要对我国重污染行业进行了实证检验，本书的研究对于重污染行业，尤其是钢铁、化工等行业具有一定的参考价值，但研究结果是否同样适用于中国的非污染行业的上市企业或者其他小规模企业，还有待进一步论证。这对于全面、准确理解中国各行各业中的企业碳信息披露动机可能是一个局限。以后的研究可以考虑将样本扩大到中国所有的上市企业并细分重污染行业，拓宽研究范围。还可将重污染行业与非重污染行业的数据进行对比，如在时间上进行划分，探讨碳信息披露短期、中期以及长期的价值影响。由于信息传递存在一定的滞后性，所以利益相关者可能无法在当期作出准确的回应，在今后的讨论中可以加入对碳信息披露影响的跨期性考虑，以更好的分析碳信息披露的动机和经济后果，使得研究结论更具科学性和普适性。另外，本书大多基于经济管理领域开展研究，对于其他领域的研究资料较为匮乏，对碳信息披露水平给企业带来的影响缺乏多角度全方位地系统研究，有待进一步地扩展和深化。

3. 碳信息披露评价体系有待进一步优化

由于国内外相关研究对企业碳信息披露质量的评价方式各不相同，并没有形成一个权威的评价体系，本书借鉴国内外学者相关研究成果，采用多种方式衡量企业碳信息披露，但是在指标选取、样本评价、评分标准设置以及信息收集等过程中，不可避免地存在一定的主观性，使得碳信息披露水平的客观评价存在一定的困难，另外缺乏碳信息披露的统一评价标准也会使现实中碳排放核算、监测缺乏可比性，不利于对碳信息披露的研究。今后的研究可在碳信息披露标准和评价体系方面做进一步研究和探索，内容包括但不限于碳排放绩效指标、气候变化给企业带来的风险与机遇信息、碳管理情况、温室气体排放情况等，借鉴国内外权威学者的研究方法，构建科学规范的衡量与评价标准，为碳信息披露提供统一规范的指标数据支撑，从而降低评价的主观性，增强研究的说服力。

    总之，关于碳信息披露的研究仍有许多值得深入探讨和学习的地方，碳信息披露的规范化、制度化的道路任重而道远，需要中外学者不断探索，对相关理论和实证研究加以完善。除此之外，也需要社会各界共同参与践行低碳理念，如政府相关部门加强碳排放监管惩戒力度，企业自觉提高碳信息披露质量，大众媒体发挥低碳宣传导向作用，加大信息传播力度，提升公众在低碳事业中的参与积极性等。在低碳经济的大背景下，如何更好实现节能减排，加强碳管理，推动企业主动披露碳信息，仍是未来需要进一步研究的课题。

参 考 文 献

［1］CDP 环球. CDP 气候变化报告 2017［R］. 2017.

［2］CDP 环球. CDP 中国报告 2018［R］. 2019.

［3］蔡海静，吴扬帆，周畅. 政府环境规制强度对企业碳信息披露的影响——基于董事会独立性视角［J］. 财会月刊，2019（24）：83 - 89.

［4］蔡荣生，刘传扬. 碳排放强度差异与能源禀赋的关系——基于中国省际面板数据的实证分析［J］. 烟台大学学报（哲学社会科学版），2013，26（1）：104 - 110.

［5］常莹莹，曾泉. 环境信息透明度与企业信用评级——基于债券评级市场的经验证据［J］. 金融研究，2019（5）：132 - 151.

［6］陈承，王宗军，叶云. 信号理论视角下企业社会责任信息披露对财务绩效的影响研究［J］. 管理学报，2019，16（3）：408 - 417.

［7］陈华，刘婷，张艳秋. 公司特征、内部治理与碳信息自愿性披露——基于合法性理论的分析视角［J］. 生态经济，2016（9）：52 - 58.

［8］陈华，王海燕，陈智. 公司特征与碳信息自愿性披露——基于合法性理论的分析视角［J］. 会计与经济研究，2013（4）：30 - 42.

［9］陈华，王海燕，荆新. 中国企业碳信息披露：内容界定、计量方法和现状研究［J］. 会计研究，2013（12）：18 - 24 + 96.

［10］陈华. 上市公司碳信息自愿性披露影响因素研究［M］. 北京：经济科学出版社，2015.

［11］陈敏，杜才明. 委托代理理论述评［J］. 中国农业银行武汉培训学院学报，2006（6）：76 - 78.

［12］陈扬，许晓明，谭凌波. 组织制度理论中的"合法性"研究述

评 [J]. 华东经济管理, 2012, 26 (10): 137 – 142.

[13] 醋卫华, 李培功. 媒体监督公司治理的实证研究 [J]. 南开管理评论, 2012, 15 (1): 33 – 42.

[14] 崔秀梅, 李心合, 唐勇军. 社会压力、碳信息披露透明度与权益资本成本 [J]. 当代财经, 2016 (11): 117 – 129.

[15] 杜湘红, 杨佐弟, 伍奕玲. 长江经济带企业碳信息披露水平的省域差异 [J]. 经济地理, 2016, 36 (1): 165 – 170.

[16] 杜子平, 李根柱. 碳信息披露对企业价值的影响研究 [J]. 会计之友, 2019 (16): 66 – 70.

[17] 樊霞. 企业绩效与碳信息披露相关性研究 [D]. 太原: 山西财经大学, 2016.

[18] 范坚勇, 赵爱英. 企业碳信息披露的现状及问题分析 [J]. 会计之友, 2018 (9): 44 – 47.

[19] 方健, 徐丽群. 信息共享、碳排放量与碳信息披露质量 [J]. 审计研究, 2012 (4): 105 – 112.

[20] 冯根福. 双重委托代理理论: 上市公司治理的另一种分析框架——兼论进一步完善中国上市公司治理的新思路 [J]. 经济研究, 2004 (12): 16 – 25.

[21] 付俊文, 赵红. 利益相关者理论综述 [J]. 首都经济贸易大学学报, 2006 (2): 16 – 21.

[22] 高美连, 石泓. 碳信息披露影响因素实证研究——来自制造业上市公司的经验证据 [J]. 财会通讯, 2015 (3): 90 – 93.

[23] 韩金红, 曾晓. 碳信息披露与股权融资成本——基于 2011 ~ 2015 年《CDP 中国百强气候变化报告》[J]. 财会月刊, 2018 (10): 108 – 115.

[24] 何丽敏, 刘海波, 张亚峰. 知识产权保护与经济水平对技术创新的作用机制研究 [J]. 科技进步与对策, 2019, 36 (24): 136 – 142.

[25] 何瑛, 张大伟. 2015. 管理者特质、负债融资与企业价值 [J]. 会计研究, 8.

［26］何玉，唐清亮，王开田．碳绩效与财务绩效［J］.会计研究，2017（2）：76－82＋97.

［27］何玉，唐清亮，王开田．碳信息披露、碳业绩与资本成本［J］.会计研究，2014（1）：79－86.

［28］黄丽珠．财务绩效对碳信息披露影响的实证研究——基于我国高碳排放行业［D］.南京：南京财经大学，2014.

［29］黄珊珊，武建国．媒体话语中的重新语境化与改适转换——以"彭宇案"为例［J］.华南理工大学学报（社会科学版），2012，14（4）：74－81.

［30］贾生华，陈宏辉．利益相关者：新经济时代的管理哲学［J］.软科学，2003（17）：39－46.

［31］贾生华，陈宏辉．利益相关者的界定方法述评［J］.外国经济与管理，2002（5）：13－18.

［32］李朝芳．环境责任、组织变迁与环境会计信息披露——一个基于合法性理论的规范研究框架［J］.北京理工大学学报，2010（6）：96－101.

［33］李丹丹，刘锐，陈动．中国省域碳排放及其驱动因子的时空异质性研究［J］.中国人口·资源与环境，2013，23（7）：84－92.

［34］李端生，贾雨．碳排放权交易的会计确认、计量与信息披露［J］.会计之友，2014（33）：33－36.

［35］李慧云，符少燕，高鹏．媒体关注、碳信息披露与企业价值［J］.统计研究，2016，33（9）：63－69.

［36］李慧云，刘镝．市场化进程、自愿性信息披露和权益资本成本［J］.会计研究，2016（1）：71－78＋96.

［37］李慧云，石晶，李航，等．公共压力、股权性质与碳信息披露［J］.统计与信息论坛，2018（8）：94－100.

［38］李建豹，黄贤金，吴常艳，周艳，徐国良．中国省域碳排放影响因素的空间异质性分析［J］.经济地理，2015，35（11）：21－28.

［39］李力，刘全齐，唐登莉．碳绩效、碳信息披露质量与股权融资

成本［J］.管理评论，2019，31（1）：221 –235.

　　［40］李力，刘全齐.新闻报道、政府监管对企业碳信息披露的影响［J］.贵州财经大学学报，2016（3）：30 –39.

　　［41］李力，杨园华，牛国华，等.碳信息披露研究综述［J］.科技管理研究，2014，34（7）：234 –240.

　　［42］李梦雅，严太华.风险投资、技术创新与企业绩效：影响机制及其实证检验［J］.科研管理，2020，41（7）：70 –78.

　　［43］李冕.碳会计信息披露影响因素研究——以采矿业上市公司为例［D］.山东财经大学，2016.

　　［44］李强，冯波.环境规制、政治关联与环境信息披露质量——基于重污染上市公司经验证据［J］.经济与管理，2015，29（4）：58 –66.

　　［45］李霞.我国二氧化碳排放区域差异研究——基于 IPCC 碳排放核算方法［J］.国土与自然资源研究，2013（2）：63 –65.

　　［46］李心合.面向可持续发展的利益相关者管理［J］.当代财经，2001（1）：66 –70.

　　［47］李雪婷，宋常，郭雪萌.碳信息披露与企业价值相关性研究［J］.管理评论，2017（12）：175 –184.

　　［48］李艳华.我国上市公司碳信息披露的现状及建议［J］.商业会计，2013（18）：70 –71.

　　［49］林银良，张白玲.碳会计核算体系构建探讨［J］.财会通讯，2011（25）：28 –30.

　　［50］刘东晓，彭晨宸.政府监管、碳信息披露与融资约束［J］.财会通讯，2018（27）：17 –23 +129.

　　［51］刘会芹.碳排放权分配、确认及计量——基于产权会计理论视角［J］.会计之友，2015（6）：65 –68.

　　［52］刘金芹，荣云松.碳信息价值研究文献综述［J］.会计之友，2014（4）：23 –24.

　　［53］刘叶容.碳信息披露研究：国内外研究综述［J］.商业会计，2013（21）：76 –77.

［54］刘有贵，蒋年云．委托代理理论述评［J］．学术界，2006（1）：69 － 78.

［55］刘江会，顾雪芹，王海之．媒体评选"明星高管"具有改善公司绩效的作用吗？［J］．证券市场导报，2019（03）：34 － 42.

［56］柳学信，杜肖璇，孔晓旭，等．碳信息披露水平、股权融资成本与企业价值［J］．技术经济，2021，40（8）：116 － 125.

［57］龙小波，吴敏文．证券市场有效性理论与中国证券市场有效性实证研究［J］．金融研究，1999（3）：54 － 59.

［58］吕牧．企业碳信息披露、资本成本与综合绩效研究［D］．北京：首都经济贸易大学，2017.

［59］罗云芳．林业企业碳会计信息披露质量影响因素分析——基于碳汇视角［J］．财会通讯，2019（10）：27 － 31.

［60］马天一，李明娟．自愿性碳信息披露对公司绩效影响的实证研究［J］．现代商业，2021（5）：129 － 132.

［61］马仙．碳信息披露质量与公司绩效的相关性分析［J］．财会通讯，2015，15：72 － 74.

［62］马忠民，元正辉，周珍珍，等．碳信息披露、会计稳健性与资本成本——基于 A 股上市公司的实证研究［J］．财会通讯，2017（34）：10 － 14.

［63］美国世界资源研究所．世界资源手册（1992 － 1993）．北京：中国环境科学出版社，1993.

［64］孟晓俊，肖作平，曲佳莉．企业社会责任信息披露与资本成本的互动关系——基于信息不对称视角的一个分析框架［J］．会计研究，2010（9）：25 － 29 ＋96.

［65］彭薇，冯邦彦．经济学关于空间异质性的研究综述［J］．华东经济管理，2013，27（3）：155 － 160.

［66］戚啸艳．上市公司碳信息披露影响因素研究———基于 CDP 项目的面板数据分析［J］．学海，2012（3）：49 － 53.

［67］齐萱．中国上市公司自愿性会计信息披露诸观点的梳理与评价

[J]. 现代财经（天津财经大学学报），2009，29（1）：73－78.

[68] 沈洪涛，冯杰 . 舆论监督、政府监管与企业环境信息披露 [J].会计研究，2012（2）：72－78＋97.

[69] 沈洪涛，黄珍，郭肪汝 . 告白还是辩白——企业环境表现与环境信息披露关系研究 [J]. 南开管理评论，2014，17（2）：56－63

[70] 沈洪涛，李余晓璐 . 我国重污染行业上市公司环境信息披露现状分析 [J]. 证券市场导报，2010（6）：51－57.

[71] 宋晓华，蒋潇，韩晶晶，等 . 企业碳信息披露的价值效应研究——基于公众压力的调节效应 [J]. 会计研究，2019（12）：78－84.

[72] 苏慧，张济建 . 碳披露规制下企业碳减排项目投资决策分析 [J]. 财会月刊，2018（3）：41－47.

[73] 孙玮 . 企业财务绩效与碳信息披露关系研究 [D]. 北京：北京林业大学，2013.

[74] 孙永彩，蔡亮，吕晓明等 . 低碳经济环境下廊坊市企业社会责任审计模式的构建 [J]. 北华航天工业学院学报，2016，26（6）：44－46.

[75] 孙峥，王跃堂 . 资源配置与盈余操纵之实证研究 . 财经研究 [J].1999，4：3－10.

[76] 谭中明，刘杨 . 对碳资产财务会计处理的探讨 [J]. 商业会计，2017，475（31）：51－52.

[77] 唐久芳，李启平 . 低碳经济模式下环境信息披露的实证研究——以湖南上市公司为例 [J]. 产经评论，2010（6）：85－92.

[78] 唐勇军，赵梦雪，王秀丽，等 . 法律制度环境、注册会计师审计制度与碳信息披露 [J]. 工业技术经济，2018（4）：148－155.

[79] 佟孟华，许东彦，郑添文 . 企业环境信息披露与权益资本成本——基于信息透明度和社会责任的中介效应分析 [J]. 财经问题研究，2020（2）：63－71.

[80] 万建华，戴志望，陈建 . 利益相关者管理 [M]. 北京：海天出版社，1998.

［81］王金月．企业碳信息披露：影响因素与价值效应研究［D］．天津：天津财经大学，2017.

［82］王攀娜．关于我国上市公司碳信息披露的分析与思考［J］．财务与会计，2014（1）：28－29.

［83］王新媛．基于媒体关注度的碳风险对企业债务成本的影响分析——来自我国 A 股上市公司的经验证据［J］．技术经济，2020，39（4）：95－102＋131.

［84］王芸，洪碧月．价值法与事项法相结合：碳信息披露新方式［J］．会计之友，2016（20）：25－27.

［85］王志亮，郭琳玮．我国企业碳披露现状调查与改进建议［J］．财会通讯，2015（16）：27－32＋4.

［86］王仲兵，靳晓超．碳信息披露与企业价值相关性研究［J］．宏观经济研究，2013（1）：86－90.

［87］王仲兵．商业模式与会计信息质量——基于创业板与中国概念股事件的视角［J］．中国注册会计师，2012（3）：103－107.

［88］王竹泉，段丙蕾，王苑琢，等．资本错配、资产专用性与公司价值——基于营业活动重新分类的视角［J］．中国工业经济，2017（3）：120－138.

［89］魏玉平，杨梦．企业碳信息披露：现状、问题及对策——基于 2015 年深市上市公司年报的统计分析［J］．财会通讯，2017（10）：110－114＋4.

［90］温素彬，方苑．企业社会责任与财务绩效关系的实证研究——利益相关者视角的面板数据分析［J］．中国工业经济，2008（10）：150－160.

［91］温素彬，周鎏鎏．企业碳信息披露对财务绩效的影响机理——媒体治理的"倒 U 型"调节作用［J］．管理评论，2017，29（11）：183－195.

［92］温雅丽，廖艳，王杰．基于低碳农业的公司特征与碳信息披露质量研究［J］．农业经济，2019（7）：114－116.

［93］温忠麟，叶宝娟．中介效应分析：方法和模型发展［J］．心理科学进展，2014，22（5）：731－745.

［94］吴勋，徐新歌．公司治理特征与自愿性碳信息披露——基于CDP中国报告的经验证据［J］．科技管理研究，2014（18）：45－64.

［95］向凯．上市公司自愿性信息披露行为动因的经济学分析［J］．财会通讯，2004（5）：13－16.

［96］项苗．影响中国企业碳信息披露因素的思考［J］．财会研究，2012（16）：57－59＋68.

［97］肖丁丁，田文华．复合型碳减排机制下企业低碳技术创新战略的博弈分析［J］．中国科技论坛，2017（9）：105－113.

［98］谢良安．企业碳信息披露路径的分析比较［J］．财会月刊，2013（6）：111－113.

［99］辛琳．信息不对称理论研究［J］．嘉兴学院学报，2001（3）：38－42.

［100］闫明杰．碳会计的会计体系构建探究［J］．商业会计，2011（7）：7－9.

［101］杨惠贤，郑肇侠．区域对企业碳信息披露水平的影响研究［J］．西安石油大学学报（社会科学版），2017，26（2）：23－29.

［102］杨洁，乔宇洁．媒体监督、碳信息披露质量与代理成本——基于我国高碳行业上市公司的经验证据［J］．吉林工商学院学报，2021，37（3）：52－60.

［103］杨洁，乔宇洁．我国企业碳信息披露的现状分析［J］．黑龙江工业学院学报（综合版），2021，21（6）：110－117.

［104］杨洁，乔宇洁．债务融资成本、碳信息披露对融资约束的作用研究［J］．福建江夏学院学报，2022，12（4）：34－44.

［105］杨洁，张茗，刘运材．碳信息披露、环境监管压力与债务融资成本——来自中国A股高碳行业上市公司的经验数据［J］．南京工业大学学报（社会科学版），2020，19（6）：86－98＋112.

［106］杨洁，张茗，刘运材．碳信息披露如何影响债务融资成本——

基于债务违约风险的中介效应研究 [J]. 北京理工大学学报（社会科学版），2020，22（4）：28 - 38.

[107] 杨璐，吴杨，唐勇军，等. 公司治理特征与碳信息披露——基于 2012 - 2014 年 A 股上市公司的经验证据 [J]. 财会通讯，2017（3）：20 - 25.

[108] 杨瑞龙，周业安. 论利益相关者合作逻辑下的企业共同治理机制 [J]. 中国工业经济，1998（1）：38 - 45.

[109] 杨兴全，张丽平，吴昊旻. 市场化进程、管理层权力与公司现金持有 [J]. 南开管理评论，2014，17（2）：34 - 45.

[110] 姚淙旭. 上市公司环境信息披露水平对财务绩效的影响研究 [D]. 西安：西安理工大学，2020.

[111] 姚圣，杨洁，梁昊天. 地理位置、环境规制空间异质性与环境信息选择性披露 [J]. 管理评论，2016，28（6）：192 - 204.

[112] 叶陈刚，裘丽，张立娟. 公司治理结构、内部控制质量与企业财务绩效 [J]. 审计研究，2016（2）：104 - 112.

[113] 叶陈刚，王孜，武剑锋，等. 外部治理、环境信息披露与股权融资成本 [J]. 南开管理评论，2015，18（5）：85 - 96.

[114] 游春晖. 环境信息披露、市场化进程与企业价值——来自中国化学制品行业上市公司的经验证据 [J]. 中国注册会计师，2014（2）：53 - 57.

[115] 袁子鼎. 能源企业碳绩效、碳信息披露对企业绩效的影响 [D]. 西安：西安科技大学，2020.

[116] 苑泽明，王金月，李虹. 碳信息披露影响因素及经济后果研究 [J]. 天津师范大学学报（社会科学版），2015（2）：67 - 72.

[117] 曾晓，韩金红. 碳信息披露、行业性质与企业价值——基于 2012 - 2014 年 CDP 中国报告的实证研究 [J]. 财会通讯，2016（18）：38 - 41.

[118] 张长江，施宇宁，张龙平. 绿色文化、环境绩效与企业环境绩效信息披露 [J]. 财经论丛，2019（6）：83 - 93.

［119］张静．低碳经济视域下上市公司碳信息披露质量与财务绩效关系研究［J］．兰州大学学报（社会科学版），2018，46（2）：154－165．

［120］张璐．碳排放权交易会计确认与计量方式研究——基于低碳发展视角［J］．财会学习，2018（5）：61－62＋65．

［121］张巧良．碳排放会计处理机信息披露差异化研究［J］．当代财经，2010（4）：110－115．

［122］张淑惠，史玄玄，文雷．环境信息披露能提升企业价值吗？——来自中国沪市的经验证据［J］．经济社会体制比较，2011（6）：166－173．

［123］张薇，伍中信，王蜜，等．产权保护导向的碳排放权会计确认与计量研究．会计研究．2014（3）：88－94．

［124］张玮．环境信息披露的市场反应研究［D］．上海：复旦大学，2008．

［125］张玮婷，王志强．地域因素如何影响公司股利政策："替代模型"还是"结果模型"？［J］．经济研究，2015，50（5）：76－88．

［126］张亚洲．内部控制有效性、融资约束与企业价值［J］．财经问题研究，2020（11）：109－117．

［127］张言彩．我国碳信息披露现状和存在的问题——对2008～2013年《CDP中国报告》的分析［J］．经营与管理，2014（11）：65－70．

［128］章金霞，白世秀．国际碳信息披露现状及对中国的启示［J］．管理现代化，2013（2）：123－125．

［129］赵选民，李艳芸．公司绩效与碳排放信息披露质量——基于我国上市企业的数据［J］．西安石油大学学报（社会科学版），2013，22（2）：22－27．

［130］赵选民，王晓菲．公共压力与企业碳信息披露——来自中国资源型企业的经验证据［J］．财会月刊，2015（36）：102－106．

［131］赵选民，吴勋．公司特征与自愿性碳信息披露——基于CDP中国报告的经验证据［J］．统计与信息论坛，2014（8）：61－66．

［132］赵选民，严冠琼．企业经营绩效对碳信息披露水平的影响研

究——基于 CDP 中国报告沪市 A 股企业经验数据［J］．西安石油大学学报（社会科学版），2014，23（2）：41－46.

［133］赵选民，张艺琼．公司特征与碳信息披露水平的实证检验——基于沪市 A 股重污染行业的经验证据［J］．财会月刊，2016（8）：15－19.

［134］赵迎春．可持续发展会计模式探析［J］．财会通讯（学术版），2007（9）：111－113＋116.

［135］钟凤英，赵逸夫，盛春光．基于低碳农业视角的企业碳信息披露与财务绩效研究［J］．农业经济，2021（1）：30－32.

［136］周志方，温康，曾辉祥．碳风险、媒体关注度与债务融资成本——来自中国 A 股高碳行业上市企业的经验证据［J］．现代财经（天津财经大学学报），2017，37（8）：16－32.

［137］朱炜，孙雨兴，汤倩．实质性披露还是选择性披露：企业环境表现对环境信息披露质量的影响［J］．会计研究，2019，3：10－17.

［138］Aldrich H. E. , Fiol C. M. Fools Rush in？The Institutional Context of Industry Creation［J］. The Academy of Management Review，1994，19（4）：645－670.

［139］Andrian T. , Sudibyo A. Y. Disclosure Effect of Carbon Emission and Corporate Social Responsibility to Financial Performance［J］. Journal of Economics and Sustainable Development，2019，10（12）：87－94.

［140］Anselin L. Spatial Econometrics：Methods and Models［M］. Berlin and Heidelberg：Springer Netherlands，1988.

［141］Awen. As Frames Collide：Making Sense of Carbon Accounting［J］. Accounting, Auditing & Accountability Journal，2013，24（8）：978－993.

［142］Blair M. , Lynn A. A Team Production Theory of Corporate Law［J］. The Journal of Corporate Law，1999（4）.

［143］Bloomfield R J, Wilks T J. Disclosure Effects in the Laboratory：Liquidity, Depth, and the Cost of Capital［J］. Accounting Review，2000，75

(1): 13 - 41.

[144] Brunsdon, C. E. , Fotheringham, A. S. and Charlton, M. E. , 1999. Some Notes on Parametric Significance Test for Geographically Weighted regression [J]. Journal of Regional Science, 39 (3): 497 - 524.

[145] Busch T. , Wolfensberger C. The Virtue of Corporate Carbon Management [J]. International Journal of Sustainable Strategic Management, 2011, 3 (2): 142 - 157.

[146] Chapple L. , Clarkson P. , Gold D. The Cost of Carbon: Capital Market Effects of the Proposed Emission Trading Scheme (ETS) [J]. Abacus, 2013, 49 (1): 1 - 33.

[147] Charkham. Corporate Governance: Lessons from Abroad [J]. Business Journal, 1992, 4 (2): 8 - 16.

[148] Choi B. B. , Lee D. , Psaros J. An Analysis of Australian Company Carbon Emission Disclosures [J]. Pacific Accounting Review, 2013.

[149] Chris Brunsdon, A. Stewart Fotheringham, Martin Charlton. Some Notes on Paraetric Significance Tests for Geographically Weighted Regression [J]. Journal of Regional Science, 1999, 39 (3): 497 - 524.

[150] Clarkson M. A Stakeholder Framework for Analyzing and Evaluating Corporate Social Responsibility [J]. The Academy of Management Review, 1995, 20 (1): 92 - 118.

[151] Clarkson P. M. , Li Y. , Richardson D. G. , Vasari P. F. Revisiting the Relation between Environmental Performance and Environmental Disclosure: An Empirical Analysis [J]. Accounting Organizations and Society, 2008, 33 (4 - 5): 303 - 327.

[152] Deegan C. Financial Accounting Theory [M]. Sydney: McGraw - Hill Irwin, 2006.

[153] Deephouse D. Does Isomorphism Legitimate? [J]. Academy of Management Journal, 1996, 39 (4): 1024 - 1039.

[154] Dowling John, Pfeffer Jeffrey. Organizational Legitimacy: Social

Values and Organizational Behavior [J]. The Pacific Sociological Review, 1975, 18 (1): 122 – 136.

[155] Dualiwal, D. S. Li, O. Z. , et al. Voluntary Nonfinancial Disclosure and the Cost of Equity Capital [J]. The Accounting Review 2011, 86 (1): 59 – 100.

[156] Easton, Peter D. PE Ratios, PEG Ratios, and Estimating the Implied Expected Rate of Return on Equity Capital [J]. The Accounting Review, 2004, 79 (1): 73 – 95.

[157] Elkington J. Coming Clean: The Rise and Rise of the Corporate Environmental Report [J]. Business Strategy and the Environmental, 1993 (2): 42 – 44.

[158] Fonseka M. , Rajapakse T. , Richardson G. The Effect of Environmental Information Disclosure and Energy Product Type on the Cost of Debt: Evidence from Energy Firms in China [J]. Pacific – Basin Finance Journal, 2019 (54): 159 – 182.

[159] Freeman R. E. Strategic Management: A Stakeholder Approach [M]. Cambridge: Cambridge University Press, 1984.

[160] Fuente J. A. , Garcia – Snchez I. M. , Lozano M. B. The Role of the Board of Directors in the Adoption of GRI Guidelines for the Disclosure of CSR Information [J]. Journal of Cleaner Production, 2017 (141): 737 – 750.

[161] Geoff Lamberton. Sustainability Accounting-a Brief History and Conceptual Framework [J]. Accounting Forum, 2005 (29): 8 – 25.

[162] Graham S. Climate Change, Ethics and Human Security [J]. Ethics, Policy & Environment, 2015, 18 (1): 112 – 115.

[163] Grauel J. , Gotthardt D. The Relevance of National Contexts for Carbon Disclosure Decisions of Stock-listed Companies: A Multilevel Analysis [J]. Journal of Cleaner Production, 2016, 133 (Complete): 1204 – 1217.

[164] Griffin P. A. , Lont D. H. , Sun Y. The relevance to Investors of

Greenhouse Gas Emission Disclosure ［J］. Journal of Accounting and Economics, 2011 (10): 35 –95.

［165］Guenther E. , Guenther T. , Schiemann F. , et al. Stakeholder Relevance for Reporting ［J］. Business & Society, 2016, 55 (3): 361 –397.

［166］Harrison D. A. , Klein K. J. What' the Difference? Diversity Constructs as Separation, Variety, or Disparity in Organizations ［J］. Academy of Management Journal, 2007, 32 (4): 1199 –1228.

［167］Jensen M. C. , Meckling W. H. Theory of the Firm: Managerial Behavior, Agency Costs and Ownership Structure ［J］. Journal of Financial Economics, 1976 (4): 305 –360.

［168］Juhyun J. , Kathleen H. , Peter C. Carbon Risk, Carbon Risk Awareness and the Cost of Debt Financing ［J］. Journal of Business Ethics, 2018 (150): 1151 –1171.

［169］Kim Y. B. , An H. T. , Kim J. D. The Effect of Carbon Risk on the Cost of Equity Capital ［J］. Journal of Cleaner Production, 2015 (93): 279 – 287.

［170］Krishnamurti C. , Shams S. , Velayutham E. Corporate Social Responsibility and Corruption Risk: A Global Perspective ［J］. Journal of Contemporary Accounting & Economics, 2018, 14 (1): 1 –21.

［171］Labatt S. , White R. R. Carbon Finance: The Financial Implications of Climate Change ［M］. John Wiley & Sons, 2011 (3): 22 –25.

［172］Lee S. , Ahn Y. Climate-entrepreneurship in Response to Climate Change ［J］. International Journal of Climate Change Strategies and Management, 2019, 11 (2): 235 –253.

［173］Lemma T. T. , Feedman M. , Mlilo M. , et al. Corporate Carbon Risk, Voluntary Disclosure, and Cost of Capital: South African Evidence ［J］. Business Strategy and the Environment, 2019, 28 (1): 111 –126.

［174］Loughran T. , Mcdonald B. When is a Liability Not a Liability? Textual Analysis, Dictionariesand 10 – Ks ［J］. The Journal of Finance, 2011,

66 (1): 35 – 65.

[175] Luckmika Pereraa, Christine Jubb, Sandeep Gopalan. A Comparison of Voluntary and Mandated Climate Change-related Disclosure [J]. Journal of Contemporary Accounting and Economics, 2019 (15): 243 – 266.

[176] Luo L. S. , Zhang Y. Q. , Jiang J. F. , et al. Short – Term Effects of Ambient Air Pollution on Hospitalization for Respiratory Disease in Taiyuan, China: A Time – Series Analysis [J]. International Journal of Environmental Research & Public Health, 2018, 15 (10): 21 – 60.

[177] Marlene Plumlee, Darrell Brown, Rachel M. Hayes, et al. Voluntary Environmental Disclosure Quality and Firm Value: Further Evidence [J]. Journal of Accounting and Public Policy, 2015, 34 (4): 336 – 361.

[178] Marshall A. Principles of Economics [M]. London: Macmillan, 1920.

[179] Matsumura Ella Ma, Prakash Rachna, Vera – Munoz Sandra C. Firm – Value Effects of Carbon Emissions and Carbon Disclosures [J]. The Accounting Review, 89 (2), 695 – 724.

[180] Meek, G. K. , Roberts, C. B. and Gray, S. J. Factors Influencing Voluntary Annual Report Disclosure by U. S, U. K and Continental European. Multinational Corporations [J]. Journal of International Business Studies, 1995.

[181] Michael Spence. Job Market Signaling [J]. The Quarterly Journal of Economics, 1973, 87 (3): 355 – 374.

[182] Michael Wegener. The Future of Mobility in Cities: Challenges for Urban ModelLing [J]. Transport Policy, 2013, 29 (9): 275 – 282.

[183] Mitchell R. K. , Agle B. Toward a Theory of Stakeholder Identification and Salience: Defining the Principle of who and What Really Counts [J]. Academy of Management Review, 1997, 22 (4): 853 – 886.

[184] Molloy Cian. Cutting the Carbon: Carbon Disclosure Project Aims to Foster a Green Economy [J]. Accountancy Ireland, 2010 (6).

[185] Bernstein S. M. The NLRB's Boeing Dreamliner Complaint: A Tangled Web of Legal and Political Controversy [J]. The Air and Space Lawyer, 2011, 24 (2): 1.

[186] Murray A., Sinclair D., Power D. Do Financial Markets Care about Social and Environmental Disclosure? Further Evidence and Exploration from the UK [J]. Accounting Auditing & Accountability, 2006, 19 (2): 228 – 255.

[187] Najah, Muftah Mohamed Salem. Carbon Risk Management, Carbon Disclosure and Stock Market Effects: An International Perspective [D]. University of Southern Queensland, 2012.

[188] Patten D. M. The Relation between Environmental Performance and Environmental Disclosure: A Research Note [J]. Accounting Organizations and Society, 2002, 27 (8): 763 – 773.

[189] Pearce D. W., Markandya A., Barbier E. B. Blueprint for a Green Economy: A Report [M]. London: Earthscan, 1989.

[190] Plumlee, Marlene A, Marshall. The impact of Voluntary Environmental Disclosure Quality on Firm Value [J]. Academy of Management Proceedings. 2009, 37 (11): 354 – 365.

[191] Reid. E. M., Toffel. M. W. Responding to Public and Private Politics: CorporateDisclosure of Climate Change Strategies [J]. Strategic Management Journal, 2013, 30 (11): 1157 – 1178.

[192] Schiager H. The Effect of Voluntary Environmental Disclosure on Firm Value [D]. Norwegian School of Economics, 2012.

[193] Scott. Institutions and Organizations [M]. Thousand Oaks, Calif: Sage Publications, 1995.

[194] Siddique M., Akhtaruzzaman M., Rashid A., Hammami H. Carbon Disclosure, Carbon Performance and Financial Performance: International Evidence [J]. International Review of Financial Analysis, 2021, 75.

[195] Sirgy M. J. Measuring Corporate Performance by Building on the

Stakeholders Model of Business Ethics. Journal of Business Ethics, 2002: 143 – 162.

[196] Stanny, E. and K. Ely. Corporate Environmental Disclosures about the Effects of Climate Change [J]. Corporate Social Responsibility and Environmental Management, 2008 (15): 338 – 348.

[197] Stanny E., Voluntary Disclosures by US Firms to the Carbon Disclosure Project [J]. SSRN eLibrary, 2010.

[198] Starick M. Is the Environment Organizational Stakeholders? Naturally! [J]. International Association for Business and Society (IABS) Proceeding, 1993: 466 – 471.

[199] Stein, Jeremy C. Rational Capital Budgeting in an Irrational World [J]. The Journal of Business, 1996, 69 (4): 429 – 455.

[200] Suchman. Managing Legitimacy: Strategic and Institutional Approaches [J]. Academy of Management Review, 1995 (20): 571 – 610.

[201] Tisdell C. Sustainability and Sustainable Development: Are These Concepts a Help or a Hindrance to Economics? [J]. Economic Analysis and Policy, 1994, 24 (2): 133 – 150.

[202] Ufere J. K., Alias B., Uche G. A. Market Motivations for Voluntary Carbon Disclosure in Real Estate Industry [J]. IOP Conference Series: Earth and Environmental Science, 2016, 38 (1): 012005.

[203] Verrecchia R. E. Essays on Disclosure [J]. Journal of Accounting & Economics, 2015, 32 (1 – 3): 97 – 180.

[204] Wegener M. The Carbon Disclosure Project, an Evolution in International Environmental Corporate Governance: Motivations and Determinants of Market Response to Voluntary Disclosures [D]. Canada: Brock University, 2010.

[205] Wheeler D., Sillanpaa M. Including the Stakeholders: The Business Case [J]. Long Range Planning, 1998, 31 (2): 201 – 210.

[206] Yunanner. Markets in Licence and Efficient Pollution Control Pro-

grams ［J］. Journal of Economy Theory, 2008 （5）.

［207］ Yunus S. , Elijido – Ten E. , Abhayawansa S. Determinants of Carbon Management Strategy Adoption Evidence From Australia's Top 200 Publicly Listed Firms ［J］. Managerial Auditing Journal, 2016, 31 （2）: 156 – 179.

［208］ Zyznarska – Dworczak B. The Development Perspectives of Sustainable Management Accounting in Central and Eastern European Countries ［J］. Sustainability, 2018, 10 （5）: 1445.

后　记

　　自 2010 年以来，我致力于低碳经济与企业可持续发展的研究，历经十数载的探索与积累，从 2011 年省级项目的初次涉猎，到 2012 年教育部人文社科青年基金的逐步展开，再到 2019 年国家社科基金一般项目的拓展深化，在此期间，完成了近 10 项相关项目的研究，并发表了 70 余篇相关论文。在这个过程中，我深刻体会到企业节能减排对于企业和社会可持续发展的重要性与紧迫性。

　　近年来，我国提出的"双碳"目标进一步印证了我长期以来的观点。当前，我国碳信息披露仍以自愿性为主，如何提高企业的碳信息披露积极性，成为一个值得深入探讨的问题。考虑到企业碳信息披露的复杂性和多元性，其受到企业内部管理、外部政策、社会压力等诸多因素的影响，而空间异质性这一新的视角为理解这一复杂现象提供了新的可能。希望通过本书的出版，能够激发更多的学者对这一领域进行深入研究，以推动企业碳信息披露研究的进一步发展，为实现我国"双碳"目标作出更大的贡献。

　　本书是在我主持的国家社会科学基金"空间异质性视角下企业碳信息披露动力机制研究"最终成果基础上，经过多次修改完善而成的。我的研究团队及研究生参与了课题的研究工作，收集了相关资料，撰写了一些章节的初稿，他们是：刘运材、马从文、张茗、王梦翔、陈媛媛、李倩倩、乔宇洁、武亚平、张晓菡、石依婷、揭茗凯、刘晓灿等，感谢他们为课题研究付出的辛勤劳动和作出的学术贡献。在初稿基础上，我和刘运材博士进行了反复的修改、增删，以及一些章节的重写，历时两年才完成终稿。

　　在课题研究中，得到了许多企业的鼎力相助，在此，特别感谢湖南霖达建筑工程有限公司、湖南中驰置业有限公司、湖南省富鼎贸易有限公司、邵阳中驰置业有限公司等企业为本项目研究提供的全方位支持和合作。

同时，要感谢湖南工业大学经济与贸易学院对著作出版的高度重视和资助，感谢经济科学出版社为著作出版提供的优质服务，特别是感谢责任编辑何宁老师，她以热情周到的服务和高水平的编辑工作，为著作高质量出版创造了良好条件，作出了积极贡献。

在研究过程中，我们广泛阅读了能够找到的大量国内外相关文献，从中得到了研究的启迪，借鉴了有价值的观点、方法、资料和数据，这些相关成果对于我们完成课题研究起了重要作用，我力求在本书的参考文献中作出注明，如有疏漏，恳请谅解，并在此一并致以诚挚的谢意！由于时间和水平有限，本书还有很多不足的地方，恳请得到专家及读者的批评和指正。

尽管本书已完成，但探索永无止境。期待在未来的日子里，继续在这个充满无限可能的世界中，不断追寻答案，不断超越自我！

杨　洁

2023 年 12 月